1 MONTH OF
FREE
READING

at

www.ForgottenBooks.com

By purchasing this book you are eligible for one month membership to ForgottenBooks.com, giving you unlimited access to our entire collection of over 1,000,000 titles via our web site and mobile apps.

To claim your free month visit:

www.forgottenbooks.com/free600794

ISBN 978-0-331-35665-6
PIBN 10600794

COURS SUPÉRIEUR

DE

MANIPULATIONS

DE

PHYSIQUE.

OUVRAGES DU MÊME AUTEUR

PUBLIÉS PAR MM. GAUTHIER-VILLARS ET FILS.

— ———

Essai sur l'effet thermique des parois d'une enceinte sur les gaz qu'elle renferme (Thèse inaugurale). In-4°, avec trois planches; 1878.

Cours de manipulations de Physique (première édition). In-8°, avec 166 figures dans le texte; 1883 (épuisé).

Études sur les moteurs à gaz tonnant. In-8°, avec 13 figures dans le texte et une planche; 1884.

Exercices de Physique et applications. In-8°, avec 114 figures dans le texte; 1889.

Problèmes et Calculs pratiques d'électricité. In-8°, avec 51 figures dans le texte; 1893.

Cours élémentaire de manipulations de Physique. In-8°, avec 77 figures dans le texte: 1895.

L'ÉCOLE PRATIQUE DE PHYSIQUE.

COURS SUPÉRIEUR

DE

MANIPULATIONS

DE

PHYSIQUE,

PRÉPARATOIRE AUX CERTIFICATS D'ÉTUDES SUPÉRIEURES
ET A LA LICENCE,

PAR

M. Aimé WITZ,

Docteur ès Sciences,
Ingénieur des Arts et Manufactures,
Professeur aux Facultés Catholiques de Lille.

DEUXIÈME ÉDITION

REVUE ET AUGMENTÉE.

PARIS,

GAUTHIER-VILLARS ET FILS, IMPRIMEURS-LIBRAIRES

DU BUREAU DES LONGITUDES, DE L'ÉCOLE POLYTECHNIQUE,

Quai des Grands-Augustins, 55.

1897

PRÉFACE

DE LA PREMIÈRE ÉDITION.

———

Ce n'est pas sans inquiétude que, cédant au désir d'amis trop bienveillants, je livre à la publicité ce Cours de Travaux pratiques, destiné aux candidats à la Licence.

Les difficultés de la tâche que j'ai entreprise sont, en effet, très grandes : il s'agit de présenter sous une forme didactique l'enseignement expérimental qui se donne au laboratoire, en face des instruments.

C'est par les manipulations que l'élève acquiert la dextérité nécessaire au physicien : c'est là que, au dire de Franklin, il apprend à scier avec une vrille et à forer avec une scie. Cette éducation manuelle serait, pour quelques juges très compétents, le principal résultat de l'École pratique : or un livre ne pourrait y contribuer que dans une faible mesure.

Il semble toutefois que ceux qui ont créé les laboratoires d'enseignement se soient proposé un but plus élevé : en mettant entre des mains novices et inexpérimentées les appareils délicats et précis de Fresnel, de Melloni et de Regnault, ils n'ont pas voulu seulement faire connaître à l'élève le jeu de ces instruments; mais, s'ils l'invitent à reproduire les expériences instituées par les maîtres, c'est pour qu'il comprenne l'esprit des méthodes, qu'il en saisisse les finesses et en apprécie les perfectionnements successifs. Un Cours de Travaux pratiques doit donc être l'écho et le complément des leçons de Physique générale données *ex professo;* ce sera une gymnastique de l'esprit non moins que des doigts.

A ce point de vue, un Traité de Manipulations présente une utilité incontestable : accordant au Manuel opératoire une part plus large que ne peut le faire un livre purement théorique, il fournit au jeune physicien des indications pratiques très précieuses en même temps qu'il lui procure les moyens d'analyser et de discuter les procédés d'observation et de mesure.

Telles sont les idées qui ont présidé à la composition de cet Ouvrage.

Ancien élève du laboratoire de M. Desains, je n'ai eu qu'à me ressouvenir. J'ai aussi consulté avec fruit le *Leitfaden der praktischen Physik* de M. Kohlrausch, ainsi que le *Traité de Manipulations* que Henri Buignet a écrit pour ses élèves de l'École de Pharmacie. Mais c'est surtout en m'inspirant des besoins et de l'expérience de mon enseignement à la Faculté catholique des Sciences de Lille que j'ai tracé le plan et coordonné les détails de ce Livre.

Toutes les manipulations qui le composent sont rédigées sur un modèle uniforme. Une *Introduction théorique* très succincte pose la question à étudier, donne le sens des notations adoptées, et indique les solutions par les formules établies dans le Cours de Physique.

Vient ensuite, sous la rubrique *Description*, un examen rapide des instruments nécessaires à la manipulation : des gravures, empruntées pour la plupart à l'excellent Traité de MM. Jamin et Bouty ou mises à notre disposition par nos constructeurs, permettent à l'élève de suivre sans peine les explications données dans le texte, d'y suppléer au besoin et de reproduire la disposition d'ensemble des appareils.

Le *Manuel opératoire* a été l'objet de tous mes soins : j'ai cherché à être très précis sans devenir trop laconique. Chaque exercice aboutit à une mesure : les résultats numériques exacts sont indiqués à la fin de chaque Chapitre et réunis dans un Tableau synoptique.

Toutes ces expériences sont réalisables avec les ressources ordinaires d'un laboratoire de Faculté : j'ai pris comme type le cabinet de Physique organisé à Lille par M. Chautard ; il peut être proposé pour modèle.

Mon ambition a été de condenser tous les détails pratiques épars dans les Mémoires originaux : des notes bibliographiques indiquent les sources auxquelles j'ai puisé; il sera facile d'y remonter au besoin. Je n'ai guère dépassé le cercle des collections qui composent les bibliothèques de laboratoire.

Je ne regretterai pas mes peines, si ce livre peut, malgré ses imperfections, contribuer à former de solides licenciés et à préparer les jeunes gens aux recherches plus approfondies qui conduisent au doctorat.

Lille, 1883.

AVERTISSEMENT DE L'AUTEUR.

C'est une bonne fortune pour un livre d'arriver à une seconde édition, car, en revisant son premier travail, après l'avoir soumis à l'épreuve de plusieurs années de pratique et après en avoir relu maintes fois le texte, l'auteur y corrige bien des imperfections, typographiques et autres; il améliore donc son œuvre, en même temps qu'il la complète, la rajeunit et la remet au point. Tout cela a été fait pour cette réédition de notre Cours de Manipulations.

Les laboratoires de Physique se sont grandement développés en ces dernières années. L'accroissement de leurs ressources a permis d'augmenter le matériel des Écoles pratiques et d'élargir le programme de leurs travaux. On a pu mettre entre les mains des élèves certains instruments dont l'usage était réservé jadis à un petit nombre de maîtres. D'autre part, la rencontre des efforts des savants avec les intérêts de l'industrie a introduit dans l'enseignement des méthodes dont on ne s'était point préoccupé jusque-là, surtout en Électricité et en Magnétisme. C'est le Chapitre qui a subi les plus importantes modifications dans cette nouvelle édition.

Notre Cours complet de Manipulations comprend maintenant cent onze exercices, au lieu de quatre-vingt-seize; mais nous en avons séparé trente-sept, d'un caractère plus élémentaire, qui ont été publiés à part, dans un premier volume, à l'usage des candidats aux Écoles et au certificat d'études physiques, chimiques et naturelles, le second volume étant rédigé en vue des certificats d'études supérieures.

Ce livre a conservé la physionomie et l'ordonnance simple et méthodique, qui avaient recueilli les suffrages bienveillants de ses premiers lecteurs. Les physiciens étrangers ont encore été mis à contribution dans la juste mesure qui convient, mais sans exagération, et en nous restreignant à ce qui est devenu classique. Un Traité de Physique doit faire connaître tous les procédés pour les discuter; un Cours de Manipulations peut, au contraire, se contenter de n'en appliquer qu'un seul, celui qui paraît le meilleur : c'est la règle que nous nous sommes imposée.

AIMÉ WITZ.

Lille, 1897.

TABLE DES MATIÈRES.

CHAPITRE II.

Électricité et Magnétisme.

CHAPITRE III.

Optique physique.

CHAPITRE IV.

Acoustique.

TABLE DES MATIÈRES DU COURS ÉLÉMENTAIRE.

CHAPITRE VIII.

Optique.

CHAPITRE IX.

Acoustique.

ERRATA.

Page.	Ligne.	Au lieu de :	Lire :
180	4	$\dfrac{H}{750}$	$\dfrac{750}{H}$
206	dernière.	légal	déterminé en 1865 par le comité de l'Association britannique
212	dernière.	p. 181	p. 381
273	2 et 25	K	x
396	10	$\dfrac{\sin^2(i-r)}{\sin^2(i-r)}$	$\dfrac{\sin^2(i-r)}{\sin^2(i+r)}$

COURS SUPÉRIEUR

DE

MANIPULATIONS

DE

PHYSIQUE.

CHAPITRE PREMIER.

CHALEUR.

Ire MANIPULATION.

ÉTUDE DE LA DILATATION DES ENVELOPPES DE VERRE PAR LE THERMOMÈTRE A POIDS.

Théorie.

Soit une enveloppe de verre contenant à zéro un poids de liquide P : vient-on à élever sa température à t degrés, il s'en déverse un poids p.

En exprimant que la capacité du contenant à t degrés est égale au volume du liquide qu'il renferme, à la même température, nous trouvons la relation

$$P\,(1 + Kt) = (P - p)\,(1 + \delta t),$$

dans laquelle K est le coefficient de dilatation de l'enveloppe et δ celui du liquide.

De cette équation on peut tirer K, si δ est connu, ou bien δ, si un essai préalable a donné K ; enfin, lorsque K et δ sont

déterminés tous deux, cet instrument permet aussi de mesurer la température *t*, ainsi que l'indique son nom de *thermomètre à poids* ou *à déversement*.

Pour étudier la dilatation des enveloppes de verre, nous
remplirons le thermomètre de mercure ; Regnault a déterminé les coefficients moyens de dilatation absolue de ce
liquide :

	δ
Entre o et 5o	o,0001803
» o et 100	1815
» o et 15o	1828

Description.

Le thermomètre à poids est constitué par un vase de verre,
de forme cylindrique, de $0^m,015$ de diamètre sur $0^m,1$ de

Fig. 1.

hauteur, terminé à sa partie supérieure par un tube capillaire recourbé deux fois à angle droit ; ce tube doit être assez
court pour qu'on n'ait pas à tenir compte de la faible diffé-

rence de température qu'il peut présenter par rapport au réservoir. L'instrument contient de 350ᵍʳ à 400ᵍʳ de mercure.

Un appareil spécial (*fig.* 1) permet de maintenir toujours réunis le thermomètre et la coupelle de déversement; ils sont engagés tous les deux dans un support circulaire qui forme le couvercle d'un vase cylindrique faisant tour à tour l'office de réfrigérant et de bain-marie. Ce même support peut être placé sur le plateau de la grande balance Deleuil.

Une corbeille en fer à treillis A (*fig.* 2) reçoit le tube et le

Fig. 2.

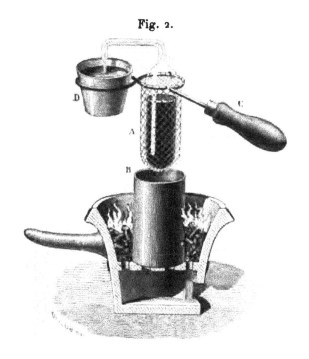

godet pendant l'opération du remplissage : c'est une sorte de grille qui peut être enfoncée dans un cylindre de fer B chauffé au rouge sur un fourneau, de manière qu'en cas d'accident il ne se perde pas de mercure.

L'air ayant d'abord été dilaté par la chaleur, on soulève le thermomètre par le manche C pour que le refroidissement fasse pénétrer dans le tube une certaine quantité de mercure; puis on le redescend dans le cylindre B et l'on chauffe jusqu'à l'ébullition.

Dulong et Petit recommandent de reproduire deux ou trois

fois de suite l'ébullition, afin de purger entièrement le thermomètre d'air et d'humidité.

Il est prudent de chauffer le mercure de la coupelle, sinon
l'afflux du liquide froid briserait le verre.

Manuel opératoire.

1° Le thermomètre est lavé, essuyé et desséché; la coupelle est nettoyée et séchée, ainsi que la plaque de support.
Le tout est porté sur le plateau de la balance : on y adjoint
500ᵍʳ et l'on fait la tare, le tube étant ouvert.

2° On procède au remplissage du thermomètre, par le procédé décrit ci-dessus, en le chauffant dans la corbeille de fer,
alors que sa pointe plonge dans le mercure du godet : l'air
dilaté s'échappe à travers le mercure. Mais quand on soulève
le thermomètre avec la corbeille, le refroidissement fait contracter l'air et permet au mercure de pénétrer dans le vase.
On recommence plusieurs fois cette opération et l'on chauffe
le mercure jusqu'à l'ébullition. Les vapeurs produites balayent
l'air restant et il n'y a finalement qu'à laisser refroidir lentement l'appareil.

3° Après avoir rempli le thermomètre, dont la pointe ne
cesse de plonger dans le mercure de la coupelle, on le porte
dans le vase de la *fig.* 1 garni de glace fondante. A mesure
que le thermomètre se refroidit, le mercure se contracte et
aspire le liquide du godet; au bout d'une heure environ, on
peut admettre que l'enveloppe de verre est pleine de mercure à zéro. A ce moment on vide le godet, on l'essuie et on
le replace sous la pointe effilée du tube; puis on porte tout
le système sur le plateau de la balance, après l'avoir très
soigneusement lavé et desséché. On attend quelque temps
encore pour que le thermomètre reprenne la température
ambiante; le mercure qui se déverse encore dans le godet
n'échappe pas à la pesée. Pour retrouver l'équilibre, il faut
remplacer les 500ᵍʳ additionnels par un poids moindre, qui
diffère du premier par le poids P du mercure renfermé dans
l'enveloppe à la température de zéro.

4° Le thermomètre est reporté dans le vase faisant maintenant fonction de bain-marie et chauffé à une température

connue t. Il s'écoule du mercure dans le godet : on l'en retire, puis on procède à une nouvelle pesée. Pour rétablir l'équilibre, il faut ajouter un poids p du côté du thermomètre : c'est le poids de liquide déversé.

Remarquons que P et p ont été déterminés avec la même sensibilité absolue, mais non pas avec la même sensibilité relative ; c'est pourquoi quelques physiciens modifient la marche de l'expérience en pesant directement le mercure déversé sur un trébuchet sensible au milligramme.

La température t sera parfaitement connue, si l'on opère dans la vapeur de l'eau bouillante, dont la température exacte, sous une pression H, est égale à $100^\circ + 0,0375\,(\mathrm{H} - 760)$; pour 1^{mm} de hauteur mercurielle, la température varie donc de $0^\circ,0375$, soit de $\frac{3}{80}$ ou $\frac{1}{27}$ environ.

Il peut arriver que l'on ait à déterminer le coefficient de dilatation d'une espèce de verre dont on ne possède pas d'échantillon sous forme de thermomètre à poids ; on emploiera alors, soit un ballon à pointe fine, soit un tube fermé d'un bout et étiré de l'autre ; il suffit que le mercure puisse se déverser commodément.

Résultats.

En répétant les expériences décrites ci-dessus pour diverses valeurs de t, on peut faire une étude complète de la dilatation de l'enveloppe. En général, le coefficient s'élève avec la température ; mais sa valeur moyenne varie considérablement avec les divers échantillons et suivant leur forme et le travail qu'ils ont subi.

Coefficients de dilatation du verre

(d'après Regnault).

0 à 50°..	0,0000269
0 à 100..	276
0 à 150..	283
0 à 200..	291
0 à 100 { verre blanc en tube.....................	265
» en boule de $0^{\mathrm{m}},046$ de diamètre.	259
» en boule de $0^{\mathrm{m}},037$ de diamètre.	251
Valeur minimum....................................	213
» maximum......................................	276

Quand le thermomètre à poids sert à une détermination de température t, on prend pour K et pour δ les valeurs données par Regnault et l'on tire t de l'équation

$$t = \frac{p}{P(\delta - K) - \rho\delta} = \frac{p}{(P - p)\delta - PK}.$$

La valeur de K doit être contrôlée pour l'instrument lui-même, car elle varie avec la nature du verre et la forme de l'appareil.

Dulong et Petit ont fréquemment employé les thermomètres à déversement : en principe, leurs indications sont plus précises que celles du thermomètre à tige, car une pesée est plus exacte qu'une évaluation de volume dans un tube plus ou moins bien calibré. Mais la grande masse du thermomètre à poids restreint son usage. D'ailleurs, la construction des thermomètres à tige a fait de tels progrès, que les physiciens leur donnent maintenant toujours la préférence. Le thermomètre à poids ne sert plus guère aujourd'hui qu'à mesurer la température des étuves à température constante.

IIᵉ MANIPULATION.

ÉTUDE DE LA DILATATION DES LIQUIDES PAR LES THERMO- MÈTRES COMPARÉS.

Théorie.

Cette méthode consiste à construire avec les liquides des thermomètres à tige, semblables aux thermomètres ordinaires, et à en comparer la marche avec celle d'un étalon contrôlé avec le plus grand soin par un thermomètre à air.

Imaginée par Gay-Lussac, elle a été appliquée avec succès par Isidore Pierre[1]; elle nécessite l'emploi d'un instrument dont la tige graduée en parties d'égale capacité marque les volumes correspondants aux divisions successives.

---

[1] *Annales de Chimie et de Physique*, 3ᵉ série, t. XV, XIX et XX.

Un volume V_0 de liquide à zéro occupe dans le thermomètre à une température t un volume apparent V; en exprimant que le volume du contenu est égal à la capacité du contenant, on est conduit à la relation

$$V_0 (1 + xt) = V (1 + Kt),$$

dans laquelle x est le coefficient de dilatation absolue du liquide et K celui du verre de l'enveloppe.

Description.

Le thermomètre à volume, que les Allemands appellent le *dilatomètre*, est gradué préalablement au moyen de mercure sec et pur dont on le remplit d'abord.

Le tube porte une échelle arbitraire dont nous admettrons que les divisions possèdent rigoureusement la même capacité : il s'agit de déterminer les nombres qui expriment la capacité du réservoir jusqu'à l'origine de la graduation et celle d'une division en fonction des mêmes unités. Cette opération se fait en introduisant dans le thermomètre une quantité de mercure telle que le niveau du liquide s'arrête au zéro lorsque l'instrument est plongé dans la glace fondante : le poids du mercure introduit, diminué du poids de l'enveloppe, donne la capacité du réservoir jusqu'au zéro de l'échelle. On ajoute alors une certaine quantité de mercure, de manière que, l'appareil étant entouré complètement de glace, le mercure atteigne une division n, voisine du sommet de la tige. La capacité moyenne d'une division se déduit sans peine de l'augmentation de poids. On prend pour densité du mercure à zéro la valeur 13,596 et l'on se dispense des corrections de pesées relatives à la poussée : avec une balance sensible au milligramme, on peut apprécier un volume égal à $\frac{1}{100}$ de millimètre cube. La seule difficulté de l'opération réside dans le remplissage à point voulu du thermomètre; on y arrive par tâtonnements.

Le coefficient de dilatation de l'enveloppe de verre se mesure par le procédé qui a été indiqué dans la précédente manipulation.

Le thermomètre peut dès lors être vidé, car il est prêt pour la détermination des coefficients de dilatation absolue des liquides. Il suffit d'un bain qu'on puisse chauffer graduellement de 0° à 100°, tout en agitant le liquide : le thermomètre-étalon et le thermomètre à liquide seront fixés l'un à côté de l'autre dans une douille placée au centre du couvercle de ce vase, et ils seront immergés jusqu'au niveau du liquide dans le tube, de manière à dispenser des corrections relatives à la tige.

Il convient que l'étalon ait la même longueur que le thermomètre à volume, afin que les deux réservoirs occupent les mêmes régions de la masse liquide destinée à les échauffer.

L'observation se fait à l'aide d'un viseur dont le champ embrasse les deux colonnes.

La *fig.* 3 indique un dispositif adopté par Isidore Pierre : les tiges étaient entourées d'un manchon de verre à circulation d'eau froide, dont un petit thermomètre relevait la température t'; il y avait donc à faire une correction de température, attendu qu'une grande portion de la tige du thermomètre-étalon était à une température inférieure à celle de l'enceinte ML. Cette correction se faisait en ajoutant à la température t lue sur le thermomètre un nombre de degrés égal à $0,00056\, l\,(t-t')$, l étant la longueur de la colonne mercurielle comprise dans le manchon et exprimée en degrés.

Toutefois, il nous semble préférable de faire plonger entièrement, comme nous le disions ci-dessus, le thermomètre et le dilatomètre dans la cuve; mais il faut que l'enceinte ait une hauteur suffisante.

Manuel opératoire.

1° Le thermomètre à volume est rempli du liquide à étudier qu'on aura préalablement purgé d'air par une ébullition prolongée; pour certains liquides facilement décomposables par la chaleur, cette ébullition doit se faire dans l'air raréfié.

2° A zéro, le liquide occupe un volume V_0.

3° Le bain chauffé graduellement est maintenu à une température sensiblement constante pendant dix minutes; l'opérateur saisit l'instant d'un maximum ou d'un minimum de hauteur de la colonne thermométrique des deux instruments : ces maxima diffèrent à peine l'un de l'autre, quand on agite vivement le liquide.

Cette observation donne à la fois V et t.

Fig. 3.

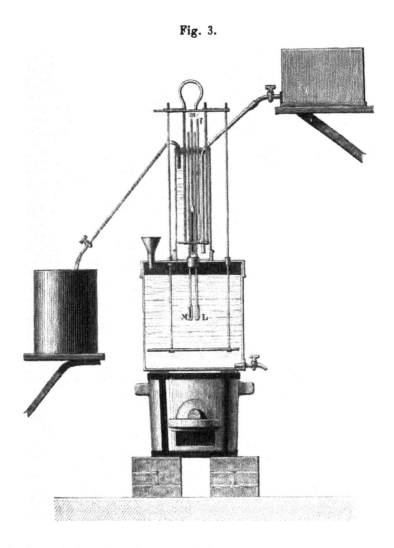

4° On répète la même expérience à différentes températures.

5° Quand on veut opérer au-dessous de zéro, on remplit le vase d'un mélange de glace pilée et de chlorure de calcium cristallisé ; par des additions convenables de l'une ou l'autre de ces deux substances, on parvient à maintenir constantes pendant plus d'un quart d'heure des températures de — 36°, lorsque celle de l'air ambiant ne dépasse pas 2° ou 3°.

Résultats.

Ces expériences peuvent être facilement répétés sur l'alcool anhydre qu'on a débarrassé de son eau par digestion prolongée avec de la chaux et qu'on a finalement rectifié en le distillant sur un mélange de parties égales de potasse et de carbonate de potasse. La marche de la dilatation de ce liquide est très bien représentée par la formule

$$1 + \Delta t = 1 + 0,00104863o\, t + 0,00000175t\, t^2 + 0,00000000t\, t^3.$$

Ce liquide n'a pas de maximum de densité : les deux racines de la dérivée sont imaginaires.

Les coefficients vrais de dilatation sont les suivants :

A zéro 0,001 049
Au point d'ébullition, à 78°,3 . . . .   0,001 196

/ III° MANIPULATION.

ÉTUDE DE LA DILATATION DES SOLIDES PAR LE THERMO-MÈTRE A POIDS.

Théorie et description des instruments.

« Dans un tube de verre de 0ᵐ,018 de diamètre et de 0ᵐ,6 de longueur, nous avons introduit, disent Dulong et Petit [1], une baguette cylindrique de fer doux qui se trouvait maintenue dans l'axe du tube par quatre petites traverses d'une longueur presque égale à son diamètre. Après avoir soudé à l'extrémité de ce tube un autre tube capillaire, nous l'avons rempli entièrement de mercure que l'on a fait bouillir pendant un

---

[1] *Annales de Chimie et de Physique*, 2° série, t. VII, p. 139; 1817.

temps suffisant pour chasser complètement l'air et l'humidité. En l'exposant ensuite à diverses températures, et déterminant les poids de mercure qui en sortent, il est aisé d'en déduire la dilatation du fer. Pour faire le calcul, il est nécessaire de connaître les volumes de ces trois corps à la température de la glace fondante. Or celui du fer s'obtient en divisant son poids par celui de sa densité à zéro. On déduit de la même manière le volume du verre du poids du mercure qui le remplit à la même température. Enfin, celui du mercure est évidemment la différence des deux premiers. »

Désignant par P et D_0 le poids et la densité du mercure à zéro, par P' et D'_0 le poids et la densité du fer, et enfin par p le poids du mercure déversé, et égalant la capacité du contenant au volume du contenu, on peut écrire la formule

$$\left(\frac{P}{D_0} + \frac{P'}{D'_0}\right)(1 + Kt) = \frac{P - p}{D_0}(1 + \delta t) + \frac{P'}{D'_0}(1 + xt),$$

dans laquelle x est le coefficient de dilatation cherché. Le coefficient de dilatation K du verre sera déterminé directement par le procédé décrit précédemment.

La *fig.* 4 représente le thermomètre de Dulong et Petit; Billet se servait d'un simple thermomètre à tige.

Fig. 4.

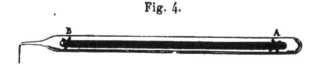

Le barreau introduit dans l'appareil est muni de coins qui l'empêchent de ballotter et de briser le verre; il est bon que ces pièces soient de la substance du barreau.

Si l'on opérait sur du cuivre ou de l'argent, il faudrait oxyder, sulfurer ou vernir la surface, pour éviter l'amalgamation.

Manuel opératoire.

On exécute la même série d'opérations que ci-dessus (p. 4).

Résultats.

Dulong et Petit ont opéré sur du fer, du platine et du cuivre.

Températures du thermomètre à air.	Dilatation moyenne.		
	Fer.	Platine.	Cuivre.
100°..........	$\dfrac{1}{28200}$	$\dfrac{1}{37700}$	$\dfrac{1}{19400}$
300°.........	$\dfrac{1}{22700}$	$\dfrac{1}{36300}$	$\dfrac{1}{17700}$

IV· MANIPULATION.

ÉTUDE DE LA DILATATION DE L'AIR SOUS VOLUME CONSTANT.

Théorie.

Nous nous proposons de reproduire l'expérience célèbre de Regnault sur la dilatation de l'air [1].

L'équation bien connue du problème est la suivante :

$$\left(V_0\,\frac{1+KT}{1+\alpha T} + \frac{v}{1+\alpha t}\right) H = \left(V_0 + \frac{v}{1+\alpha t}\right)(H' - h'),$$

dans laquelle V_0 est le volume du récipient à zéro, v celui du raccord capillaire, T la température à laquelle le gaz a été porté, H et H' les pressions de l'atmosphère dans la première et la deuxième phase de l'expérience, h' la différence observée au manomètre quand le gaz est refroidi à zéro, et t la température de l'air ambiant supposée constante.

Pour calculer α, Regnault emploie la méthode des approximations successives, c'est-à-dire qu'il tire d'abord de l'équa-

[1] *Mémoires de l'Académie royale des Sciences*, t. XXI, p. 43; 1847.

tion précédente

$$1 + \alpha T = \frac{\left[V_0(1 + KT) + v\,\dfrac{1 + \alpha T}{1 + \alpha t} \right] \dfrac{H}{H' - h'}}{V_0 + \dfrac{v}{1 + \alpha t}};$$

puis, une valeur approchée de α étant introduite dans le second membre, il en déduit une certaine valeur de α dans le premier, laquelle, étant substituée ensuite dans le second membre, donne enfin la valeur définitive de $1 + \alpha T$.

Regnault faisait toujours deux expériences consécutives, la première de T à zéro, la seconde de zéro à T; les pressions observées dans cette dernière opération étant H' et $H'' + h''$, on avait une nouvelle équation :

$$1 + \alpha T = \frac{\left[V_0(1 + KT) + v\,\dfrac{1 + \alpha T}{1 + \alpha t'} \right] \dfrac{H'' + h''}{H'}}{V_0 + \dfrac{v}{1 + \alpha t'}}.$$

α est, à vrai dire, le coefficient d'augmentation de pression à volume constant sous l'action de la chaleur.

Description.

M. Golaz a reproduit, pour les laboratoires d'enseignement, le modèle que possède l'École Polytechnique (*fig.* 5). Il me semble inutile de donner la description détaillée de cet instrument dont les dispositions, analogues à cellesdu voluménomètre, sont suffisamment connues du lecteur.

Le volume V_0 est jaugé à l'eau distillée; le volume v du raccord capillaire et de la partie supérieure du manomètre est, au contraire, déterminé par un jaugeage au mercure. Dans l'appareil de Regnault, V_0 mesurait $727^{cc},7$ et v 2^{cc} environ.

On ne peut déterminer directement le coefficient de dilatation du ballon; il faudrait pour cela y faire bouillir une masse de 9^{kg} à 10^{kg} de mercure, et c'est là une opération impraticable. Regnault prit la moyenne de plusieurs nombres obtenus avec divers vases plus petits fabriqués avec le même verre; K était égal à $0,0000233$.

La dessiccation du ballon se fait pendant que l'eau de la chaudière est en pleine ébullition; après avoir fermé la branche BC du manomètre, pour immobiliser la colonne de mercure, on adapte, au moyen d'un tube de caoutchouc, le

Fig. 5.

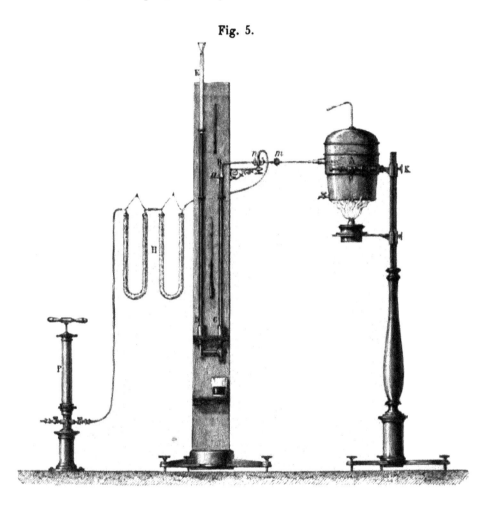

tuyau *n* à une petite pompe à main P, qui permet de faire le vide jusqu'à 0^m,005 ou 0^m,006; puis on ferme le robinet à trois voies, et l'on met l'appareil en communication avec une série de tubes desséchants remplis de ponce sulfurique concassée grossièrement, en fragments du volume d'un pois : lorsque les fragments sont plus fins, ils opposent trop de résistance au passage de l'air. La pierre ponce neuve doit être d'abord imprégnée d'acide sulfurique faible, puis calcinée au rouge dans un creuset de terre. Cette opération préliminaire a pour but de décomposer quelques parties calcaires et des matières organiques qui peuvent se trouver dans la ponce. La pierre refroidie est imbibée ensuite d'acide sulfurique concentré, égouttée, puis introduite dans les tubes en U. Ces tubes sont fermés par des bouchons traversés par des ajutages recourbés en verre et recouverts d'un mastic à la résine. Pour ne pas les mettre trop vite hors d'usage, j'ai adjoint à l'appareil tubulaire un flacon de verre rempli d'acide sulfurique concentré, à travers lequel le gaz doit barboter avant de pénétrer dans les tubes.

Regnault faisait le vide 25 à 30 fois, et il ne laissait rentrer l'air que très lentement : les robinets restaient ouverts pendant une demi-heure après la dernière opération et on ne les fermait pas avant d'avoir séparé les tubes desséchants, de façon que la pression intérieure fût rigoureusement égale à celle de l'atmosphère.

L'observation des pressions se fait au cathétomètre. Regnault signale dans son Mémoire une précaution à prendre :

« Il faut être bien en garde, dit-il, quand on vise le contour supérieur du ménisque, d'être induit en erreur par des effets de réflexion à la surface courbe du mercure. Le procédé qui m'a paru le plus sûr consiste à placer une bougie dans la direction du rayon qui vise au ménisque, et par derrière, de manière que le contour du ménisque se dessine en noir sur la flamme de la bougie. »

La température T est celle de l'ébullition de l'eau sous la pression observée au moment de l'expérience.

Manuel opératoire.

1° Le manomètre et le ballon ayant été desséchés par une opération préalable à 100°, l'opérateur amène le niveau du mercure au trait de repère a, et note la pression barométrique H, au moment de la fermeture du robinet n.

2° Il cesse alors de chauffer la chaudière et fait écouler l'eau chaude par un robinet disposé à cet effet; pour hâter le refroidissement du ballon, on peut verser de l'eau froide dans le vase; enfin le ballon est entouré de glace concassée en menus fragments. L'air se contractant par le refroidissement, le mercure tend à dépasser le niveau du repère *a*; on l'y maintient en faisant couler du mercure par le robinet inférieur.

3° Les niveaux restent enfin stationnaires; après quelques minutes d'attente, l'observateur note la hauteur H' du baromètre, et il mesure au cathétomètre la hauteur *h'* du mercure dans la petite branche au-dessus du niveau dans la grande. La première expérience est dès lors finie : il s'agit de procéder à la seconde.

4° Le tuyau *n* est remis en communication par un raccord de caoutchouc avec l'appareil de dessiccation; puis on ouvre doucement le robinet pour rétablir dans le ballon la pression atmosphérique, tout en maintenant le niveau du mercure en *a*: il sera nécessaire de verser du mercure par la grande branche pour obtenir ce résultat. On note la pression H″ et l'on ferme le robinet.

5° La glace est alors remplacée par de l'eau qu'on porte à l'ébullition. Le mercure tend à baisser dans la petite branche du manomètre; on maintient le niveau en *a* en versant du mercure par E, et au bout d'une heure environ, on note H″ et l'on mesure *h″*.

Résultats.

Regnault donne les chiffres suivants, obtenus par ce procédé, en opérant sur l'air :

Première opération.

H.	T.	*t*.	H'.	*h'*.	$(1 + 100\,\alpha)$.
747^{mm},97	99°,55	13°,0	748^{mm},52	198^{mm},76	1,36662

Deuxième opération.

H″.	T.	*t'*.	H‴.	*h″*.	$(1 + 100\,\alpha)$.
748^{mm},72	99°,59	12°,9	749^{mm},19	269^{mm},59	1,36580

La moyenne d'un grand nombre de déterminations a été 1,3665.

Il importe d'observer que le calcul de ce coefficient de dilatation suppose exacte la loi approchée de Mariotte; en effet, nous avons appliqué cette loi dans notre formule. Le résultat obtenu est donc tributaire des inexactitudes de la loi appliquée, et l'on doit trouver que le coefficient α varie avec la température et la pression, ce qui a été vérifié par Regnault.

Vᵉ MANIPULATION.

ÉTUDE DE LA DILATATION DE L'AIR SOUS PRESSION CONSTANTE.

Théorie.

Conservons les notations adoptées dans la manipulation précédente, et appelons u le volume dont le gaz se dilate quand sa température s'élève de $0°$ à T : u est mesuré à une température constante θ.

Nous aurons

$$\left(V_0 + \frac{v}{1+\alpha' t}\right) H = \left[\frac{V_0(1+KT)}{1+\alpha'T} + \frac{v}{1+\alpha't} + \frac{u}{1+\alpha'\theta}\right] H',$$

d'où

$$1 + \alpha'T = \frac{H'(1+KT)}{H + \frac{v}{V_0}\frac{H}{1+\alpha't} - \frac{v}{V_0}\frac{H'}{1+\alpha't} - \frac{u}{V_0}\frac{H'}{1+\alpha'\theta}}.$$

L'expérience peut être répétée deux fois comme ci-dessus. Nous appelons α' le coefficient de dilatation à pression constante.

Description.

La capacité u étant une fraction notable du volume V_0, il est absolument nécessaire d'entourer le tube d'un bain liquide pour connaître avec précision sa température θ. Le manchon représenté par la *fig.* 6 remplit cet effet.

Il faut dans cette opération apporter le plus grand soin à la détermination du volume u : on y procède en faisant couler une quantité de mercure suffisante pour que le ménisque passe exactement de sa position initiale à sa position finale. On peut ajuster les ménisques à $\frac{1}{10}$ de millimètre près. Le poids du mercure sorti donne le volume cherché, mais il y a une correction à faire à cause de la température; si p repré-

Fig. 6.

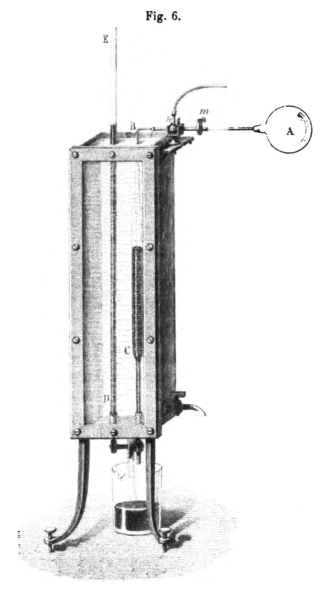

sente le poids de mercure recueilli à la température θ du manchon au moment du jaugeage, le poids du mercure à zéro qui remplirait l'espace u serait

$$p\left(1 + \frac{\theta}{5550}\right).$$

Les appréciations des hauteurs du mercure et les mises de niveau se font à l'aide du cathétomètre.

Le dispositif adopté par Regnault a un inconvénient : une notable partie du gaz échappe à l'action du foyer et ne partage pas la température du ballon. M. Mendeleef y a obvié en munissant le ballon d'un tube en U renfermant du mercure et permettant de ramener le volume de l'air à sa valeur initiale quand on chauffe le gaz à 100° (¹). Mais la complication du mode opératoire paraît nuire à la rigueur des résultats obtenus.

Manuel opératoire.

1° Il est bon de commencer l'opération à zéro : le mercure est amené de niveau dans les deux tubes, à la hauteur du repère supérieur, et l'opérateur note la pression barométrique H, la température t de l'air extérieur et celle θ du manchon. L'eau doit avoir été agitée au moins un quart d'heure à l'avance, au moyen d'un agitateur auquel on donne un mouvement de va-et-vient vertical, de manière à lui faire parcourir toutes les couches de liquide.

2° La glace ayant été retirée, on porte l'eau de la chaudière à l'ébullition. Pour maintenir les deux colonnes de mercure à peu près au même niveau, on est obligé de faire couler du mercure en ouvrant le robinet inférieur. Une portion de l'air du ballon passe ainsi dans le tube du manomètre; sur la fin de l'opération, les deux colonnes étant rigoureusement de niveau, on note de nouveau la pression barométrique et la température du manchon, et l'on fixe la position de la colonne mercurielle par une visée au cathétomètre;

3° On détermine le volume u ainsi qu'il a été dit ci-dessus.

Quelquefois le tube manométrique est gradué en parties d'égale capacité, et la valeur de u se lit directement; c'est très simple, mais il faut reconnaître que l'appréciation du volume se fait ainsi tout au plus à 1ᶜᶜ près.

_____

(¹) *Comptes rendus de l'Académie des Sciences*, t. LXXXII, p. 450.

Résultats.

Voici les chiffres d'une expérience de Regnault sur l'air :

H.	t	H.	T.	u.	$(1+100\alpha)$.
757^{mm},72	17°,64	754,70	99°,81	124^{cc},31	1,36718

La valeur moyenne admise pour α' est 1,36706.

Ce coefficient est le véritable coefficient de dilatation : les inexactitudes de la loi de Mariotte n'exercent aucune influence sur les résultats du calcul des données de l'expérience.

La valeur de α' est plus grande que celle de α : faible pour l'air, l'écart devient plus considérable pour les gaz d'une liquéfaction facile, notamment pour l'acide carbonique, le protoxyde d'azote, l'acide sulfureux et le cyanogène.

L'hydrogène fait exception à cette règle, et pour ce gaz on trouve au contraire une valeur de α' plus petite que pour α.

VI· MANIPULATION.

COMPARAISON DES THERMOMÈTRES A MERCURE ET A AIR.

Théorie.

C'est sous la forme du thermomètre à air que Galilée réalisa le premier appareil destiné à la mesure des températures; les académiciens de Florence ne construisirent leur fameux thermomètre à alcool que 83 ans plus tard.

Dulong et Petit employèrent, dans leurs expériences, un thermomètre à air formé d'un long réservoir cylindrique en verre, terminé par un tube deux fois recourbé dont on faisait affleurer l'extrémité à la surface d'un bain de mercure, quand on voulait mesurer la température de l'enceinte dans laquelle le thermomètre était renfermé; le refroidissement à zéro faisait ensuite contracter l'air, et le mercure s'élevait dans le tube à une hauteur qu'il fallait mesurer et dont on déduisait la température inconnue, en tenant compte des variations de la pression atmosphérique.

Regnault conserva ce dispositif en principe, mais il lui donna la forme adoptée par Rudberg : dans cet appareil, le volume et la pression varient tous deux, mais la variation de volume est presque négligeable dans un instrument bien disposé. C'est donc la valeur α qu'il convient d'introduire dans le calcul.

L'équation qui lie la température T aux données de l'expérience exécutée suivant cette méthode est

$$P \frac{1 + KT}{1 + \alpha T} H = (P - p)(H' - h),$$

dans laquelle P est le poids du mercure qui remplirait le thermomètre à zéro, p le poids du mercure qui y pénètre quand la température passe de T à zéro, H et $H' - h$ les pressions de l'air dans l'instrument au début et à la fin de l'expérience.

On tire la valeur de T de cette équation.

Description.

Le thermomètre de **Regnault-Rudberg** se compose d'un réservoir cylindrique de verre A (*fig.* 7), terminé par un tube recourbé dont l'extrémité est effilée. Le réservoir, de 25^{mm} à 30^{mm} de diamètre sur 110^{mm} de longueur, peut contenir 800^{gr} à 1000^{gr} de mercure.

Au sortir du milieu dont on veut évaluer la température, le thermomètre est transporté sur un support particulier destiné à faciliter la mesure de la pression du gaz ramené à zéro. Maintenu par une tige à vis et par trois colonnettes mobiles, l'instrument plonge par sa partie inférieure dans une cuve à mercure : une cuiller de fer remplie de cire molle, qui peut glisser le long d'une règle horizontale, permet de fermer la pointe effilée sous le mercure. Enfin l'enveloppe cylindrique E est disposée pour retenir la glace dont le réservoir est entouré.

Les observations des hauteurs mercurielles se font au cathétomètre et à l'aide de la vis H.

La comparaison des thermomètres proposés avec ce thermomètre à air s'opère dans une enceinte enveloppée de calo-
rifuge et traversée par la vapeur d'un liquide approprié.

Fig. 7.

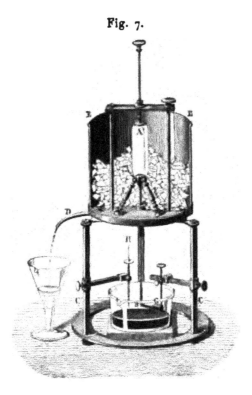

Voici les températures de quelques vapeurs sous la pression
atmosphérique :

Eau............................. ... . 100°
Alcool ordinaire......... 78
Toluène.......... 110
Alcool amylique 128

Pour développer des températures plus élevées, on peut
employer des pétroles lourds.

Manuel opératoire.

1° Une opération préalable ayant fait connaître P et K, et
le thermomètre étant rempli d'air sec et pur, on le porte dans
l'enceinte chauffée. Après avoir attendu qu'il se soit mis en

équilibre avec le milieu ambiant et avoir constaté qu'il communique avec l'atmosphère, sans qu'il puisse toutefois y rentrer de l'air humide, on en ferme la pointe au chalumeau et l'on inscrit la hauteur barométrique H.

On relève en même temps la température marquée par le thermomètre à mercure soumis à l'étalonnage.

2° On fait un trait de lime à 10ᵐᵐ au moins de la pointe et l'on renverse le thermomètre sur le mercure, recouvert d'une couche mince d'acide sulfurique concentré; saisissant alors le bout du tube avec une pince, le plus loin possible du trait, on le brise; le mercure y pénètre aussitôt et s'élève à une certaine hauteur. On environne le réservoir de glace fondante et l'on abandonne l'instrument à lui-même pendant une heure environ, après avoir soigneusement nettoyé la surface du bain de mercure.

3° Le tube est fermé à l'aide de la cuiller; puis, ôtant la glace et le manchon, l'opérateur mesure au cathétomètre la hauteur h du mercure soulevé et il note la pression H′.

4° Il ne reste plus qu'à enlever le thermomètre de son support et à déterminer le poids du mercure qui y a pénétré : c'est p.

Le seul écueil de cette méthode est l'entrée de l'air extérieur dans le tube au moment où l'on en casse la pointe sous le mercure.

Regnault montait sur le tube des petits disques de laiton décapé qui s'amalgamaient et supprimaient ces rentrées; l'acide sulfurique remplit le même objet sans que toutefois cette cause d'erreur soit entièrement évitée de la sorte.

Résultats.

Regnault donne les nombres suivants, résultant d'une expérience ayant pour objet de mesurer une température par le thermomètre à air :

P.	p.	H.	H′.	h.	100 K.
853ᵍʳ,447	108ᵍʳ,417	764ᵐᵐ,62	764ᵐᵐ,50	122ᵐᵐ,31	0,00255

On en déduit la valeur de T :

$$T = 100°,18.$$

Il a démontré que des thermomètres chargés d'air, à des pressions très différentes, ou de gaz permanents de diverse nature, marchent parfaitement d'accord entre eux, quand on prend pour les coefficients α les valeurs qui leur ont été attribuées par lui.

Les indications du thermomètre à mercure doivent, au contraire, être corrigées; les écarts varient avec la nature du verre du réservoir et peuvent devenir assez considérables, ainsi qu'il ressort du Tableau ci-dessous dressé par Regnault :

Températures du thermomètre à air.	Températures des thermomètres à mercure	
	en cristal de Choisy.	en verre.
o	o	o
100	100,00	100,00
150	150,40	149,80
200	201,25	199,70
250	253,00	250,05
290	295,10	290,80
350	360,50	334,00

M. Chappuis a constaté qu'un thermomètre Tonnelot en verre dur, exact à zéro et à 100°, marque 50° quand le thermomètre à hydrogène indique 49°,897.

C'est au thermomètre à hydrogène que le Comité des Poids et Mesures a réservé le titre officiel de *thermomètre normal*, en spécifiant que ce gaz serait observé sous volume constant et pris à une pression initiale de 1ᵐ de mercure, soit de 1,316 atmosphère normale.

———

VIIᵉ MANIPULATION.

MESURE DE LA DENSITÉ DES GAZ.

———

Théorie.

La densité d'un gaz est le rapport des poids de volumes égaux de ce gaz et d'air atmosphérique pris dans les conditions normales à 0° et 760ᵐᵐ de pression.

La méthode adoptée par Regnault pour mesurer la densité des gaz consiste à effectuer les deux opérations suivantes :

1° Peser un ballon de 10^{lit} de capacité environ, maintenu à zéro, successivement rempli de gaz à une pression H voisine de 760^{mm} et à une pression h très faible;

2° Répéter les mêmes opérations sur l'air à deux pressions H′ et h'.

Chacune de ces opérations fait connaître par différence le poids de gaz et d'air qui remplirait le ballon à zéro sous les pressions H — h et H′ — h'; si π et π' sont les deux poids ainsi obtenus, on a, en désignant par δ la densité cherchée,

$$\delta = \frac{\pi}{\pi'} \frac{H' - h'}{H - h}.$$

Par l'emploi de ballons compensateurs, Regnault a évité complètement les incertitudes produites dans les pesées par les changements de température, d'état hygrométrique et de pression survenus dans l'atmosphère pendant le cours de l'expérience ([1]).

Description.

Cette expérience nécessite l'emploi d'un réservoir à gaz B (*fig.* 8), d'une série de tubes desséchants T, d'une machine à faire le vide, d'un ballon A et d'un manomètre barométrique.

Le ballon A qui doit renfermer le gaz porte une monture à robinet : elle permet à volonté de le mettre en communication avec les appareils divers que nous venons d'énumérer ou bien de l'en séparer après l'avoir fermé, et de l'accrocher sous le plateau d'une balance (*fig.* 9).

Pendant les opérations de remplissage et d'épuisement le ballon est entouré de glace fondante.

Le ballon compensateur est fabriqué avec le même verre que le ballon-laboratoire, et il présente exactement le même volume extérieur : pour réaliser cette dernière condition on est obligé de procéder à un essai préalable. Les ballons étant les-

---

([1]) *Mémoires de l'Académie des Sciences*, t. XXI, p. 121 ; 1847.

tés par du mercure ou de la grenaille, on détermine la perte
de poids qu'ils éprouvent quand ils sont plongés dans l'eau.
Supposons que le poids de l'eau déplacée par le second ballon muni de sa monture soit inférieur de p grammes au poids
de l'eau déplacée par le premier, muni également de sa mon-

Fig. 8.

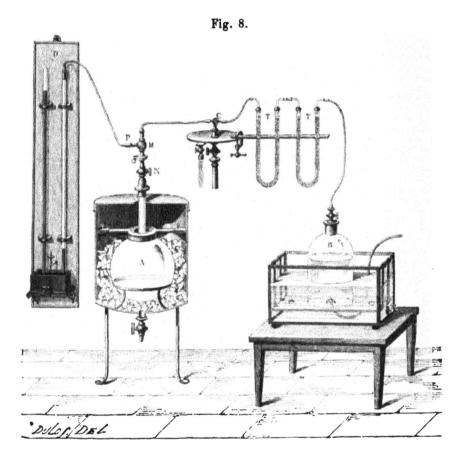

ture ; on accroche alors au second ballon une ampoule de verre
déplaçant rigoureusement p centimètres cubes.

Avant de fermer complètement le ballon compensateur, on
y introduit une certaine quantité de mercure, de telle sorte
que, lorsque les deux ballons pleins d'air sont accrochés sous
la balance, il soit nécessaire d'ajouter environ 20gr du côté du
ballon à robinet pour établir l'équilibre. Cet artifice permet
d'opérer par double pesée, avec les gaz les plus denses.

La balance est placée au-dessus d'une armoire vitrée dont

l'air est desséché par la chaux vive; c'est dans cette atmosphère à température uniforme que s'effectuent les pesées.

Le manomètre barométrique de Regnault est bien connu :
faisons remarquer seulement que la cloison qui divise la
cuvette en deux compartiments est indispensable à la conser-
vation du baromètre, car l'instrument serait bientôt viclé par
les rentrées d'air qu'on ne peut éviter quand
le mercure subit de fortes oscillations. Mais
il est nécessaire que cette cloison soit noyée,
chaque fois que l'on veut mesurer une différence de pression aux deux tubes.

Fig. 9.

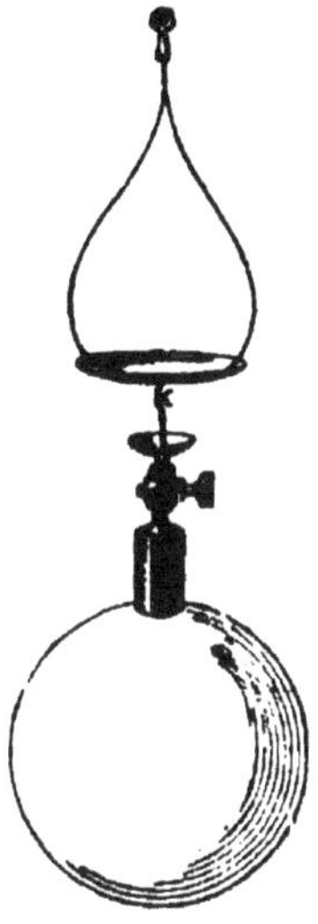

Après chaque opération d'épuisement ou
de remplissage, l'état thermique du gaz se
trouve notablement modifié par le fait même
de sa détente ou de sa compression : un certain temps est nécessaire pour que le gaz revienne à la température de la glace fondante ;
on se gardera donc d'en retirer le ballon aussitôt après le travail de la pompe.

Il faut craindre de frotter le verre avec un
linge sec, car on l'électrise d'une façon marquée, et Regnault a constaté de ce chef des
augmentations de poids de $\frac{3}{4}$ de gramme : au bout d'une
heure, il restait une surcharge de 0^{gr},15 et, après cinq heures,
un ballon pesait encore 0^{gr},01 de plus que son poids véritable.

On essuiera donc doucement les ballons avec une serviette
légèrement humectée par de l'eau distillée et il sera prudent
de s'assurer, avant de procéder aux pesées, que les ballons
ne présentent pas trace d'électrisation, en approchant d'eux
un électroscope à feuilles d'or.

Manuel opératoire.

1° Le vide étant fait dans le ballon aussi complètement que
possible, on le met en communication avec l'appareil qui produit le gaz dont on cherche la densité, ou bien avec le réservoir dans lequel on l'a recueilli, et l'on ouvre le robinet de
telle façon que le gaz conserve un excès de pression qui lui
permette de surmonter la résistance des tubes desséchants.

Le remplissage fait, le ballon est mis de nouveau en communication avec la machine pneumatique, et l'on y fait un vide parfait; puis on le remplit une seconde fois. Cette opération s'exécute à zéro. Avant de fermer le ballon, on le met en communication immédiate avec l'atmosphère, et l'opérateur note la pression H.

2° Le ballon sorti de la glace est lavé avec de l'eau, puis essuyé; on le suspend au crochet de la balance, après qu'il a pris la température de la salle, ce qui peut exiger deux heures. Les ballons compensés sont alors couverts d'une même quantité d'humidité. La tare est complétée par un certain nombre de poids marqués, placés du côté du ballon-laboratoire.

3° Le vide est fait à 4^{mm} environ, et l'on reporte ensuite le ballon sur la balance, après avoir noté la pression h marquée par le manomètre. Le poids π qu'il faut ajouter exprime le poids du gaz à zéro sous la pression $H - h$.

4° Les mêmes opérations sont répétées sur l'air : on note H', h' et π'.

Résultats.

Voici les chiffres d'une expérience faite par Regnault sur l'acide carbonique.

Ballon plein d'acide carbonique.

Hauteur du baromètre réduite à zéro au moment de la fermeture du robinet.........................	$H = 759^{mm}.13$
Poids ajouté au ballon	$p = 0^{gr}, 736$
Force élastique du gaz resté dans le ballon au moment de la fermeture du robinet.....	$h = 1^{mm}, 57$
Poids ajouté au ballon.............................	$P = 20^{gr}, 211$
Poids π du gaz enlevé par la machine $= P - p$.......	$19^{gr}, 475$

Ballon plein d'air.

Ballon plein d'air à la pression de l'atmosphère......	$H' = 747^{mm}, 21$
Poids ajouté...................................	$p' = 1^{gr}, 699$
Ballon vide d'air, à la pression	$h' = 7^{mm}, 56$
Poids ajouté...................................	$P' = 14^{gr}, 345$
Poids $\pi' = P' - p'$.............................	$12^{gr}, 435$
Densité de l'acide carbonique	$\delta = 1,52901$

Des élèves répétant cette expérience doivent trouver le chiffre des centièmes exacts.

Densité des gaz.

(*Annuaire du Bureau des Longitudes.*)

Air..............................	1
Oxygène..........................	1,10563
Azote............................	0,97137
Hydrogène........................	0,06926
Acide carbonique.................	1,52901
Ammoniaque	0,597
Acétylène........................	0,920
Éthylène ou gaz oléfiant.........	0,971
Formène ou gaz des marais.	0,558
Protoxyde d'azote................	1,527
Bioxyde d'azote	1,039

VIIIᵉ MANIPULATION.

DÉTERMINATION DU POIDS DU LITRE D'AIR.

Théorie.

La manipulation précédente nous a déjà fait connaître le poids π' de l'air contenu dans le ballon de Regnault, à une pression $H' - h'$, voisine de $0^m,760$; le poids x à la pression normale s'en déduit par une application légitime de la loi de Mariotte :

$$x = \pi' \frac{760}{H' - h'}.$$

Il n'y a donc qu'à mesurer le volume intérieur du ballon à zéro ; ce jaugeage se fait à l'eau et avec une balance de Deleuil, disposée pour peser 10^{ks} au $\frac{1}{2}$ centigramme près ; un opérateur habile peut obtenir une approximation égale à $\frac{1}{2000000}$.

Soient p le poids du ballon ouvert non compensé par un

ballon semblable; P le poids apparent du même ballon plein d'eau distillée à 0°, alors que la pression, la température et l'état hygrométrique de l'air extérieur sont **H**, t et **E**; le poids vrai de l'eau sera égal à

$$P - p + x(1 + Kt)\frac{H - \frac{3}{8}EF}{760}\frac{1}{1 + \alpha t}.$$

On prendra pour **K** la valeur 0,0000235 adoptée par Regnault dans cette expérience.

Nous avons négligé d'introduire dans l'équation la variation de la poussée de l'air sur le verre du ballon entre les deux pesées, car cette différence ne dépasse jamais 0^{gr},001, et il serait puéril d'en tenir compte, eu égard à la précision limitée de la balance.

Ayant donc calculé le poids vrai de l'eau par l'équation ci-dessus, il reste à le diviser par 0,999878, densité de l'eau à zéro, pour connaître son volume V_0, et le poids du litre a sera le quotient de x par V_0 :

$$a = \frac{x}{V_0}.$$

Enfin le poids normal du litre d'air, c'est-à-dire le poids correspondant à la pression barométrique qui serait mesurée sous le parallèle de 45° et au niveau de la mer, par une colonne mercurielle de 0^m,760 de hauteur à zéro, aura pour expression

$$a = \frac{x.G_{45}}{V_0 G}.$$

Description.

Il nous reste seulement à décrire le dispositif spécial employé pour remplir le ballon d'eau bouillie entièrement purgée d'air; au-dessus du robinet on fixera, à l'aide d'un tube de caoutchouc épais, un siphon de verre deux fois recourbé, dont l'extrémité libre puisse plonger au fond d'une chaudière contenant de l'eau distillée en pleine ébullition. Ce tube sera remplacé dans la suite de l'opération par un ajutage à boule, où l'on versera de l'eau bouillie au fur et à mesure du refroidissement du ballon.

Manuel opératoire.

1° Le poids x est déduit par le calcul du poids observé précédemment π'.

2° Le ballon lavé et desséché est pesé ouvert.

3° On y introduit une petite quantité d'eau distillée, et l'on fait le vide avec la machine pneumatique, en accélérant l'évaporation par l'action d'une douce chaleur; lorsque l'air aura été complètement expulsé, le robinet sera fermé, et l'on fixera le siphon déjà rempli d'eau chaude sur la tubulure supérieure. L'eau passera certainement du fond de la chaudière dans le ballon sans éprouver nulle part le contact de l'air; puis le siphon sera remplacé par le tube à boule, qui restera constamment plein d'eau jusqu'à ce que le ballon soit définitivement à zéro. Il faudra pour cela une dizaine d'heures d'immersion dans la glace fondante;

4° Le ballon est fermé, lavé, essuyé et pesé; cette dernière opération doit se faire dans une salle dont la température reste inférieure à 9°; si d'une part, en effet, il est indispensable que le récipient soit réchauffé à la température ambiante, d'autre part il est impossible de dépasser 9°, car la dilatation de l'eau briserait infailliblement le verre.

Lord Rayleigh a fait remarquer que, dans la détermination du poids π', une erreur peut être commise, quand on se sert de ballons à parois trop minces : en effet, le ballon est pesé tour à tour vide et plein d'air; or, le ballon vide subit de la part de l'atmosphère une compression qui réduit son volume extérieur et fait changer par conséquent son poids apparent. La correction du poids π' peut atteindre de ce chef $\frac{15}{100000}$. Nous nous contenterons de signaler le fait.

Résultats.

Les données suivantes ont été recueillies dans le Mémoire original de Regnault :

Hauteur du baromètre réduite à zéro...................	761^{mm},77
Température de l'air	6°
État hygrométrique..................................	0,7

Poids total du ballon plein d'eau .... 11126^{gr},05

Poids du verre.. 1258^{gr},55

Poids apparent de l'eau............................... 9867^{gr},50

Poids de l'air déplacé.............................. 12^{gr},473

Poids de l'eau à o°................................. 9879^{gr},973

Poids de l'eau à 4° occupant la capacité que le ballon pré-

sente à zéro $= \dfrac{9879,973}{0,99988} =$ .... 9881^{gr},060

Le poids du litre d'air varie avec la pesanteur, donc avec l'altitude et la latitude.

A Paris, dans le laboratoire du Collège de France, qui est à une altitude de 60^{m} et à une latitude de 48°50′14″, le litre d'air pèse 1^{gr},29320, d'après Regnault, à 0° et 760^{mm}. Ce poids serait de 1^{gr},29319 sous le parallèle de 45°. La correction de Lord Rayleigh augmenterait ce chiffre de 0^{gr},0003.

<hr>

IX⋅ MANIPULATION.

MESURE DE LA DENSITÉ DES VAPEURS.

<hr>

Théorie.

Dumas a indiqué, en 1826 [1], une méthode très simple, qui est seule employée aujourd'hui dans les laboratoires : elle consiste à remplir un ballon, d'une capacité connue, de la vapeur que l'on veut étudier sous la pression de l'atmosphère et à une température quelconque, supérieure au point d'ébullition du corps.

En déterminant le poids de la substance renfermée dans le ballon et la capacité de celui-ci, on possède toutes les données nécessaires au calcul de la densité.

En effet, soit π la tare du ballon ouvert et communiquant librement avec l'atmosphère; appelons P le poids apparent du ballon plein de vapeur, V_0 sa capacité à zéro, T la température du bain liquide, t la température ambiante, H la pres-

<hr>

[1] *Annales de Chimie et de Physique*, 2⋅ série, t. XXX, p. 337; 1826.

sion de l'atmosphère au moment de la fermeture du ballon, H' la pression au moment de la pesée, et E' l'état hygrométrique, nous aurons la relation

$$(1) \quad \begin{cases} P(-\pi) = V_0(1 + KT)1,293\,x\,\dfrac{H}{760}\,\dfrac{1}{1+\alpha T} \\[2mm] \quad - V_0(1 + Kt)1,293\,\dfrac{H' - \frac{3}{8}E'F}{760}\,\dfrac{1}{1+\alpha t}, \end{cases}$$

dans laquelle x est la densité cherchée; on fait généralement $K = 0,0000235$.

Le volume V_0 se détermine par une pesée d'eau; si P' est le poids apparent du ballon plein d'eau à une température θ, et D_0 le poids spécifique du litre d'eau à cette température, son volume est donné par l'équation

$$(2) \quad P'(-\pi) = V_0(1 + K\theta)\left(D_\theta - 1,293\,\frac{H' - \frac{3}{8}E'F}{760}\,\frac{1}{1+\alpha\theta}\right).$$

Ces deux formules sont rigoureusement exactes; nous n'avons négligé dans la formule (1) que la différence des poussées exercées par l'atmosphère sur le verre de l'enveloppe; or elle est toujours moindre que $\frac{1}{10000}$ de gramme, et le plus souvent elle est nulle. La formule (2) permet d'évaluer V_0 à 1^{mmc} près.

On simplifie souvent cette opération en jaugeant dans une éprouvette graduée l'eau contenue dans le ballon à la température θ : dans ce cas, le volume est connu au demi-centimètre cube près, et il devient inutile de faire la correction due à l'état hygrométrique; de plus, dans l'équation (1), on remplace $V_0(1 + KT)$ par $V_\theta[1 + K(T - \theta)]$ et $V_0(1 + Kt)$ par V_θ. Cette manière de procéder donne des résultats exacts à deux unités près du chiffre des centièmes. L'eau doit être soigneusement purgée d'air.

Quelques auteurs proposent de mesurer sur la cuve à mercure le volume d'air qui, accidentellement, peut rester dans le ballon, et d'en calculer le poids : cette correction me paraît déplacée. Si ce volume est petit, la correction est négligeable; sinon l'opération est manquée, et elle doit être recommencée.

Witz. — Man. sup.

Description.

Cette manipulation exige un matériel peu dispendieux,
consistant en une collection de ballons spéciaux en verre
mince à pointe effilée, un bain-marie et un support annulaire
destiné à maintenir le ballon sous l'eau (*fig.* 10).

Fig. 10.

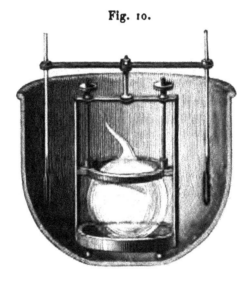

La capacité du ballon peut varier de 300^{cc} à 500^{cc}; sa pointe
effilée doit avoir une longueur d'au moins 150^{mm}.

Le support est muni de douilles pour recevoir deux thermomètres robustes, marquant le demi-degré; on en fait des agitateurs au cours de l'expérience.

Dans un grand nombre de cas, l'eau peut être employée
comme bain liquide, car il suffit de dépasser le point d'ébullition de 20°; l'eau est donc indiquée pour le chloroforme,
l'éther et le sulfure de carbone; pour l'alcool, on se servirait
d'une solution saturée de chlorure de calcium. L'acide sulfurique concentré permet d'atteindre 200°, température suffisante pour l'iode; cet acide, chauffé dans un vase de verre,
convient mieux que l'huile de pied de bœuf, qui donne des
vapeurs incommodes et salit les appareils. Enfin l'alliage
de d'Arcet ($8\,Bi + 5\,Pb + 3\,Sn$) a été employé par Dumas
pour déterminer la densité de la vapeur de mercure; en pla-

çant des fragments de cet alliage dans la bassine de fonte et en chauffant lentement jusqu'au point de fusion, inférieur à 100°, on n'a pas à craindre de briser les ustensiles de verre. La mince couche de métal dont le ballon reste couvert après refroidissement se détache aisément au couteau, et le nettoyage se termine au moyen du mercure, qui dissout les quelques parcelles demeurées adhérentes.

Le chloroforme, dont la densité de vapeur est considérable et le point d'ébullition inférieur à 65°, offre de grandes facilités d'expérience qui l'ont fait choisir, préférablement à tout autre liquide, pour habituer les élèves au maniement des appareils que nous venons de décrire; sa vapeur forme un jet parfaitement visible au sortir de la pointe effilée, du ballon, et le moment convenable pour la fermeture de la pointe est facile à saisir.

M. Paulewski a proposé d'employer des ballons à col étroit, munis d'un bouchon rodé; le même ballon peut, dans ce cas, servir plusieurs fois, et l'on n'a pas à répéter la mesure du volume.

Manuel opératoire.

1° L'extérieur du ballon est lavé, essuyé et desséché; puis on en casse la pointe et l'on fait la tare avec addition de 2ᵍʳ.

2° On y introduit le liquide.

Ce remplissage se fait comme pour les thermomètres; quand le liquide est peu dense, il suffit quelquefois de chauffer l'enveloppe entre ses mains, mais le plus souvent l'opérateur devra se servir d'une lampe, et alors il aura une précaution à prendre. En effet, si le liquide volatil venait à toucher une portion de paroi chaude, la tension de sa vapeur arrêterait subitement l'ascension dans le tube. On n'exposera donc à la flamme que la partie A de la surface sphérique diamétralement opposée à la partie effilée et, en renversant le ballon sur le liquide, on veillera à ce qu'il ne puisse atteindre aucun point chaud (*fig.* 11). Dès qu'on jugera que le ballon renferme environ 10ᶜᶜ de la substance à essayer, on le retournera vivement.

3° Le ballon est placé dans le bain, la pointe en l'air, de manière que le jet de vapeur qui va s'en échapper soit bien visible et que le tube puisse être commodément fermé au chalumeau; il est essentiel que tout le ballon soit immergé.

La température du bain doit s'élever assez vivement jusqu'à 10° ou 12° au-dessous du point d'ébullition du liquide; mais à ce moment il faut modérer le feu pour que l'écoulement de la vapeur ne soit point trop rapide. On porte ainsi progressivement la température jusqu'à 20° au-dessus du point d'ébullition sans permettre qu'elle vienne à baisser ni même à rester stationnaire, si ce n'est lorsqu'on est parvenu au terme où l'on veut s'arrêter. Alors, l'équilibre étant établi et le jet devenu invisible, on note aussitôt la température du bain, ainsi que la pression barométrique et, d'un trait de chalumeau, on ferme la pointe.

Fig. 11.

Dans certains cas, la pointe du ballon peut être obstruée par des dépôts solides; il en est ainsi pour l'iode. Il suffit alors de promener un charbon autour du tube pour empêcher la cristallisation de se produire.

4° Après refroidissement complet et lavage du ballon, l'opérateur procède à la pesée de la vapeur par différence. Il relève en même temps la pression, la température et l'état hygrométrique de l'air ambiant.

5° La pointe est cassée sous l'eau; si cette eau est entièrement purgée d'air et que d'autre part l'opération ait été bien conduite, le liquide envahit brusquement toute la capacité de l'enveloppe, et il ne reste à la partie supérieure qu'une bulle d'air de 1^{cc} ou 2^{cc}, dont on peut ne pas tenir compte.

6° On prend enfin pour la dernière fois le poids de l'appareil plein d'eau, à une température θ, qu'il faut noter en même temps que les diverses conditions de l'air extérieur; ou bien on donne un trait de lime sur le col du ballon, à la naissance du cône, on casse le tube et l'on verse l'eau dans une éprouvette graduée, sans négliger la capacité de l'extrémité qui a été détachée.

Résultats.

Le procédé de Dumas ne peut être appliqué, selon la remarque de Buignet, qu'à des liquides chimiquement purs ; en effet, si l'on opère sur un mélange complexe, sa composition est modifiée par le départ des portions les plus volatiles.

La méthode de Gay-Lussac, modifiée par Hoffmann, n'a pas cet inconvénient (¹), mais elle est moins classique. Ce physicien opère dans un tube barométrique exactement calibré, entouré par un manchon à circulation de vapeur ; on introduit dans la chambre du vide une ampoule pleine de liquide, et l'on observe la dépression, le volume et la température consécutives à l'évaporation complète.

Densité des vapeurs.

	Densités.	Températures.
Alcool absolu............	1,61	78,4
Benzine................	2,77	92,0
Chloroforme.......... ..	4,20	60,8
Eau .... {	0,64	100,0
	0,67	180,3
Éther ordinaire	2,59	35,5
Sulfure de carbone.......	2,64	48,2
Iode.................	8,72	175
Mercure	6,98	350

X· MANIPULATION.

MESURE DES TENSIONS MAXIMUM DES VAPEURS, INFÉRIEURES A 300 MILLIMÈTRES.

Théorie.

La relation qui existe entre les températures d'une vapeur saturée et ses tensions maximum a été déterminée par Re-

(¹) HOFFMANN, *Berichte der Berliner Chemischen Gesellschaft*, t. I.

gnault : l'objet de cette manipulation et de la suivante est de répéter ses remarquables expériences (¹).

En principe, il s'agit d'établir une température constante dans l'enceinte qui renferme la vapeur et d'en mesurer la pression.

Description.

Deux baromètres verticaux AB et A'B' (*fig.* 12), plongeant dans une cuvette commune E, sont engagés par leur extrémité supérieure dans une caisse métallique, percée d'une fenêtre fermée par une glace à faces parallèles. L'un de ces baromètres ne présente aucune particularité; l'autre se termine par un raccord (*fig.* 13) qui le met en communication avec un ballon A : le tube B qui est relié à la machine pneumatique peut être fermé par un robinet ou bien fondu au chalumeau. Une lampe à alcool D ou un brûleur à gaz permet d'échauffer l'eau de la caisse, et des agitateurs rendent la température uniforme. L'observation des différences de niveau se fait au cathétomètre; un thermomètre à mercure donne les températures du bain, qu'on maintient facilement constantes, vu la grande masse d'eau qui a emmagasiné la chaleur du foyer.

Il importe, avant tout, d'employer un baromètre exact; on s'en assure par le procédé d'Arago. En versant du mercure dans la cuvette ou bien en retirant de ce liquide, on fait varier la capacité de la chambre barométrique; or, si le baromètre est parfaitement purgé d'air, la hauteur de la colonne mercurielle doit rester la même, quelle que soit cette capacité de la chambre.

Les corrections de température portent sur les différences de hauteur qu'on ramène à zéro par la formule connue. Les corrections de capillarité s'apprécient directement sur deux tubes identiques à ceux de l'appareil, qu'on met en communication par leur partie supérieure avec un réservoir d'air à une pression moindre que l'atmosphère; on fait passer dans l'un d'eux un léger excès du liquide soumis à l'expérience et l'on mesure la différence de niveau qui s'établit dans les deux

---

(¹) *Mémoires de l'Académie Royale des Sciences*, t. XXI, p. 476; 1847.

tubes. Dans un tube de o^m,o15 de diamètre, la colonne mouil-
lée se trouve soulevée, par l'action capillaire de l'eau, de
o^m,ooo12. Indépendamment de cette correction, il faut encore
tenir compte du poids du liquide superposé au ménisque

Fig. 12.

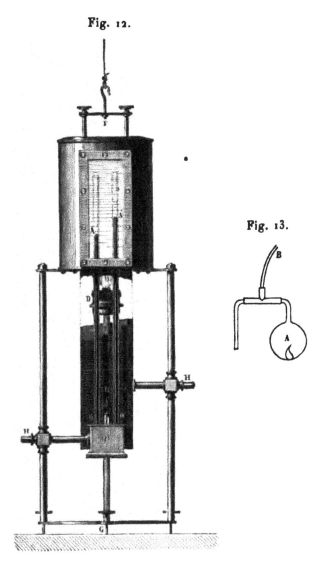

Fig. 13.

mercuriel : la hauteur de cette colonne, divisée par 13,59,
sera ajoutée à la hauteur observée du mercure dans un baromètre mouillé par l'eau.

Le liquide à vaporiser est enfermé dans une petite ampoule
en verre très mince.

Sa confection est assez difficile : après avoir soufflé une sphère au bout d'un tube, on la sépare par étirement, puis on la remplit de liquide comme nous l'avons pratiqué pour les thermomètres. On présente ensuite la partie effilée à la flamme d'un brûleur et on la chauffe avec beaucoup de précautions jusqu'à ramollir et souder le verre : l'ampoule se brise souvent avant d'être fermée. Il est absolument nécessaire qu'aucune trace d'air ne reste logée à la pointe et que le petit récipient soit entièrement rempli d'un liquide récemment bouilli.

Dans les laboratoires d'Allemagne, on emploie fréquemment un petit flacon bouché à l'émeri, dont le maniement est plus simple et qui se débouche de lui-même, dès que la température s'élève.

Manuel opératoire.

1º L'ampoule étant introduite dans le ballon et les joints serrés, on opère un grand nombre de fois le vide dans l'appareil et l'on y laisse rentrer très lentement de l'air sec : Regnault répétait cette opération cinquante fois.

2º Le vide est fait une dernière fois à 0ᵐ,002 ou 0ᵐ,003 et le tube B (*fig.* 12) est fermé ; puis on remplit la caisse de glace fondante et l'on prend la différence de hauteur des deux colonnes de mercure avec le cathétomètre : c'est la force élastique de l'air sec resté dans le ballon.

3º Chauffant alors progressivement la caisse jusqu'à 50º, température insuffisante pour faire crever l'ampoule, on mesure les différences de pression à 15º, 30º et 50º, ce qui donne la loi empirique des tensions de l'air. Elle est calculée avec soin.

4º La caisse est vidée, puis l'opérateur chauffe le ballon avec quelques charbons placés dans une cuiller à manche recourbé, et il détermine la rupture de l'ampoule par dilatation du liquide.

5º La mesure des dépressions à diverses températures peut dès lors être effectuée : la pression due à l'air seul sera retranchée et les corrections seront faites comme nous l'avons indiqué ci-dessus.

Résultats.

Pour coordonner les observations, on construira une courbe dont les abscisses soient les températures, et les ordonnées les tensions correspondantes : les points ainsi obtenus ne formeront pas une ligne continue, ainsi qu'on peut le voir sur la *fig.* 14, mais ils définiront la forme générale d'une courbe

Fig. 14.

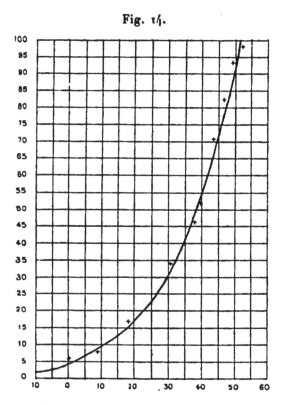

qu'on tracera à la main en se laissant guider par le sentiment de la continuité.

Ce travail graphique permettra de déterminer la formule empirique qui exprime la loi des forces élastiques de la vapeur d'eau. Regnault a adopté la fonction

$$\log F = a + b\alpha^x + c\beta^x,$$

dans laquelle $x = t + 20$ et il a déterminé les cinq constantes qui entrent dans la formule au moyen des tensions relevées sur la courbe à cinq températures équidistantes.

La tension F est exprimée en millimètres de mercure.

Les élèves répéteront ce travail avec le plus grand fruit en prenant dans leur tracé les pressions à 0°, 12°, 24°, 36° et 48°. Il faudra poser $\alpha^{12} = \alpha'$ et $\beta^{12} = \beta'$; il vient alors

$$\log F_0 = a + b \quad + c,$$
$$\log F_1 = a + b\alpha' + c\beta',$$
$$\log F_2 = a + b\alpha'^2 + c\beta'^2,$$
$$\log F_3 = a + b\alpha'^3 + c\beta'^3,$$
$$\log F_4 = a + b\alpha'^4 + c\beta'^4,$$

système d'équations qu'on peut résoudre par soustractions successives et multiplications par α' et β', de manière à former deux équations en $\alpha' + \beta'$ et $\alpha'\beta'$, d'où l'on déduit sans peine α' et β' et enfin a, b et c [1].

Regnault a trouvé

$$a = 6,2640348,$$
$$\log b = 0,1397743, \qquad \log\alpha = \overline{1},9940493,$$
$$\log c = 0,6924351, \qquad \log\beta = \overline{1},9983439.$$

Le procédé que nous venons de décrire s'applique également bien à la détermination des tensions produites par d'autres liquides que l'eau et n'exige l'emploi que d'une très petite quantité de matière. Lorsque ces liquides sont de nature à attaquer les mastics, on ne devra mastiquer les tubes qu'à l'intérieur des tubulures; il est convenable aussi d'user les tubes à l'émeri fin dans leurs tubulures en cuivre, afin qu'ils les remplissent le plus exactement possible.

Tension de quelques vapeurs saturées en millimètres de mercure.

Températ. °	Alcool.	Éther.	Sulfure de carbone.	Chlorure de carbone.	Acétone.	Chloro-forme.
0....	12,70	184,39	127,91	32,95	63,33	59,72
10....	24,23	286,83	198,46	55,97	110,32	100,47
20....	44,46	432,78	298,03	90,99	180,08	160,47
30....	78,52	634,80	434,62	142,27	280,05	247,51
40....	133,69	907,04	617,53	214,81	419,35	369,26
50....	219,90	1264,83	857,07	314,28	608,81	535,05

[1] Nous avons donné un type de ce calcul dans nos *Exercices de Physique et Applications*, Liv. II, Ch. I, Exercice 26, p. 92. Paris, Gauthier-Villars et fils; 1889.

On peut rapprocher ces chiffres de ceux qu'on obtient par application des formules de M. Joseph Bertrand.

Alcool.

$$F = G \left(\frac{T - 76}{T} \right)^{50}, \qquad \log G = 8,16493.$$

Éther.

$$F = G \left(\frac{T - 54}{T} \right)^{50}, \qquad \log G = 7,18706.$$

Chloroforme.

$$F = G \left(\frac{T - 120}{T} \right)^{20}, \qquad \log G = 6,759689.$$

Ces températures T sont comptées à partir du zéro absolu.

XI° MANIPULATION.

MESURE DES TENSIONS MAXIMUM DES VAPEURS, SUPÉRIEURES A 300 MILLIMÈTRES.

Théorie.

Cette méthode est fondée sur la loi de l'ébullition : la force élastique de la vapeur émise par un liquide bouillant est égale à la pression qui s'exerce à sa surface.

L'opération consiste donc simplement à déterminer la température à laquelle bout un liquide sous des pressions connues.

Description.

La chaudière dont s'est servi Regnault est une cornue en cuivre rouge (*fig.* 15) fermée par un couvercle boulonné, qui porte quatre tubes en fer fermés par le bas; deux de ces tubes plongent au fond de la cornue, les deux autres ne descendent que jusqu'au milieu. Le col de la cornue s'engage dans un tube A de 1^m environ de longueur, enveloppé d'un manchon en cuivre parcouru par un courant d'eau froide; ce tube communique avec un ballon en métal de 24^{lit} de capacité renfermé dans un vase plein d'eau à la température ambiante. Le ballon porte à sa partie supérieure un ajutage E à deux branches, par lequel il est mis en communication avec une pompe à air et avec un manomètre dont les dimensions dépendent de l'extension qu'on veut donner aux expériences.

Fig. 15.

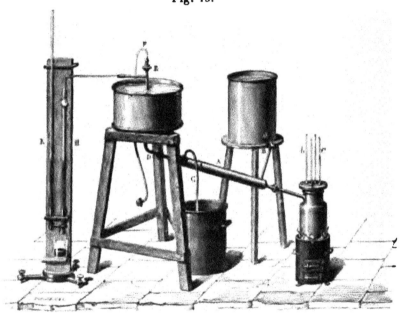

Les quatre tubes en fer sont remplis de mercure jusqu'à une distance de quelques centimètres de l'orifice supérieur : des thermomètres à tige droite sont maintenus dans ces tubes et marquent les uns la température du liquide, les autres celle de la vapeur. La différence entre leurs indications peut s'élever jusqu'à $0°,7$ dans les faibles pressions; elle devient nulle quand l'ébullition a lieu sous la pression de l'atmosphère; Regnault prenait la moyenne des quatre thermomètres. Il lisait leurs indications à la lunette pour éviter les erreurs de parallaxe. Les vapeurs qui se condensent dans le col de la cornue y retombent au fur et à mesure, de sorte qu'elle ne se vide jamais.

La pression de l'atmosphère artificielle, dans laquelle se

produit l'ébullition, se mesure au cathétomètre ; il est très facile de la maintenir invariable, et les observations se font avec une précision absolue et une facilité étonnante.

La colonne de mercure n'est jamais absolument stationnaire, mais l'oscillation ne dépasse pas $0^{mm},1$.

Manuel opératoire.

1° Après avoir déterminé dans le ballon la pression à laquelle on veut opérer, par le jeu de la machine pneumatique ou de la pompe de compression, un observateur mesure la différence de hauteur des colonnes mercurielles du manomètre ; le ménisque a presque toujours un petit mouvement d'oscillation, d'un dixième de millimètre d'amplitude, dont il faut prendre la valeur moyenne.

2° Un second observateur lit en même temps les températures des thermomètres plongés dans la cornue. On recommence ces déterminations simultanées à quelques minutes d'intervalle, pour s'assurer de la parfaite constance de la température et de la pression, et l'on procède ensuite à de nouvelles expériences sous des pressions différentes convenablement échelonnées.

3° Les températures doivent être corrigées pour la portion de colonne non plongée dans la chaudière : dans les recherches de Regnault, le maximum de la correction n'a pas dépassé $0°,35$. Les pressions sont déduites de la hauteur barométrique au moment de l'expérience.

Résultats.

Dans les Tableaux des forces élastiques de la vapeur d'eau, publiés par Regnault, les tensions observées vers 100° diffèrent au plus de 1^{mm} des résultats calculés par la formule exponentielle qui a été établie dans la manipulation précédente. Dans les laboratoires, on ne saurait atteindre une aussi remarquable précision : cependant de bons élèves obtiennent des résultats très encourageants qui témoignent de la perfection de la méthode. Cette manipulation est assurément une des plus belles de la série. Le grand manomètre à air libre de

15^m de hauteur que nous avons installé dans notre laboratoire de la Faculté libre des Sciences de Lille nous permet de poursuivre cette expérience jusqu'à des pressions très considérables.

Forces élastiques de la vapeur d'eau.

(d'après Regnault).

H.	T.	H.	T.	H.	T.	H.	T.	H.	T.	H.	T.	H.	T.
mm	o	mm	o	mm	o	mm	o	mm	o	mm	o	mm	o
710	98,11	720	98,49	730	98,88	740	99,26	750	99,63	760	100,00	770	100,36
1	15	1	53	1	92	1	29	1	67	1	04	1	40
2	19	2	57	2	95	2	33	2	70	2	07	2	44
3	22	3	61	3	99	3	37	3	74	3	11	3	47
4	26	4	65	4	99,03	4	41	4	78	4	15	4	51
5	30	5	69	5	07	5	44	5	82	5	18	5	55
6	34	6	72	6	11	6	48	6	85	6	22	6	58
7	38	7	76	7	14	7	52	7	89	7	26	7	62
8	42	8	80	8	18	8	56	8	93	8	29	8	65
9	46	9	84	9	22	9	59	9	96	9	33	9	69

Forces élastiques de la vapeur d'eau

(d'après Zeuner).

PRESSION		TEMPÉRATURE.
en atmosphères.	en kilogrammes par centimètre carré.	
1,0	1,0334	100
1,2	1,2401	105,17
1,4	1,4468	109,68
1,6	1,6534	113,69
1,8	1,8601	117,30
2,0	2,0668	120,60
2,5	2,5835	127,80
3,0	3,1002	133,91
3,5	3,6169	139,24
4,0	4,1336	144,00
5,0	5,1670	152,22

XII° MANIPULATION.

ÉTUDE DE L'ÉTAT CRITIQUE.

Théorie.

Les réseaux d'isothermes, construits par Andrews pour l'acide carbonique et reproduits sur la *fig.* 16, montrent que la

Fig. 16.

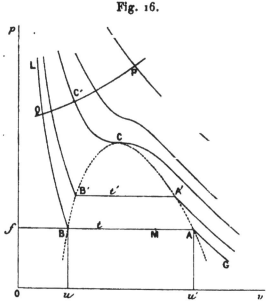

liquéfaction de ce gaz, indiquée par la partie rectiligne BA et B'A' des courbes, change d'allure à mesure que la température s'élève. Cette portion rectiligne se raccourcit et les volumes spécifiques du liquide et de la vapeur saturée tendent vers une valeur commune. Pour une température déterminée, AB devient nul et l'isotherme présente en C un point d'inflexion à tangente horizontale.

Ce point C correspond à *l'état critique;* son ordonnée donne graphiquement la valeur de la pression critique, son abscisse détermine le volume critique, et la température à laquelle correspond cette isotherme définit la température critique.

Analytiquement, les relations qui caractérisent l'état critique sont

$$\frac{dp}{dv} = 0 \qquad \text{et} \qquad \frac{d^2 p}{dv^2} = 0.$$

Une fois l'état critique atteint, les courbes ne présentent plus aucune discontinuité; l'inflexion s'atténue graduellement. On comprend qu'il n'y a plus de liquéfaction; l'expérimentateur se trouve en présence d'un fluide homogène ne possédant qu'une série unique de propriétés. En particulier, la densité du liquide et de la vapeur sont devenues et restent égales; la chaleur latente est nulle ou plutôt elle n'existe pas, car il n'y a plus de changement d'état. Le liquide ne se différencie plus de la vapeur, et le ménisque de séparation a disparu. On peut donc saisir à la vue le moment précis où l'état critique est atteint, et l'on peut noter les conditions dans lesquelles se produit cette disparition du ménisque.

C'est l'objet de cette manipulation.

Il est vrai que les expériences de MM. Cailletet et Colardeau ont démontré que, au moment où le ménisque disparaît, la densité du liquide peut encore être supérieure à celle de la vapeur saturée : on ne détermine donc pas rigoureusement ainsi la température critique, pour laquelle la ligne AB est nulle, AB représentant la différence $(v - \sigma)$ des volumes spécifiques du liquide et de la vapeur.

Mais la température de disparition du ménisque est voisine de la température critique et l'écart ne dépasse pas 3 ou 4 dixièmes de degré pour l'acide carbonique.

Notre expérience fournit donc des résultats suffisamment approchés pour qu'elle reste intéressante à effectuer.

La pression et la température, pour lesquelles la liquéfaction cesse de se produire, sont le plus souvent en dehors des limites d'une expérience de laboratoire; cependant, en comprimant les gaz acide carbonique et protoxyde d'azote dans l'appareil dont s'est servi M. Cailletet pour liquéfier les gaz, on peut suivre facilement toutes les particularités du passage de l'état gazeux à l'état liquide, et déterminer ainsi exactement la position du point critique dans l'échelle des températures.

Avant que ce point ne soit atteint, le gaz comprimé à la température constante se liquéfie en diminuant subitement de volume, et l'on voit nettement un ménisque concave surmontant le mercure ; ce point dépassé, la surface de séparation du liquide et du gaz devient indécise, elle perd sa courbure et disparaît entièrement ; l'œil ne distingue plus que des stries qui ondoient à travers la masse comme lorsqu'on mêle des gaz à différentes températures.

Il s'agit de resserrer entre des limites étroites la température à laquelle se produit ce changement d'allure dans le phénomène.

Description.

L'appareil de M. Cailletet (*fig.* 17) dérive de celui de M. Andrews. La pression est produite par une presse hydrau-

Fig. 17.

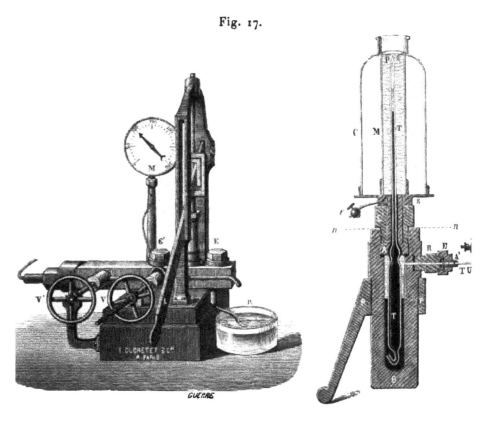

lique à levier qui sert à comprimer de l'eau au-dessus du mercure contenu dans la cuve de fonte B : un piston plongeur commandé par le volant V permet de faire croître lentement la pression, qui peut atteindre 3oo^{atm}; on la mesure par un manomètre métallique.

Le gaz est renfermé dans une éprouvette T (*fig.* 18), à pointe effilée, qui plonge dans le mercure, tandis que la partie supérieure reste visible : c'est là que se produit la liquéfaction du gaz. Un manchon cylindrique de verre P entoure le tube;

Fig. 18.

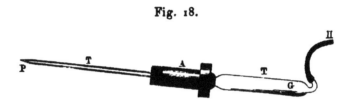

on peut y introduire un mélange réfrigérant liquide ou bien le faire traverser par un courant d'eau à température constante, de manière à faire varier la température de —10° à + 40°.

L'éprouvette de verre est mastiquée à la glu marine dans un ajutage métallique A qui forme le joint supérieur du réservoir à mercure; on l'assujettit par un écrou.

Pour opérer le remplissage du tube, on en brise la pointe P, puis on y introduit une goutte de mercure qui vient se placer en G (*fig.* 18) : un tube de caoutchouc H amène le gaz sec et pur, que l'on fait passer lentement pendant plusieurs heures.

On s'assure que tout l'air a été balayé, par des essais de dissolution ou d'absorption dans des liquides appropriés, puis on referme la pointe en la fondant au dard du chalumeau. Le tube étant alors dressé verticalement, le mercure remplit la partie recourbée et empêche la déperdition du gaz ou son mélange avec l'air extérieur.

En portant l'éprouvette sur le mercure de la cuve, il faut avoir soin de l'y enfoncer lentement et de faire écouler d'abord la couche d'eau qui se trouve à la surface, de crainte qu'il n'en pénètre dans le tube; l'orifice A aura été préalablement ouvert dans ce but.

Après avoir vérifié enfin que les joints sont munis de leurs rondelles de cuir gras, on serre les écrous, et l'appareil se trouve monté pour l'expérience.

Un thermomètre sensible et précis donne la température du manchon, dans lequel la tige doit être complètement immergée : son réservoir sera maintenu en contact avec la région du tube capillaire occupée par le gaz.

L'acide carbonique peut être préparé par l'action de l'acide sulfurique sur le bicarbonate de potasse; on dessèche le gaz par l'acide sulfurique concentré.

Le protoxyde d'azote s'obtient à l'état de pureté en chauffant, vers 250°, 305ᵍʳ environ d'azotate d'ammoniaque dans une petite cornue de verre de 100ᶜᶜ de capacité ([1]).

Le gaz ammoniac est chassé par la chaleur de sa dissolution aqueuse, additionnée de lessive concentrée de soude caustique; on le dessèche sur une longue colonne de chaux vive.

L'acide chlorhydrique se chasse de même de sa dissolution par l'acide sulfurique et la chaleur; l'eau entraînée sera absorbée par l'acide sulfurique et le chlorure de calcium.

Manuel opératoire.

1° Le tube étant amené à la température à laquelle on veut opérer, on donne d'abord quelques coups de piston, en agissant sur le levier L, de manière que le mercure devienne visible dans le tube, puis on réduit peu à peu le volume du gaz en tournant le volant V. Bientôt on voit le ménisque mercuriel se déformer légèrement et se recouvrir de liquide : on note à l'instant même la pression et la température.

2° On répète la même opération à diverses températures : partant de 0°, on peut échelonner les observations de 5° en 5°; la pression de liquéfaction croît rapidement.

3° A une certaine température, le gaz devient incoercible : l'apparition caractéristique des stries, coïncidant avec les résultats négatifs de l'expérience aux plus hautes pressions, démontre que le point critique a été dépassé. On attend alors

---

([1]) Le protoxyde d'azote est souvent mêlé d'azote; aussi croyons-nous plus sûr d'employer le gaz qui se trouve dans le commerce à l'état liquide. On peut le purifier par ébullition.

que, la température s'abaissant par le refroidissement, le liquide redevienne visible; la température à laquelle on verra poindre la première goutte est assez exactement celle du point critique.

On déterminera cette température critique avec plus de précision en provoquant à plusieurs reprises la disparition du ménisque et sa réapparition par une élévation et une diminution convenable de température. On arrive à resserrer ces phénomènes entre deux températures différant d'au plus un degré : leur moyenne est prise comme valeur correcte du point critique.

Cette expérience réussit fort bien avec l'acide carbonique, le protoxyde d'azote, l'acide chlorhydrique, l'acétylène et même le bioxyde d'azote, dont le point critique est situé entre — 11° et 8° : le mélange réfrigérant le plus favorable est formé de 3 parties de chlorure de calcium (fondu préalablement à 127°) et de 2 parties de neige; d'après M. Pfaundler, ce mélange peut descendre à — 51°.

On pourrait étendre considérablement le champ de ces observations en adoptant un dispositif qui permît l'application du chlorure de méthyle au refroidissement du tube, car les mélanges réfrigérants ordinaires sont d'un emploi pénible par défaut de transparence, et ils ne permettent pas de graduer les températures comme il le faudrait.

Les températures élevées s'obtiennent aisément et avec une grande constance en faisant circuler dans le manchon un courant d'eau ou de glycérine chaude; avec ce dernier liquide, MM. Vincent et Chappuis ont pu monter à 190° ([1]).

Il importe que les gaz employés soient très purs, car il suffit d'une trace d'air insignifiante pour retarder le point de liquéfaction.

M. Gérard-Ausdell a déterminé le point critique des mélanges gazeux ([2]), notamment de l'acide carbonique et de l'acide chlorhydrique; contrairement à l'affirmation de M. Paulewski, les variations du point critique ne paraissent pas être proportionnelles à la composition centésimale des mélanges.

([1]) *Journal de Physique*, 2ᵉ série, t. V, p. 58; 1896.
([2]) *Journal de Physique*, 2ᵉ série, t. V, p. 45; 1883.

L'étude de certains mélanges a conduit à des résultats curieux et particulièrement intéressants.

En comprimant à 20^{atm}, vers 14°, un mélange à volumes égaux de gaz acide chlorhydrique et d'hydrogène phosphoré pur, on forme une combinaison qui apparaît à l'état liquide ou cristallin, suivant les conditions de température et de pression ; cette expérience très élégante, due à **M.** Ogier, peut être répétée facilement à la suite de cette manipulation.

Résultats.

M. Andrews a donné le Tableau suivant, qui résume ses remarquables expériences sur l'acide carbonique :

Température.	Pression de liquéfaction.
o	atm
0,00	35,04
5,45	40,44
11,45	47,04
16,92	53,77
22,22	61,13
25,39	65,78
28,30	70,39
30,82	76

A ce moment, le ménisque disparaît et l'on voit apparaître les stries : la liquéfaction est dès lors impossible.

Le point critique de l'acide carbonique a donc été placé par **M.** Andrews à 30°,82, mais il suffit de l'addition de $\frac{1}{16}$ d'air pour l'abaisser de plusieurs degrés : une impureté de $\frac{1}{1000}$ du volume produit une variation sensible.

D'après **M.** Amagat, il y aurait lieu de se méfier aussi de certains retards relatifs aux changements d'état ; ce savant estime que la température critique de l'acide carbonique correspond à 31°,35, pour une pression de 72^{atm},9 [1]. Ce serait seulement à cette température que la densité du liquide serait rigoureusement égale à celle de la vapeur : cette valeur commune serait de 0,464.

---

[1] *Journal de Physique*, 3° série, t. I, p. 288 ; 1892.

Voici, d'après M. Roth ([1]), les températures et pressions critiques de quelques autres gaz :

Gaz.	Température critique.	Pression critique.
	o	atm
Protoxyde d'azote............	36,4	73,07
Acide sulfureux..............	155,4	78,90
Chlorure d'éthyle............	182,6	52,6
Éther......................	190,0	36,9

Signalons encore quelques résultats plus ou moins concordants avec les précédents, mais qu'il est utile de connaître

	Observateurs.	Température critique.
		o
Acide carbonique.	MM. Chappuis.	31,40
Protoxyde d'azote.	Cailletet et Mathias.	36,40
Acide chlorhydrique.	Chappuis.	51,5
Gaz ammoniaque.	Chappuis.	131
Acide sulfureux.	Cailletet et Mathias.	156
Éther.	Ramsay.	195,5

XIII. MANIPULATION.

MESURE DE LA DENSITÉ DES GAZ A SATURATION.

Théorie.

La Thermodynamique permet de calculer la chaleur nécessaire pour transformer 1ᵏᵍ de liquide, pris à la température T, en vapeur à la même température; c'est la chaleur de vaporisation, qu'on désigne par le symbole r.

Ce calcul exige la connaissance du coefficient différentiel $\dfrac{dp}{dt}$ et de la différence u entre le volume spécifique σ du liquide

---

([1]) *Annales de Wiedemann*, t. XI, p. 1; 1881.

et le volume spécifique v de la vapeur saturée produite par ce liquide.

On a, en effet, par la formule dite *de Clapeyron* ([1]),

$$r = \text{AT} \frac{dp}{dt} (v - \sigma) = \text{AT} \frac{dp}{dt} u ;$$

T est la température absolue et A l'équivalent calorifique du travail.

Pour calculer $\frac{dp}{dt}$, on utilise les tables de Regnault, donnant les tensions maximum des vapeurs; on peut, sans inconvénient, remplacer la dérivée par la différence

$$\frac{p_{t+s} - p_{t-s}}{10},$$

σ est connu par les travaux des physiciens pour un grand nombre de liquides, voire même pour les gaz liquéfiés.

Le présent exercice a pour objet de déterminer v.

Au voisinage de leur point de liquéfaction, les gaz sont, au moment où le liquide générateur disparaît, de véritables vapeurs saturées.

Leur densité se détermine aisément par la méthode de MM. Cailletet et Mathias, qui n'exige pas d'appareil coûteux et conduit au résultat par une voie directe, et partant fort pratique.

Elle consiste à mesurer, à une température connue, le volume d'une masse de gaz dont le poids a été déterminé préalablement: on en déduit le poids spécifique du fluide ([2]).

Description.

MM. Cailletet et Mathias ont adapté à cette recherche l'appareil Ducretet employé par M. Cailletet pour la liquéfaction des gaz et déjà utilisé par nous dans la précédente manipulation.

([1]) *Voir* à ce sujet notre *Thermodynamique*, p. 119 et suivantes.
([2]) CAILLETET et MATHIAS, *Journal de Physique*, 2° série, t. V, p. 549, et t. VI, p. 414; 1886 et 1887.

Nous nous contenterons de décrire les dispositifs nouveaux qu'ils ont dû réaliser pour pouvoir procéder à la mesure des densités.

Le tube-laboratoire, jaugeant environ 60ᶜᶜ de capacité, se compose d'une tige effilée, soudée à un réservoir de plus grand diamètre, lequel se termine par un tube à sa partie inférieure. C'est le tube classique d'Andrews.

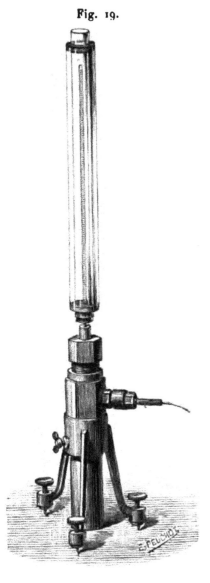

Fig. 19.

Cette éprouvette est graduée et jaugée avec le plus grand soin, et l'on a déterminé le volume correspondant aux divisions de la graduation tracée sur la tige effilée; cette graduation est poursuivie sur le tube inférieur, de manière à ce qu'on puisse lire le volume du gaz renfermé dans l'éprouvette sous la pression atmosphérique quand on le porte, après remplissage, sur la cuve à mercure (*fig.* 19).

Le récipient en verre épais, qui doit pouvoir résister aux pressions les plus considérables, est mastiqué à un écrou, vissé sur l'éprouvette de l'appareil de M. Cailletet. Un manchon de verre, qu'on peut remplir de liquide, entoure le tube gradué et maintient la constance de la température. On rattache l'appareil à une pompe hydraulique à levier et l'on comprime de l'eau au-dessus du mercure, ainsi que nous l'avons déjà expliqué ci-dessus; il est facile d'obtenir de la sorte la quantité de gaz liquéfié que l'on veut.

Comme il importe que la température du gaz soit déterminée avec une grande précision, on prendra les dispositions nécessaires pour réaliser dans cette expérience une température rigoureusement constante, qu'on devra mesurer par un thermomètre sensible et exact. Pour faire l'observation exacte des volumes, on installe un viseur en face de l'appareil.

Manuel opératoire.

1° L'opérateur commence par faire plusieurs fois le vide dans le tube, au moyen d'une machine pneumatique et mieux encore d'une pompe à mercure, et il rétablit chaque fois la pression par l'introduction du gaz pur et sec sur lequel il veut opérer; il suffit pour cela de placer sur le tuyau de caoutchouc, adapté au tube inférieur de l'éprouvette, un robinet à trois voies permettant de faire communiquer alternativement le tube avec la machine à faire le vide et avec le réservoir à gaz (¹).

L'éprouvette est ensuite portée sur la cuve à mercure pleine de gaz à la pression atmosphérique, et l'on établit l'égalité de niveau du liquide intérieur et extérieur.

2° On relève la pression atmosphérique, on note la température de la salle et l'on inscrit le volume occupé par le gaz; puis on visse le tube sur l'appareil à compression.

Ces éléments permettent de calculer le poids de gaz, renfermé dans le tube, par les tables de densité.

3° Le tube étant vissé sur l'appareil, on donnera graduellement la pression, jusqu'à ce qu'il se soit liquéfié une certaine quantité de gaz. La température du manchon est réglée au point voulu : on attend qu'elle soit parfaitement stationnaire. On diminue alors la pression avec une grande lenteur, jusqu'à ce que la dernière goutte du liquide condensé ait disparu. On marque la température exacte, ainsi que la division de la graduation, correspondante à la hauteur du mer-

---

(¹) Dans la XIIe manipulation, nous brisions la pointe P et un courant de gaz traversait le tube; dans la présente manipulation, la graduation et la jauge de l'éprouvette nous imposent une autre manière de faire.

cure. Cette détermination doit être faite avec la plus grande précision.

4° **Les densités varient en raison inverse des volumes occupés par le gaz; leur valeur absolue s'obtient en divisant le poids par le volume.**

Résultàts.

MM. Cailletet et Mathias ont trouvé les densités suivantes :

Acide carbonique.

t.	D.
— 30,2	0,3507
+ 28,9	0,3118
+ 28,1	0,3044
+ 27,0	0,2864
+ 26,1	0,2685
+ 25,0	0,2543
+ 19,7	0,2014
— 10,1	0,1414
+ 0,5	0,0983
— 12,0	0,0692

Ces nombres peuvent être calculés par la formule empirique

$$D = 0,5668 - 0,00426\,t - 0,084\sqrt{31 - t},$$

qui assimile la courbe des densités à un arc de parabole, et suppose la température critique à 31°.

Protoxyde d'azote.

t.	D.
+ 33,9	0,2650
— 30,7	0,2266
+ 28,0	0,2023
+ 25,4	0,1782
+ 20,7	0,1532
+ 11,8	0,1140
+ 4,0	0,0909
— 12,2	0,0566

Pour ce gaz, la formule serait

$$D = 0,5099 - 0,00361\,t - 0,0714\sqrt{36,4 - t},$$

le point critique étant à 36°,4.

Acide sulfureux.

t.	D.
+ 31,2	0,01338
+ 22,0	0,01019
+ 10,6	0,00703
+ 7,3	0,00624

Ces densités sont rapportées à l'eau, à 4°.

Elles croissent avec la température et prennent les valeurs suivantes à la température critique :

Acide carbonique	0,46
Protoxyde d'azote	0,41
Acide sulfureux	0,52

C'est la limite commune de la densité du liquide et de la vapeur saturée, correspondant à l'égalité de σ et de ν et à l'annulation de la chaleur de vaporisation r.

XIVᵉ MANIPULATION.

GRADUATION EXPÉRIMENTALE D'UN GALVANOMÈTRE.

Théorie.

L'intensité du courant qui prend naissance dans la pile thermo-électrique de Nobili est proportionnelle à l'excès de la température de la face exposée au rayonnement calorifique sur la température de l'air ambiant : or, lorsque l'équilibre thermique est établi, cet excès est lui-même proportionnel, d'après la loi de Newton, à la quantité de chaleur reçue. Mais il n'existe plus de rapport constant entre l'intensité du courant et l'indication du galvanomètre : en effet, l'amplitude de la déviation de l'aiguille dépend de la sensibilité du système astatique et de la distribution du fil sur le châssis, et elle varie avec la construction et avec l'état de l'instrument. C'est pourquoi il est nécessaire de graduer le galvanomètre et d'établir une table ou une courbe de relation entre les quantités de chaleur reçues et les déviations correspondantes de l'aiguille.

Plusieurs méthodes ont été proposées. La meilleure, à mon avis, est celle qui se pratiquait dans le laboratoire de P. Desains : elle consiste à doubler, tripler et quadrupler successivement les quantités de chaleur reçues par la pile et à noter les écarts correspondants de l'aiguille. Les angles sont d'abord proportionnels aux forces ; mais on observe bientôt que, pour une force double, l'angle ne croît plus, par exemple, que dans le rapport 1,83 ; l'indication du galvanomètre devra donc être multipliée par $\frac{2}{1,83}$.

Il y a deux procédés d'observation du galvanomètre qu'il convient de définir aussitôt. Dès que le rayon calorifique frappe la pile, l'aiguille se met en mouvement et elle parcourt, en cinq ou six secondes, un arc considérable ; elle oscille ensuite pendant quelque temps et ne s'arrête définitivement qu'au bout d'une minute et demie à deux minutes environ. C'est cette position d'équilibre de l'aiguille qu'il conviendrait de relever : seulement une observation faite de la sorte serait extrêmement longue, car la pile, profondément échauffée, ne se refroidirait que lentement, et il faudrait dix minutes au moins pour que l'aiguille revînt à zéro. Melloni, ayant constaté que le premier arc est toujours le même pour une déviation déterminée, modifia le procédé en n'observant que cet arc d'impulsion : il suffit dès lors d'une minute pour ramener l'aiguille à sa position initiale. Pour certains galvanomètres, la déviation impulsive est très voisine de l'écart définitif ; pour d'autres instruments, il peut se présenter des différences de plusieurs degrés.

C'est entre les arcs d'impulsion ainsi entendus et les quantités de chaleur reçues par la pile que nous nous proposons de trouver une relation.

Description.

Nous ne nous arrêterons pas à décrire le banc de Melloni (*fig.* 20). Le galvanomètre à fil gros et court (diamètre $= 0^{mm},3$

Fig. 20.

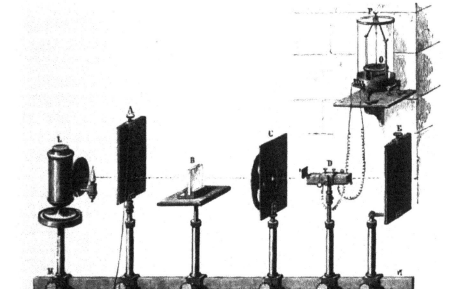

à $0^{mm},8$; 100 à 300 tours), enveloppé de soie blanche, doit être placé sur une crédence, scellée au mur, pour être à l'abri des trépidations du plancher.

De la Provostaye a recommandé (¹) de ne pas employer d'aiguilles trop astatiques, parce qu'elles peuvent avoir deux

---

ou plusieurs positions d'équilibre, et le retour au zéro devient alors pour ainsi dire impossible. Il est donc prudent de réduire la sensibilité jusqu'à ce que la force directrice suffise pour triompher des petites actions locales provenant du disque de cuivre au-dessus duquel oscille l'aiguille supérieure.

La pièce indispensable à la graduation est une lentille de crown à volets (*fig.* 21), enchâssée dans un large cadre métallique : chaque secteur forme un

Fig. 21.

quadrant, de sorte qu'en abaissant ou en relevant les volets on puisse découvrir $\frac{1}{4}$, $\frac{2}{4}$, $\frac{3}{4}$ ou $\frac{4}{4}$ de la surface de la lentille collectrice. Cet écran se monte sur le banc, entre la source de chaleur et la pile, le centre à la hauteur de la pile ; il est nécessaire de connaître la distance focale de la lentille pour calculer la position d'une série de foyers conjugués par la formule

$$\frac{1}{p'} + \frac{1}{p} = \frac{1}{f};$$

on peut encore opérer dans la chambre noire avec une bougie et chercher les points où se forme une image bien nette de la flamme renversée.

On a le choix entre plusieurs sources : Melloni employait [1] une lampe de Locatelli ou bien une lampe d'Argant à double courant d'air et à niveau constant; lorsque ces appareils sont bien préparés et remplis d'huile privée de mucilage par l'acide sulfurique, on obtient une flamme qui conserve une température invariable pendant plus de deux heures. Mais il faut avoir soin d'attendre au moins quinze minutes avant de procéder à aucune expérience pour donner au bec et à la che-

---

[1] *Annales de Chimie et de Physique*, 2ᵉ série, t. XLVIII, p. 191 (1831) t. LIII, p. 5 (1833); t. LV, p. 337 (1836).

minée de verre le temps de parvenir à leur maximum de température. Le cube de Leslie, surmonté d'un long tube de dégagement de vapeur, donne une constance plus grande encore; mais c'est une source faible, dont la température ne peut pas dépasser 100°. J'ai employé avec succès une lampe à pétrole à bec annulaire et à verre étroit : il est plus facile d'opérer sur la radiation lumineuse de cette source que sur le faisceau obscur émané du cube, et la flamme reste bien égale lorsque la mèche est coupée régulièrement.

Les écrans sont formés de deux lames en cuivre dont l'une est polie, l'autre mate; on tournera la face polie vers la pile. Un écran sera disposé tout contre le foyer et un autre à égale distance de la source et de la pile; le calcul démontre que c'est la position la plus convenable pour annuler les influences de conductibilité et de rayonnement. Le banc sera, du reste, installé loin des croisées, dans le milieu d'une salle sans feu, et on l'entourera d'une ceinture de paravents métalliques à double paroi, d'environ $0^m,60$ de hauteur; enfin, toutes les pièces seront manœuvrées par des cordons.

On perd beaucoup de temps d'une expérience à l'autre, parce qu'il faut attendre le retour de l'aiguille au zéro; pour abréger ces intervalles d'inaction, Melloni découvrait la face postérieure de la pile et en approchait la main ou bien une bougie allumée. J'ai trouvé très avantageux de placer une faible source de chaleur à demeure à l'extrémité du banc; ouvrant de temps en temps le petit volet qui recouvrait la pile, j'ai pu travailler plusieurs heures de suite sans que le zéro se déplaçât sensiblement. Il arrive cependant quelquefois que l'aiguille ne revient plus au zéro; or, d'après Desains, on peut tolérer un écart de 1°; il est probable, en effet, que les causes auxquelles est dû ce dérangement persistent pendant toute la durée de l'expérience : on peut donc compter les déviations à partir du point où l'index s'est arrêté.

Enfin on observe parfois que l'aiguille s'écarte plus ou moins du zéro lorsqu'on s'approche pour lire les indications du galvanomètre. Il faut alors être fort en garde contre les objets de fer qu'on peut avoir dans sa poche ou sur ses habits, clefs, boutons, binocle, etc.; certaines perturbations, qu'on ne peut expliquer d'abord, n'ont souvent pas d'autre cause.

Manuel opératoire.

1° L'aiguille étant relevée, à l'aide du bouton F, à $0^m,002$ environ au-dessus du disque de cuivre, l'opérateur procède à la mise de niveau du galvanomètre : ce résultat est atteint lorsque l'aiguille oscille librement sans frotter sur aucune des parties du cadre et que son centre coïncide avec celui du cercle gradué. Puis il oriente l'instrument en le tournant sur lui-même, jusqu'à ce que l'index s'arrête au zéro du limbe. Il devra y rester après que le galvanomètre aura été relié à la pile.

2° La source de chaleur, le centre de la lentille et la pile sont disposés sur une droite horizontale parallèle au banc; le plan de la lentille est perpendiculaire à cette direction; enfin la source et la pile occupent la position de deux foyers conjugués. Ces conditions vérifiées avec le plus grand soin, on abaisse les écrans et on lit la déviation de haut en bas, pour éviter les erreurs de parallaxe; l'arc d'impulsion ne doit pas dépasser 15°, les quatre volets étant ouverts, car il est rare que la proportionnalité des écarts subsiste au delà.

3° L'observateur répète la même expérience en relevant tour à tour, un, deux ou trois volets, et il note la déviation produite par chacun des secteurs.

4° En modifiant les positions de la pile et de la lentille, on augmente facilement la quantité de chaleur concentrée sur les soudures antérieures, parce que la lentille embrasse une portion plus ou moins grande du faisceau divergent émané du foyer. On peut atteindre ainsi une déviation de 40° à 60°.

Il faut au moins cinq observations successives pour établir chacun des nombres de la Table de réduction : le limbe n'est divisé qu'en degrés, mais le demi-degré s'apprécie au jugé, et l'on accepte le chiffre des dixièmes dans la moyenne arithmétique des résultats. L'erreur moyenne ne doit pas dépasser 1° : c'est la meilleure preuve de la constance de la source et de l'exactitude des observations.

Résultats.

En opérant sur un galvanomètre médiocrement sensible, construit par la maison Ruhmkorff, nous avons trouvé les angles suivants de déviation, qu'il est utile de mettre sous les yeux des élèves :

Lentille découverte.	Secteurs découverts.				Total.
	1.	2.	3.	4.	
$14°,9$....	$7°,9$		$7°,0$		$14°,9$
$30,1$....	$10°,2$	$8°,2$	$9°,0$	$7°,1$	$34,5$
$40,2$....	$17°,3$	$14°,6$	$15°,7$	$12°,9$	$60,5$

Ces observations, complétées par quelques autres intermédiaires, ont permis de tracer la courbe de graduation ci-dessous (*fig.* 22), en portant en abscisse les déviations obser-

Fig. 22.

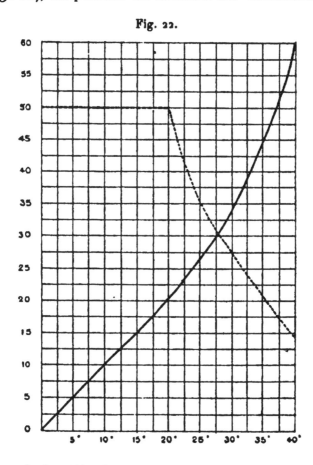

vées avec la lentille découverte et en ordonnée les totaux qui représentent les intensités calorifiques des radiations. Cette courbe, qui passe par l'origine, est rectiligne sur une partie de sa longueur, jusqu'à 17° environ; au delà, elle se relève rapidement et tourne sa convexité vers les x. La sensibilité de l'instrument décroît rapidement, ainsi qu'on peut s'en rendre compte en évaluant les arcs parcourus, aux différents points de la course de l'aiguille, en vertu d'une même force.

L'arc compris entre 15° et 20° équivaut à une force 5
»   20 et 25   »   6,3
               25 et 30   8,0
               30 et 35   10,4
              .35 et 40   ..... 16.1

La courbe marquée par un trait pointillé est relative à la sensibilité; il a suffi pour la tracer de porter en ordonnée, à une échelle déterminée, les valeurs inverses des forces capables de déplacer l'aiguille de 5°.

La graduation que nous venons de faire peut servir à la mesure des intensités des courants produits par des couples quelconques de faible résistance intérieure : malheureusement l'expérience démontre que, dans ces galvanomètres à aiguilles compensées, l'intensité magnétique varie d'une manière notable par des circonstances qu'il est aussi impossible de prévoir que de prévenir, de telle sorte qu'il soit absolument nécessaire de vérifier la courbe très fréquemment. Melloni a indiqué une méthode très ingénieuse de vérification qui peut servir à la graduation : elle consiste à faire agir d'abord directement sur la pile une source produisant une déviation moindre que 15°, et à interposer ensuite une lame de verre qui intercepte une partie de la chaleur, soit la moitié. On rapproche alors la source, de manière à obtenir une déviation plus considérable, de 30°, par exemple, puis on replace la lame de verre sur le chemin des rayons; la déviation devrait s'abaisser à 16°. Or je suppose qu'on observe un écart de 17°,7; on en conclura que les 30° équivalent à 2. 17°,7 = 35°,4 : ce chiffre doit concorder avec celui de la Table précédemment calculée.

M. Aymonnet ([1]) a appliqué cette méthode avec une grande habileté, et il a démontré que la proportionnalité des intensités

([1]) *Journal de Physique*, p. 128; 1879.

aux déviations se poursuit quelquefois seulement jusqu'à 12°, mais que cette condition dépend de la distance de l'aiguille supérieure au-dessus du disque de cuivre. Il y a donc intérêt à ramener toujours l'aiguille à la position qu'elle occupait lors de la graduation.

_____

XV° MANIPULATION.

SPECTROSCOPIE CALORIFIQUE.

_____

Théorie.

L'étude de la distribution de la chaleur dans le spectre solaire présente un intérêt considérable depuis que MM. Fizeau et Foucault, Desains, Lamanski et Ed. Becquerel ont découvert et repéré les intensités maximum et les bandes froides de la région infra-rouge.

La plus grande difficulté de cette manipulation est de former un spectre pur : il faut, pour cela, limiter l'étendue du foyer calorifique par une fente extrêmement étroite. Quand on opère sur la radiation solaire, la largeur de cette fente ne doit pas dépasser un demi-millimètre, d'après P. Desains ([1]), si l'on veut éviter toute superposition fâcheuse de rayons différents.

Cette limite n'est point applicable aux sources artificielles, dont l'intensité est toujours faible comparativement à celle du Soleil : on est, dans ce cas, obligé d'admettre la radiation par une ouverture de $0^m,0008$ à $0^m,001$. Il en résulte un mélange nuisible à l'étude des radiations calorifiques simples.

L'exploration du spectre se fait à l'aide d'une pile dont l'étui porte une ouverture linéaire ; en théorie, cette fenêtre ne devrait pas avoir de largeur appréciable, afin de permettre d'isoler les raies sans chaleur, dont le champ du spectre est sillonné : en pratique, il faut compter avec les difficultés de construction de ces instruments. Mais il est possible de dé-

_____

([1]) *Comptes rendus hebdomadaires des séances de l'Académie des Sciences*, t. LXVII, p. 297 et 1097 ; LXX, p. 985, et LXXXIV, p. 285 ; 1868 à 1877.

terminer très approximativement, avec une ouverture de pile assez grande, les quantités de chaleur répandues dans des portions beaucoup plus petites que cette ouverture. Il suffit, par exemple, si l'on se sert d'une fente de $0^m,001$ de largeur, de la faire avancer de $\frac{2}{10}$ en $\frac{2}{10}$ de millimètre et de tenir compte à chacun de ses pas de la portion du spectre qu'elle abandonne et de la portion nouvelle qu'elle embrasse. On y parvient en amenant d'abord la pile en un point tel que l'aiguille n'indique aucun effet calorifique; puis on la fait glisser par étapes successives égales à $\frac{2}{10}$ de millimètre. Appelons o, $a, b, c, d, \ldots$ les indications du galvanomètre dans ce mouvement de progression :

			mm mm
o correspond à l'intervalle.	....		0 -1
a	»	....	0,2-1,2
b		. ...	0,4-1,4
c		....	0,6-1,6
d		....	0,8-1,8
e		....	1,0-2,0
f		....	1,2-2,2
g		....	1,4-2,4

Il est évident que la déviation a est produite par l'intervalle 1 à 1,2; $(b-a)$ par 1,2 à 1,4; $(c-b)$ par 1,4 à 1,6; $(d-c)$ par 1,6 à 1,8; $(e-d)$ par 1,8 à 2; $(a+f-e)$ par 2,0 à 2,2; $(b-a+g-f)$ par 2,2 à 2,4, et ainsi de suite.

Cette méthode élégante est due à M. Aymonnet ([1]).

M. Edmond Becquerel ([2]) a indiqué une méthode d'observation toute différente qui permet d'étudier la partie infrarouge du spectre solaire au moyen des effets de phosphorescence.

Ce procédé repose sur ce fait, découvert par M. Soret, que les radiations les moins réfrangibles du spectre détruisent l'excitation produite sur les substances phosphorescentes par les rayons bleus, violets et ultra-violets. Si l'on projette donc

([1]) *Comptes rendus hebdomadaires des séances de l'Académie des Sciences*, t. LXXXII, p. 1102; t. LXXXIII, p. 1153 (1876).

([2]) *Annales de Chimie et de Physique*, 3ᵉ série, t. XXII, p. 344.

un spectre sur un écran phosphorescent préalablement excité, on constate que les régions couvertes par le spectre infra-rouge deviennent obscures; mais les bandes froides de ce spectre sont inactives et se marquent par une persistance de la phosphorescence.

Description.

La pile linéaire destinée à l'étude du spectre (*fig.* 23) est toujours à fente variable : on la monte généralement à cré-

Fig. 23.

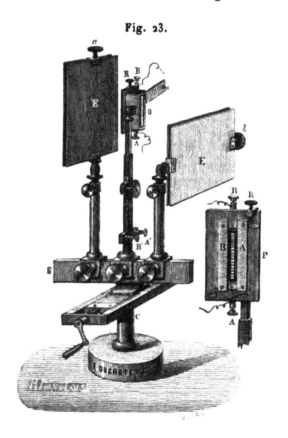

maillère sur un chariot qui est conduit par une vis micrométrique, permettant d'apprécier le $\frac{1}{10}$ de millimètre.

Quand on se propose de mesurer les angles auxquels correspondent les divers points du spectre, on fixe la pile à l'extrémité d'une alidade mobile de 0ᵐ,600 environ. Perpendiculairement à sa direction se trouve une petite règle d'ivoire finement divisée. Desains a décrit un instrument dans lequel cette division se trouve à o^m,574 du centre ; le degré a donc une longueur de o^m,010 et le demi-millimètre vaut trois minutes. Par conséquent, pour mesurer à moins de trois minutes la valeur angulaire d'un déplacement de l'alidade, il suffit de compter le nombre de divisions de la règle qui passent devant un repère fixe pendant que s'accomplit le déplacement dont il s'agit.

Desains s'est astreint à donner même largeur à la fente qui limite l'étendue du foyer et à celle de la pile : cette largeur commune était ordinairement comprise entre o^m,0003 et o^m,0006. Quand on adopte le procédé Aymonnet, la fente de la pile peut avoir o^m,001 d'ouverture.

Les sources calorifiques qu'on emploie communément sont les suivantes :

1° Un fil de platine chauffé au cerise clair, par un brûleur Bunsen ;

2° Une flamme de gaz formant un papillon qu'on présente en long devant la fente d'admission ;

3° Une lampe à modérateur ou bien une lampe à pétrole à bec annulaire ;

4° Une lampe de Drummond ou un bec Auer ;

5° Une lampe aérhydrique Bourbouze et Wiesnegg ;

6° Un régulateur Duboscq ;

7° Le Soleil.

La lampe Bourbouze doit être préférée dans les laboratoires d'enseignement : elle se compose d'une sorte de dé en tissu de platine, à mailles serrées, que l'on porte à une vive incandescence à l'aide d'une flamme de gaz alimentée par un jet d'air comprimé fourni par une trompe hydraulique de Sainte-Claire Deville ou de Damoiseau : le courant d'air doit avoir une pression d'au plus o^m,200 de mercure. Le maximum d'éclat et de chaleur de cette source correspond toujours à son minimum de sonorité : à ce moment, la combustion paraît avoir lieu dans le cylindre seul. Les trompes exigent une pression de 10^m d'eau environ, pour qu'on puisse régler le débit d'air d'une manière bien constante. Pour comparer les températures successives de ce foyer, M. Aymonnet place à o^m,65 un actinomètre thermo-électrique ; ses indications doivent rester invariables pendant le cours des expériences.

Desains se servait d'une lentille dont la distance focale est de o^m,150; il la plaçait à o^m,280 de la source pour former une image nette à environ o^m,300. Un prisme équiangle était disposé tout contre cette lentille, à la déviation minimum du rouge sombre.

Quand on opère sur les rayons solaires, on peut employer sans grand inconvénient une lentille et un prisme de flint; mais il est préférable que la substance dispersive soit du sulfure de carbone, de la sylvine ou du sel gemme. Pour les sources peu intenses, il est absolument nécessaire que tout l'appareil réfringent soit de sel gemme ou de sylvine.

Il convient que la partie obscure du spectre ait au moins o^m,015 à o^m,020 de long.

Dans ces conditions, les raies de Fraunhofer s'observent très bien dans la région lumineuse, pourvu toutefois que les surfaces réfringentes soient nettes : à cet égard, les lentilles et les prismes de flint sont d'un usage très commode, qui peut compenser en certains cas l'inconvénient qu'ils présentent de diminuer l'intensité des effets et surtout de ne pas former de spectre normal.

Dans le procédé Becquerel, on emploie deux faisceaux parallèles : le premier donne, à l'aide d'une lentille et d'un prisme, un spectre pur, qu'on étale sur une matière phosphorescente, particulièrement sur la blende hexagonale de M. Sidot; le second faisceau sert uniquement à impressionner cette matière par ses radiations ultra-violettes.

Manuel opératoire.

1° Les appareils étant installés, l'opérateur explorera le champ du spectre en faisant avancer la pile linéaire et en relevant les positions successives du chariot ou de l'alidade mobile. Il est préférable ici d'observer les déviations définitives de l'aiguille du rhéomètre plutôt que les arcs de première impulsion, contrairement à ce qui se pratique généralement dans les mesures de chaleur rayonnante.

2° On construit la courbe des intensités calorifiques.

Quand on recourt à la méthode Becquerel, on projette les

deux spectres dont il a été question sur un écran impression-
nable, recouvert de sulfure phosphorescent. On n'interpose
pas de lentille sur le chemin du faisceau d'excitation, car il
n'y a pas lieu de soigner sa mise au point; par la même
raison, on donne une largeur assez grande à l'ouverture du
volet par laquelle on fait passer ce faisceau, et l'on place sur
son trajet une lame de verre bleue au cobalt. On élimine de
la sorte la partie inutile du spectre et l'observation est faci-
litée. L'expérience ne réussit très bien que pour une intensité déterminée de la lumière excitatrice : il faut une certaine
pratique pour acquérir le tour de main nécessaire à sa parfaite réalisation.

Résultats.

Le spectre solaire présente dans sa région obscure trois
minimum d'intensité nettement accusés et, par conséquent,
quatre maximum successifs.

Leur position dépend de la disposition et de la nature des
appareils réfringents employés, mais on observe une très
faible différence entre le flint et le sel gemme. Les variations
qui ont été signalées sont tributaires de l'heure et de l'époque
des observations et elles paraissent tenir surtout à l'action
absorbante de l'atmosphère, dont la composition et l'épaisseur ne sont pas constantes : de 9^h du matin à midi, Desains a constaté des déplacements de $8'$ dans la position des
minimum. La *fig.* 24 représente le spectre observé par M. Lamanski, le 11 septembre 1871, entre 10^h et 12^h50^m, avec une
lentille et un prisme de sel gemme; j'ai porté en abscisse les
pas de la vis micrométrique (le pas $= 0^{mm},469$) et en ordonnée
les indications du thermomultiplicateur ([1]).

L'aire de la courbe représentant l'intensité de la chaleur
obscure est environ les $\frac{2}{3}$ de l'aire totale.

Dans le spectre des sources artificielles, le maximum est
d'autant plus rapproché de la partie la moins réfrangible que
la température de la source est plus basse; ainsi le point le

---

([1]) LAMANSKI, *Annales de Poggendorff*, CXLVI, p. 200 (1872); DESAINS,
Journal de Physique, t. I, p. 335 (1872); — AYMONNET, *Comptes rendus
de l'Académie des Sciences*, 30 décembre 1895.

plus chaud du spectre de la lampe Bourbouze est à 1°15′ du rouge vif, alors qu'avec le même appareil réfringent, disposé identiquement, il était à 51′ dans le spectre solaire (**Desains**).

Fig. 24.

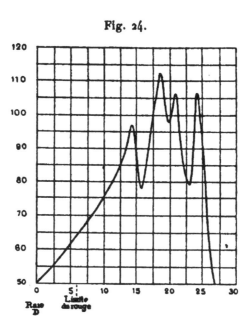

Le spectre normal de la chaux incandescente n'offre pas de minimum successifs; mais si, avant de disperser les rayons de cette source par un prisme de sel gemme, on les fait passer à travers une auge de verre de 0ᵐ,010 d'épaisseur, pleine soit d'eau pure, soit d'une solution de sulfate de didyme, on trouve des bandes d'absorption aussi nettement accusées que les minimum du spectre solaire.

La chaleur lumineuse émanée d'un fil de platine incandescent est une portion insignifiante de la chaleur obscure; dans la radiation de l'arc voltaïque, la chaleur lumineuse est environ le sixième de la chaleur obscure; cette proportion est donc croissante avec l'intensité de la source.

Isolons dans des spectres bien purs des faisceaux formés de rayons dont les déviations à travers un même prisme soient identiques entre elles; ces faisceaux seront très inégalement transmis à travers un même absorbant s'ils proviennent de sources différentes. Ainsi les $\frac{22}{30}$ des radiations obscures émises par le platine sont absorbés par une couche d'eau de

0^m,002 d'épaisseur, tandis que P. Desains n'a pu trouver de rayons solaires complètement dépourvus de transmissibilité à travers l'eau.

Toutes ces expériences peuvent être répétées sans difficulté et avec le plus grand profit pour les élèves.

Ils s'intéresseront davantage encore aux expériences de M. Becquerel, qui forment une image négative du spectre infra-rouge et permettent de reconnaître sans peine l'existence des bandes froides et de repérer leur position.

La *fig.* 25 présente en noir les bandes du spectre calori-

Fig. 25.

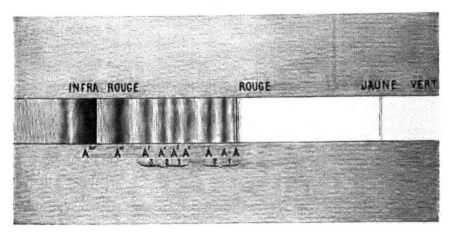

fique obscur : A″ correspond à une longueur d'onde moyenne égale à 1260 millionièmes de millimètre ; pour A′, $\lambda = 840$ et pour A, $\lambda = 761,5$.

XVI° MANIPULATION.

DÉTERMINATION DES POUVOIRS DIATHERMANES.

Théorie.

Le pouvoir diathermane d'un corps pour une radiation déterminée est défini par le rapport entre les quantités de chaleur qu'il transmet et les quantités qu'il reçoit.

En opérant sur une radiation simple, prélevée dans le spectre, on peut se proposer de déterminer le coefficient de transmission d'une substance pour cette radiation; car, si nous appelons Q la quantité de chaleur reçue, Q' la quantité transmise, e l'épaisseur de la substance en millimètres et α le coefficient cherché, on peut écrire

$$Q' = Q\alpha^e.$$

C'est sous cette forme que Jamin a exprimé la loi de la transmission du calorique à travers les corps diathermanes ([1]).

On reconnaît par cette formule que, si l'épaisseur de la lame croît en progression arithmétique, la quantité de chaleur transmise diminue en progression géométrique.

Description.

Le banc de Melloni doit être complété par une petite tablette destinée à recevoir les corps soumis à l'expérience.

Les solides seront taillés en lames à faces planes et rigoureusement parallèles; on renfermera les liquides dans une auge de verre, de spath-fluor ou de quartz, formée par un assemblage de plaques taillées, enchâssées dans une monture métallique.

On dispose souvent entre la pile et les sources une lentille de crown pour concentrer la radiation; mais il faut remarquer que l'interposition de cet appareil réfringent modifie la composition de la radiation émanée de la source.

L'emploi d'une lentille de sel de gemme ou de sylvine ne donnerait pas lieu à cette remarque.

Manuel opératoire.

1° On mesure l'effet produit directement par la source sur la pile : la déviation de l'aiguille ne doit pas dépasser 30°.

2° On place la substance diathermane entre la source et la

([1]) Masson et Jamin, *Comptes rendus de l'Académie des Sciences*, t. XXXI, p. 14.

pile et l'on observe la déviation qui se produit dans ces conditions.

3° Pour éviter les erreurs qui pourraient provenir d'une variation de la source dans l'intervalle des deux mesures, on répète la première et l'on effectue la moyenne des deux déviations obtenues directement.

Il reste à évaluer le rapport des quantités de chaleur reçues ou transmises en recourant à la Table de graduation du rhéomètre et à calculer α^e si l'on a opéré sur un faisceau homogène.

Si le faisceau est complexe, on a

$$Q = O_1 + O_2 + O_3 + \ldots + L_1 + L_2 + L_3 + \ldots,$$

en appelant O_1, O_2, O_3, L_1, L_2, ... les diverses radiations composantes obscures et lumineuses, et

$$Q' = O_1 \beta_1^e + O_2 \beta_2^e + \ldots + L_1 \alpha_1^e + L_2 \alpha_2^e + \ldots,$$

β_1, β_2, ..., α_1, α_2, ... étant les coefficients de transmission des diverses radiations simples.

Mais une analyse aussi complète du phénomène serait extrêmement laborieuse, et l'on se contente généralement d'une détermination globale du pouvoir diathermane d'une substance pour l'ensemble des radiations émises par une source.

Quand on essaye un liquide, il faut faire une expérience préalable sur l'auge vide, afin de défalquer l'effet des lames qui forment les parois du récipient.

Résultats.

Corps solides

(Épaisseur $2^{mm},6$).

	Lampe de Locatelli.	Cube de Leslie à 100°
Sel gemme....................	0,92	0,92
Fluorure de calcium...........	0,78	0,33
Verre de glace...............	0,39	»
Alun	0,09	
Sucre.....................	0,08	

Corps liquides

(Epaisseur 12^{mm},25).

	Lampe de Locatelli.	Cube de Leslie à 100°.
Sulfure de carbone...........	1,26	1,15
Alcool.....................	0,28	»
Eau distillée...............	0,19	

Le résultat paradoxal présenté par le sulfure de carbone est dû à la grande réfringence de ce liquide, qui rapproche de la normale les rayons divergents.

XVII° MANIPULATION.

DÉTERMINATION DES POUVOIRS ÉMISSIFS.

Théorie.

Leslie avait choisi pour unité des pouvoirs émissifs celui du noir de fumée : ce terme de comparaison a été conservé, parce que les valeurs relatives ainsi calculées sont sensiblement égales aux pouvoirs absolus.

Pour déterminer le pouvoir émissif des corps, il suffit d'en recouvrir les faces d'un cube porté à une température élevée, de tourner successivement vers le thermo-multiplicateur une face ainsi préparée, et une face noircie au noir de fumée mat; le rapport des déviations galvanométriques observées est le pouvoir émissif cherché.

Quand on opère sur les métaux polis, on constate qu'il faut nécessairement réduire l'effet produit par la surface noircie et observer au contraire l'action totale de la surface métallique. Cette méthode, imaginée par de la Provostaye et Desains [1], suppose l'emploi de diaphragmes à ouvertures graduées.

---

[1] *Annales de Chimie et de Physique*, 3° série, t. XXII, 372; 1848.

La déviation de l'aiguille dépend, toutes choses égales
d'ailleurs, de l'étendue de la surface qui rayonne vers la pile;
en faisant varier la section de l'ouverture, on réduit dans le
même sens l'effet thermométrique. Le rapport de réduction
étant m, d l'écart de l'aiguille lorsque la face noircie rayonne
à travers la petite ouverture, et d' la déviation produite par
le métal à travers la grande ouverture, le pouvoir émissif du
métal est égal à $\dfrac{d'}{md}$.

Description.

Le diaphragme à ouvertures graduées est noirci d'un côté
et soigneusement poli de l'autre : c'est la face polie qui re-
garde la pile. Un écran à double paroi protège ce diaphragme,
qui doit être placé à égale distance de la source et de la pile.
On recouvre le cube d'une épaisse couche de noir en l'exposant à la fumée d'une lampe à alcool mêlé d'essence de térébenthine; pour faire acquérir à cet enduit un état constant,
il faut le maintenir quelque temps à la température de l'expérience. Une couche de noir au vernis a un pouvoir émissif
sensiblement moindre. Les lames métalliques s'appliquent
par pression ou par des enduits sur les faces du cube : pourvu
que l'adhérence soit parfaite, la nature de l'enduit n'exerce
aucune influence sur les résultats.

« Sous l'action du rayonnement d'une source à température constante, nous n'avons jamais vu l'aiguille prendre une
position d'équilibre stable, dit P. Desains ([1]). Après le second
maximum, qui a lieu autour de quatre-vingt-dix-huit secondes,
et qui persiste trente secondes, quarante secondes ou cinquante secondes, selon les cas, l'aiguille se remet en marche:
et si, comme cela nous est arrivé, on maintient les circonstances identiques pendant cinq ou six minutes, on observe
un second minimum, un troisième minimum et d'autres alternatives. » Ces perturbations tiennent à des causes multiples dont l'analyse est fort délicate; mais il est évident que
la couche d'air qui s'échauffe au contact du cube exerce une

([1]) *Loc. cit.*, p. 379.

très grande influence. Il faut donc placer la pile le plus loin possible de la source; dans les expériences de de la Provostaye et Desains, l'intervalle était d'au moins $0^m,300$; pour accroître les déviations, qui eussent été très faibles, on armait la pile de son réflecteur conique.

C'est par expérience qu'on détermine la proportion dans laquelle est réduite la déviation du galvanomètre lorsque l'on substitue à la grande ouverture du diaphragme une autre plus petite; on pourra avoir une valeur comprise entre 7 et 8.

Manuel opératoire.

1° On mesure l'effet thermique de la face noircie du cube à travers l'ouverture étroite;

2° La même mesure est effectuée pour la face brillante à travers la grande ouverture;

3° On répète plusieurs fois ces observations pour en prendre la moyenne. L'opérateur aura soin de diriger toujours normalement au banc la face du cube, car la moindre inclinaison altérerait les résultats; de plus, les écrans métalliques, dont on entoure l'appareil de toutes parts, ne devront nullement être déplacés au cours de l'expérience.

Résultats.

Voici quelques chiffres empruntés au Mémoire de de la Provostaye et Desains :

$$m = 7,6.$$

Déviation produite par la face noircie à travers la petite ouverture................ $31,4$

Déviation produite par l'argent vierge sortant du laminoir.......................... $7,25$

Pouvoir émissif $= \dfrac{7,25}{31,4 \cdot 7,6}$.............. $0,03$

Pouvoirs émissifs.

Platine laminé........................ $0,106$
Or en feuilles........................ $0,043$
Cuivre en feuilles.................... $0,050$

Verre...	0,90
Céruse, ocre......................................	1,00
Papier...	0,95
Minium..	0,80
Gomme laque.....................................	0,72

J'ai trouvé, pour la fonte polie, un pouvoir égal à 0,403 [1].

De la Provostaye et Desains ont démontré, par leurs expériences sur le borate de plomb, que les pouvoirs émissifs décroissent quand la température s'élève.

XVIIIe MANIPULATION.

DÉTERMINATION DES POUVOIRS RÉFLECTEURS.

Théorie.

Le pouvoir réflecteur absolu d'un corps pour une radiation donnée de nature, d'intensité et de direction est le rapport qui existe entre la portion réfléchie et la quantité de chaleur incidente totale.

Ce pouvoir varie considérablement avec la nature de la chaleur incidente, quand le miroir est constitué par une substance métallique ; au contraire, la qualité de la radiation n'a qu'une influence très faible sur le pouvoir réflecteur des substances transparentes. Dans ce cas, les formules établies par Fresnel et Cauchy sont applicables à la **réflexion calorifique**, et le pouvoir réflecteur est donné par la formule

$$R = \frac{1}{2} \frac{\sin^2(i-r)}{\sin^2(i+r)} + \frac{1}{2} \frac{\tan^2(i-r)}{\tan^2(i+r)}.$$

i et r sont les angles d'incidence et de réfraction liés par la relation $\sin i = n \sin r$.

Le terme en sin représente la quantité de chaleur polarisée

dans le plan d'incidence par le fait de la réflexion ; le terme en tang, la quantité polarisée perpendiculairement ; sous l'incidence brewstérienne on a $i + r = 90°$ et le deuxième terme devient nul ; le faisceau réfléchi est donc entièrement polarisé dans le plan d'incidence. On le reconnaît en recevant le faisceau réfléchi sur un analyseur, un nicol, par exemple ; il ne passera pas de chaleur, si la section principale de ce nicol est dirigée parallèlement au plan de réflexion.

Description.

L'appareil de Melloni se prête fort commodément à la détermination des pouvoirs réflecteurs : il suffit de fixer à l'extrémité du banc (*fig.* 26) une colonne G surmontée d'une

Fig. 26.

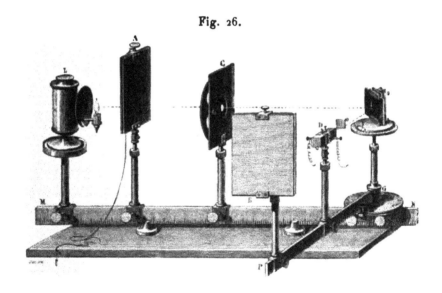

plate-forme F sur laquelle on installe le miroir dans une monture spéciale à pivot. Une règle, mobile autour de l'axe de la colonne, porte la pile ; la mesure des angles d'incidence et de réflexion se fait sur les limbes divisés F et G.

La règle doit être assez longue pour pouvoir y installer un nicol en avant de la pile.

Manuel opératoire.

1° La règle mobile étant amenée dans le prolongement de l'axe du banc, on mesure l'intensité du faisceau transmis directement. La déviation de l'aiguille ne doit pas dépasser 30° à 35°.

2° Disposant alors le miroir sur la plate-forme sous un angle déterminé, l'expérimentateur fait tourner la règle mobile de manière que la pile reçoive le faisceau réfléchi. Le chemin parcouru par les rayons conserve évidemment la même longueur.

Pour éliminer l'erreur qui peut provenir d'un défaut de constance de la source et augmenter la rigueur de l'observation, il est nécessaire de répéter trois fois la mesure de la chaleur transmise et deux fois celle de la chaleur réfléchie, en croisant les épreuves; on admettra le chiffre des dixièmes dans la moyenne des résultats.

On est dans l'incidence brewstérienne, lorsque $i + r = 90°$; on a alors aussi tang $i = n$. Le rayon réfléchi est entièrement polarisé, ce que l'on constate par l'extinction au nicol.

Résultats.

Les pouvoirs réflecteurs varient avec la thermochrose de la radiation. Voici, d'après de la Provostaye et Desains, quelques valeurs obtenues sous une incidence de 50° :

	Lampe de Locatelli.	Soleil.
Argent...................	0,97	0,92
Or.................. ..	0,96	0,87
Laiton	0,93	»
Acier..........	0,83	0,60
Verre................	0,12	»

Le pouvoir réflecteur diminue lorsque la température de la source s'élève ou lorsque, par l'action d'un milieu, on abaisse la proportion des radiations infra-rouges. Pour un faisceau homogène, le pouvoir décroît à mesure que la longueur d'onde diminue.

Les proportions de chaleur réfléchie croissent en général avec l'incidence; toutefois, elles passent par un minimum pour l'acier et le métal des miroirs, vers 75° et 72°; ce minimum n'est pas appréciable pour l'argent et le platine.

La perfection du poli contribue à augmenter la quantité totale des radiations réfléchies, mais l'intensité relative des diverses régions du spectre ne dépend que de la substance réfléchissante. M. de Chardonnet a démontré l'exactitude rigoureuse de cette loi : le même physicien a constaté que le pouvoir réflecteur d'un liquide est indépendant des substances qu'il tient en dissolution ou en suspension (¹).

On peut se proposer de vérifier l'exactitude de la formule de Fresnel : voici le résultat de cette comparaison pour une lame de verre.

Incidence.	Pouvoir réflecteur	
	calculé.	observé.
80°	54,6	55,1
75°	40,8	40,7
70°	30,8	30,6
60°	18,3	17,99
50°	11,7	11,66
40°	8,1	8,08

Comme la valeur de l'indice n est sensiblement la même pour les diverses radiations obscures et lumineuses à travers le verre, on peut opérer sur un faisceau quelconque pour faire le contrôle de la formule.

XIXᵉ MANIPULATION.

VÉRIFICATION DE LA LOI DE MALUS EN CHALEUR POLARISÉE.

Théorie.

Quand un rayon polarisé, d'intensité I, tombe normalement sur un analyseur de spath, il se bifurque en deux autres, l'un

---

(¹) *Comptes rendus hebdomadaires des séances de l'Académie des Sciences,* 4 septembre 1882.

ordinaire, l'autre extraordinaire : l'intensité O du premier
varie proportionnellement au carré du cosinus de l'angle α
que la section principale du cristal fait avec le plan de polarisation du rayon incident; l'intensité du second E est proportionnelle au carré du sinus du même angle.

$$O = I \cos^2 \alpha,$$
$$E = I \sin^2 \alpha.$$
$$O + E = I.$$

De nombreuses vérifications faites par des procédés très
différents ont établi en lumière l'exactitude de cette loi, for-
mulée par Malus; mais aucun photomètre n'a la sensibilité ni
la précision du thermomultiplicateur. De la Provostaye et
Desains s'en sont servis de la manière la plus heureuse ([1])
pour démontrer que cette loi est aussi d'une rigueur absolue
en chaleur polarisée.

Description.

Ces savants physiciens ont choisi pour source de chaleur le
Soleil et, pour appareil polariseur et analyseur, deux prismes
de spath achromatisés. Les faisceaux émergents sont dès lors
composés de rayons parallèles, et l'on peut les prendre fort
étroits à cause de leur grande intensité : il en résulte beaucoup de sûreté dans l'orientation et dans l'appréciation des
angles; de plus, chacun des faisceaux est complètement polarisé dans un plan variable à volonté et de direction connue.

L'emploi des rayons solaires permet de placer la pile à une
distance suffisamment grande pour éviter toute action directe
du spath; une longue discussion survenue entre Forbes et
Melloni a démontré en effet que les sources artificielles
doivent être établies fort près de l'appareil biréfringent et de
la pile; or, dans ces conditions, les spaths s'échauffent rapidement et rayonnent assez de chaleur pour troubler tous les
résultats. De la Provostaye et Desains employaient des spaths
d'au moins 0^m,020 d'épaisseur, disposés à 0^m,600 de la pile.

([1]) *Annales de Chimie et de Physique*, 3ᵉ série, t. XXVII, p. 109; 1849.

L'image extraordinaire formée par le premier prisme était arrêtée par un écran et l'image ordinaire seule atteignait le second prisme.

La méthode nécessite évidemment que l'intensité du Soleil reste constante pendant toute la durée des observations comparatives, ou du moins qu'elle ne varie que d'une manière lente et régulière. Ces expériences exigent donc un ciel découvert et une atmosphère pure; en outre, il faut avoir soin

Fig. 27.

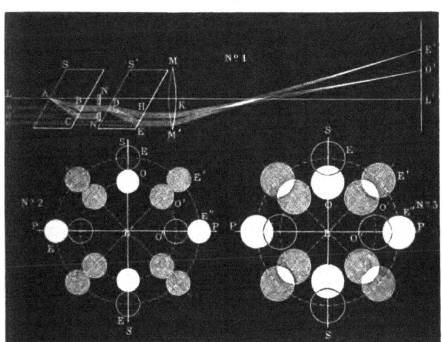

de croiser les observations et de les répéter un grand nombre de fois.

Le rayon incident doit être naturel; or on sait que la réflexion sur le miroir d'un héliostat polarise partiellement la lumière : il en est de même pour la chaleur. Pour dépolariser le faisceau, on place donc en avant du polariseur une lame biréfringente, assez mince pour ne pas séparer les deux rayons, et on l'oriente convenablement.

La section principale du polariseur doit être fixe; on la dispose verticalement.

L'image ordinaire qui rencontre l'analyseur donne deux images O′ et E′ (*fig.* 27), situées dans la section principale de ce cristal; en faisant tourner cet analyseur, on obtient la série des intensités relatives représentées par les n°s 2 ou 3.

Les deux spaths pourraient être remplacés sans difficulté par des prismes de Nicol.

Manuel opératoire.

1° Les rayons solaires réfléchis horizontalement par l'héliostat sont reçus à travers une lame de spath mince et dirigés sur le polariseur. On doit s'assurer de la dépolarisation du rayon incident en faisant tourner le polariseur; les deux faisceaux transmis garderont une intensité constante.

2° Les sections principales du polariseur et de l'analyseur étant placées verticalement, on reçoit l'image ordinaire sur la pile et l'on prend pour unité l'effet produit dans ces conditions.

3° On fait tourner l'analyseur de manière à former un angle de 30° vers la droite avec le plan vertical; on le ramène dans sa position primitive; puis on forme le même angle de 30° vers la gauche et l'on revient encore à la position primitive. En répétant cette opération et en notant chaque fois la déviation du rhéomètre, on obtient un certain nombre de valeurs dont on prend la moyenne.

4° La même opération est effectuée pour des angles de 35°. 45° et 52°.

Résultats.

De la Provostaye et Desains ont trouvé les valeurs suivantes, exprimées en fonction de l'intensité de l'image correspondant au parallélisme des spaths.

0...............................	1,00
30......	0,75
35......	0,67
45...............................	0,50
52...............................	0,38

Ces nombres sont précisément les cosinus carrés des angles inscrits dans la première colonne.

Voici les observations qui ont conduit aux deux premières valeurs :

Déviation à 30°.		Déviation à 35°.	
$\alpha =$ 0........	22,1	$\alpha = + 35$..........	14,3
+ 30........	16,7	0..........	20,9
0........	22,5	— 35..........	14,5
— 30........	16,8	0..........	22,0
0........	22,4		

XXᵉ MANIPULATION.

MESURE DES CHALEURS SPÉCIFIQUES PAR LA MÉTHODE DES MÉLANGES.

Théorie.

Le corps, ayant été chauffé à une température T, est plongé dans un calorimètre contenant un poids M d'eau, à une température t : le mélange atteint rapidement une température maximum θ. Représentant par P le poids du corps et par μ le poids réduit en eau du calorimètre et de ses accessoires, on peut écrire

$$PC(T - \theta) = (M + \mu)(\theta - t),$$

d'où

$$C = \frac{(M + \mu)(\theta - t)}{P(T - \theta)}.$$

Cette formule est exacte pour un calorimètre contenant plus de 500ᵍʳ d'eau, dont la température finale θ s'établit en moins de deux minutes, sans excéder la température de l'air ambiant de plus de 2° ; mais il n'est pas toujours possible de se renfermer dans ces conditions : une correction devient dès lors nécessaire.

La méthode classique de compensation de Rumford, laquelle consiste à commencer l'expérience avec un calorimètre possédant une température qui soit inférieure à la température ambiante d'une quantité égale à celle dont il doit la dépasser à la fin de l'expérience, est encore employée par plusieurs physiciens; mais elle est illusoire, parce que les périodes de réchauffement et de refroidissement ne présentent pas la même durée. On serait plus près de la vérité si l'on prenait la différence au-dessous de la température ambiante égale aux trois quarts de la différence $(\theta - t)$.

Fig. 28.

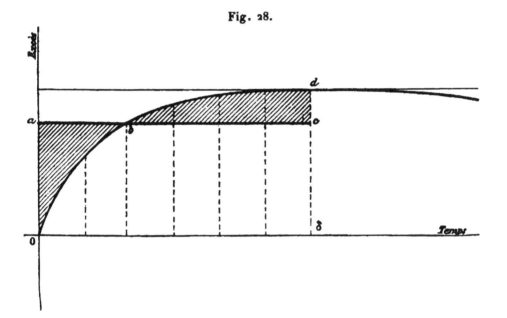

C'est ce qui ressort clairement de la *fig.* 28, dans laquelle la courbe O*bd* représente l'ascension de température d'un calorimètre, en fonction du temps, après l'immersion du corps chaud. La droite *abc* marque la température constante du milieu : on voit que lorsque $cd = \dfrac{3}{4} \, d\delta$, l'aire *ab*O est égale à *cbd*. Les pertes par refroidissement étant, ainsi que les gains, fonction des excès et des temps, l'égalité de ces aires entraîne une compensation exacte entre les pertes et les gains.

Modifié de la sorte, le procédé de Rumford est recommandable en bien des cas, parce que le mieux est assurément de supprimer les corrections en les rendant inutiles.

Ce n'est donc que pour les opérations très délicates qu'il convient de recourir aux corrections méthodiques. Or deux systèmes peuvent être employés, celui de M. Berthelot et celui de Regnault, publié par M. Pfaundler : le premier est sans contredit le plus rigoureux; le second est le plus simple et partant le plus pratique. Je pense que ce dernier doit être préféré dans les laboratoires d'enseignement ([1]).

Il a un point commun avec celui de M. Berthelot : il ne suppose pas la connaissance de la température ambiante. Comment pourrait-on d'ailleurs déterminer rigoureusement cette température? Peut-elle même être absolument définie, alors qu'elle varie dans les diverses régions même les plus voisines de l'instrument? Le procédé Regnault-Pfaundler tient compte de son influence, mais sans que l'opérateur soit obligé de la déterminer et c'est un immense avantage; il exige seulement qu'on relève la température du calorimètre à des époques très rapprochées, depuis environ trois minutes avant le mélange jusqu'à trois minutes après l'établissement du maximum de température, soit pendant dix minutes au plus.

L'essai comprend trois périodes : pendant la première, le calorimètre ne subit que l'influence du milieu ambiant; la température, choisie inférieure d'un degré environ à celle de l'air, s'élève lentement. On relève, à des intervalles de temps égaux, les températures du thermomètre plongé dans l'eau.

La période moyenne commence avec l'introduction du corps dans le calorimètre et finit avec la température maximum, au moment où les différences entre deux lectures consécutives sont devenues constantes.

La période finale comprend de cinq à dix intervalles pendant lesquels on observe le refroidissement du mélange.

Soient t la température moyenne de la période initiale, et v la perte moyenne par intervalle de vingt secondes, par

---

([1]) Le lecteur trouvera tous les éléments d'une discussion approfondie dans les Ouvrages suivants : *Journal de Physique*, II, p. 345 (1873); X, p. 46 et 80 (1881); *Annales de Chimie et de Physique*, 4ᵉ série, XI, p. 948 (1867), et *Lehrbuch der Experimental Physik* de Wüllner, II, p. 398.

exemple, pendant cette période. Appelons θ_0 la température au commencement de la deuxième période et $\theta_1, \theta_2, \theta_3, \ldots, \theta_n$ les températures à la fin du premier, du deuxième, du troisième et dernier intervalle de cette période. Les températures moyennes de ces intervalles successifs seront $T_1, T_2, T_3, \ldots, T_n$ et nous aurons

$$T_1 = \frac{\theta_0 + \theta_1}{2}, \quad T_2 = \frac{\theta_1 + \theta_2}{2}, \quad T_n = \frac{\theta_{n-1} + \theta_n}{2}.$$

Enfin désignons par t' et v' les températures et les pertes moyennes de la période finale, et représentons par A le terme de correction; $(\theta_n \pm A)$ sera le véritable maximum, c'est-à-dire la température finale qui se serait produite si les influences extérieures avaient été nulles.

Une construction graphique facilite beaucoup le calcul de ce terme. On porte en abscisse (*fig.* 29) une longueur OA

Fig. 29.

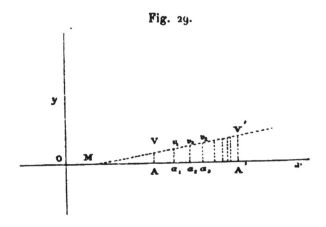

égale à la température t de la période initiale, et en ordonnée la longueur AV égale à la perte moyenne v correspondante dans un intervalle.

On fait de même

$$OA' = t' \quad \text{et} \quad A'V' = v',$$

et l'on joint VV' par une ligne droite. On admet que, pour chaque température de la période moyenne représentée par l'une des abscisses $a_1, a_2, \ldots$, la perte soit exprimée par l'ordonnée correspondante. Prenant donc les longueurs $O\,a_1$, $O\,a_2$, $O\,a_3$ égales à T_1, T_2, T_3, ..., on n'a qu'à sommer les ordonnées pour connaître A.

On peut aussi évaluer cette somme par la formule équivalente

$$A = n v + \frac{v' - v}{t' - t}\left(\sum_{n-1}^{1} \theta + \frac{\theta_0 + \theta_n}{2} - n t \right);$$

le signe $\displaystyle\sum_{n-1}^{1} \theta$ est le symbole de la somme $\theta_1 + \theta_2 + \theta_3 + \ldots + \theta_{n-1}$.

La formule exacte de l'opération est donc

$$C = \frac{(M + \mu)(\theta_n - \theta_0 + A)}{P(T - \theta_n - A)}.$$

La proportionnalité sur laquelle repose ce procédé ne saurait être prouvée ; elle n'est même pas rigoureusement exacte, mais le résultat final est bon. On pourrait le contester dans le seul cas où A prendrait une valeur notable : or cette éventualité ne doit pas être acceptée pour d'autres motifs [1].

L'exactitude et la sensibilité du thermomètre sont les véri-

---

[1] La méthode de M. Berthelot consiste à reproduire, aussitôt après l'expérience, tous les excès de température traversés successivement par le calorimètre, dans des conditions et dans des circonstances atmosphériques et ambiantes identiques à celles de l'expérience initiale : à cet effet, on remplit le calorimètre d'eau pure, en quantité égale à celle du liquide qu'il renfermait et à la même température que celle de la fin de l'expérience ; on suit la marche du thermomètre pendant quelques minutes. Puis, on enlève une partie de l'eau et on la remplace par un égal volume d'eau plus froide : on note encore la marche du thermomètre et l'on recommence plusieurs fois cette même opération. En procédant ainsi, on obtient toutes les données nécessaires pour tracer une courbe, qui donne les pertes réelles de chaleur, faites dans le cours de l'expérience primitive, à chacune des minutes et pour chacun des excès de température de celle-ci. En faisant la somme de toutes ces pertes, on détermine la correction du refroidissement par une méthode de calcul indépendante des hypothèses ordinaires et, dit M. Berthelot, plus rigoureuse qu'aucune autre (*Traité pratique de Calorimétrie chimique*, collection des *Aide-Mémoire Léauté*, p. 45). La marche que nous venons de décrire convient surtout aux opérations calorimétriques de longue durée ; elle a l'avantage de constater nettement la fin des échanges de chaleur entre les corps mis en présence.

tables limites de la précision que l'on peut atteindre dans les
déterminations des chaleurs spécifiques. La correction due
aux variations de la chaleur spécifique de l'eau est absolument négligeable, aussi bien que celle qui est relative à l'é-
vaporation du liquide, pourvu toutefois que la température
du calorimètre ne dépasse pas 15°.

Description.

L'appareil classique est celui de Regnault (*fig.* 30). L'étuve C
se compose de trois enveloppes concentriques en laiton; un
courant de vapeur circule dans l'espace annulaire, tandis que
le corps soumis à l'expérience est suspendu dans le cylindre
du milieu. Un registre à ressort L forme la base inférieure de
ce cylindre. La substance est placée en fragments plus ou
moins gros dans une corbeille E de fils de laiton très minces
dont le poids ne forme jamais qu'une petite fraction de celui
du corps : on peut obtenir ces corbeilles aussi légères que
l'on veut en les faisant fabriquer avec un tissu métallique
quelconque et en les laissant dans l'acide nitrique jusqu'à ce
qu'elles n'aient plus que le poids voulu.

La corbeille porte dans son axe un petit cylindre de toile
métallique dans lequel vient se loger le réservoir d'un thermomètre. Il faut au moins deux heures pour que ce thermomètre arrive à un maximum sensiblement stationnaire, lequel
reste toujours inférieur de 2° à la température de la vapeur.
Le thermomètre doit marquer au moins le $\frac{1}{10}$ de degré [1];
Regnault relevait le $\frac{1}{150}$ sur un instrument construit et gradué
de ses mains.

Le calorimètre, mobile sur un chemin de fer horizontal,
peut être poussé en dessous de l'étuve. Un thermomètre est
soutenu dans l'eau à $0^m,01$ de la paroi; il doit être très sensible et ne peut guère être observé qu'avec l'aide d'une
lunette.

L'eau qui remplit le vase réfrigérant est jaugée dans un
flacon à col étroit; son volume est tel qu'après l'immersion

---

[1] *Annales de Chimie et de Physique,* 2ᵉ série, LXXIII, p. 20 (1840);
3ᵉ série, XLVI, p. 257 (1856).

de la substance le calorimètre soit à peu près entièrement
rempli. Regnault affirme que, le flacon mesureur étant vidé

Fig. 30.

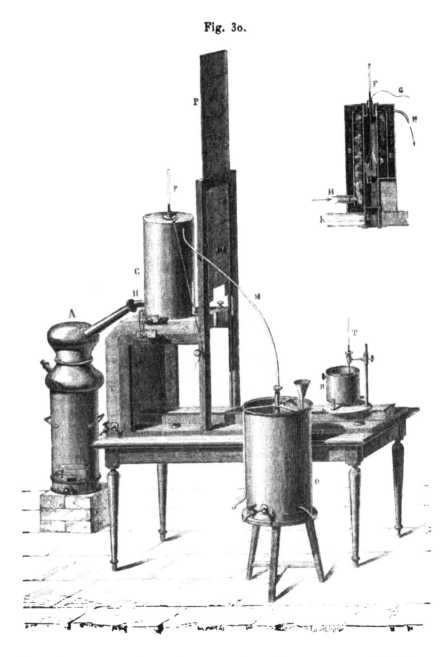

dans le vase et le même nombre de secousses lui étant
donné, le poids de l'eau ne varie que de quelques centi-

grammes dans plusieurs mesures consécutives. Pour passer des volumes aux poids, il faut tenir compte des variations de densité de l'eau avec la température et recourir aux Tables. M. Alluard préférait peser directement l'eau en tarant d'abord le vase plein et rétablissant l'équilibre après l'avoir vidé : ce procédé, qui exige moins d'habileté de la part de l'opérateur, est peut être le meilleur ([1]).

Quand la matière est pulvérulente, comme cela arrive pour quelques métaux et la plupart des oxydes métalliques, on réussit souvent à donner un peu d'agrégation à la matière en l'humectant avec de l'eau, la pétrissant en forme de boulettes et la soumettant à une calcination : elle reste ainsi assez agglomérée pour que l'on puisse opérer comme à l'ordinaire. D'autres fois, on l'agrège en la frappant à coups de marteau dans un cylindre semblable à celui dont on se servait autrefois pour forger le platine.

On peut employer l'essence de térébenthine pour déterminer la chaleur spécifique des corps dont on ne possède que de petites quantités. La chaleur spécifique de l'essence étant les $\frac{44}{100}$ de celle de l'eau, l'élévation de température produite par la même quantité de matière est presque deux fois et demie plus forte que sur un même poids d'eau.

Pour réduire en eau le poids d'un calorimètre de laiton, on multiplie son poids, déterminé au centigramme près, par le nombre 0,09391. Pour le thermomètre et la corbeille, il est plus sûr de faire une épreuve directe, car Regnault a constaté que les valeurs calculées sont toujours un peu fortes. Ainsi, pour une corbeille pesant 12^{gr},215, la valeur en eau calculée était 1,147, alors que la moyenne de plusieurs expériences concordantes ne dépassait pas 0,913. Cette différence est due sans doute aux pertes de chaleur éprouvées par ce tissu à grande surface au moment de l'immersion. Pour le thermomètre, on opère le plus souvent de la manière suivante : après avoir chauffé à 100°, par exemple, dans un bain de mercure, la portion destinée à être immergée dans l'eau, on le porte dans un petit calorimètre; il suffit de multiplier le poids de l'eau par son accroissement de température et de

---

([1]) *Annales de Chimie et de Physique*, 3ᵉ série, LVII, p. 451; 1859.

diviser ce produit par la diminution de température marquée par le thermomètre lui-même pour connaître sa valeur en eau. Elle doit être faible; le thermomètre de Regnault valait 0,516.

M. Pfaundler dispose dans son laboratoire une pendule frappant de vingt en vingt secondes pour faciliter l'observation des temps et donner à l'opérateur une plus grande liberté de ses mouvements.

Nous avons omis dans cette description certains détails sur lesquels nous nous sommes longuement arrêtés dans la XXI° manipulation de notre *Cours élémentaire,* auquel le lecteur est prié de se reporter.

Manuel opératoire.

1° La corbeille chargée avec la substance est suspendue au milieu de l'étuve. L'échauffement extrêmement lent que la matière subit dans cet appareil est une garantie de l'exactitude de la température stationnaire observée.

2° Pendant ce temps, le calorimètre est éloigné de l'étuve et masqué par les écrans. On le remplit d'eau ayant séjourné longtemps dans une salle voisine à une température légèrement inférieure à celle du laboratoire. Quelques minutes avant de commencer les opérations, on met la pendule en marche et l'on note la température au commencement et à la fin de dix intervalles de vingt secondes. Un instant avant le dixième signal, on lève les écrans.

3° L'opérateur tire le registre et fait descendre doucement la corbeille dans l'eau. Aussitôt il la décroche et ramène le chariot devant la lunette; un aide agite continuellement l'eau pendant qu'il suit la marche du thermomètre.

4° Les températures sont notées de vingt en vingt secondes jusqu'au maximum : il suffit généralement de deux minutes pour l'atteindre.

On continue les lectures : les différences étant devenues égales, on poursuit encore pendant deux ou trois minutes.

Résultats.

Je crois nécessaire d'emprunter au Mémoire de **M. Pfaund-**
ler les chiffres relatifs à une expérience faite sur une substance assez peu conductrice. Le thermomètre employé portait
une graduation arbitraire dont chaque division valait $0°,0858$;
le zéro correspondait à la division $24,70$; les intervalles
avaient une durée de vingt secondes.

	Intervalles.	Températures en divisions du thermomètre.	Calculs.
1re période.	0	$162,6$	$t = \dfrac{162,6 + 162,9}{2} = 162,75.$
	10	$162,9 = \theta_0$	$v = \dfrac{162,6 - 162,9}{10} = -0,03.$

Immersion.

2e période..	11	$185,0$	
	12	$200,0$	
	13	$206,1$	
	14	$209,5$	
	15	$210,7$	**OBSERVATION.**
	16	$211,3$	On prend pour θ_n la température $211,4$
	17	$211,5$	à partir de laquelle l'abaissement devient
	18	$211,5$	régulier.
	19	$211,5$	
	20	$211,5$	
	21	$211,5$	
	22	$211,4 = \theta^n$	

	Intervalles.	Température en divisions du thermomètre.	Calculs.
3e période..	23	$211,3$	
	24	$211,2$	
	25	$211,1$	$t' = \dfrac{211,4 + 210,5}{2} = 210,95.$
	26	$211,0$	
	27	$210,9$	$v' = \dfrac{211,4 - 210,5}{8} = +0,11.$
	28	$210,8$	
	29	$210,6$	
	30	$210,5$	

$\Sigma_{n-1}^1 \theta$ 2280,10

$\dfrac{\theta_0 + \theta_n}{2}$ 187,15

Somme 2467,25

$n = 12$

$nt =$ 1953,00

Différence 514,25

Différence multipliée par $v - v' = 0,14$.

Produit 71,995

Produit divisé par $t' - t = 48,20$.

Quotient 1,49

$nv =$ . . . . — 0,36

Somme . . . . 1,13 = A

$\theta_n - \theta_0 + A = 211,4 - 162,9 + 1,13 = 49^{div},63 =$ en degrés C. 4°,25.

La sommation eût été beaucoup plus rapide si on l'avait effectuée à l'aide de la courbe.

La correction à faire subir à la température finale n'est que de $1,13 . 0,0858 = 0°,097$; nous en conclurons que ces corrections n'auraient aucun sens si le thermomètre ne marquait pas exactement le $\frac{1}{20}$ de degré, et nous attirons toute l'attention du lecteur sur ce point.

Une expérience de calorimétrie bien conduite suivant les règles que nous venons de rappeler peut donner exactement le chiffre des millièmes. M. Pfaundler a trouvé par exemple les valeurs suivantes pour un échantillon de spath :

$$0,2063; \quad 0,2057; \quad 0,2057; \quad 0,2055; \quad 0,2053;$$
$$0,2055; \quad 0,2060: \quad 0,2057; \quad 0,2058; \quad 0,2060.$$

Moyenne 0,20575
Somme des carrés des erreurs 0,00000079
Erreur probable 0,0000599

La valeur probable de la chaleur spécifique du spath est donc comprise entre 0,20581 et 0,20569.

Nous avons admis pour l'eau une chaleur spécifique moyenne égale à l'unité; il eût été plus exact de lui attribuer sa chaleur spécifique vraie, qui est donnée par l'équation

$$C = 1 + 0,00004\, t + 0,0000009\, t^2$$

d'après Regnault, ou par cette autre

$$C = 1 + 0,00031\, t$$

d'après Pfaundler. Cette correction s'impose dans les expériences très soignées : elle s'effectuera simplement en multipliant les résultats donnés ci-dessus par la valeur exacte de C. Ainsi, lorsque l'eau a une température moyenne de 20°, on multipliera par 1,0012 d'après Regnault, ou par 1,0062 d'après Pfaundler. L'écart est grand entre ces deux chiffres : on admet le plus généralement celui du grand physicien français.

Chaleurs spécifiques des solides

(d'après Regnault).

Aluminium.................................. 0,20556
Verre...................................... 0,19768
Fer.. 0,11379
Nickel..................................... 0,11095
Zinc....................................... 0,09555
Cuivre..................................... 0,09515
Argent..................................... 0,05701
Étain...................................... 0,05623
Antimoine.................................. 0,05077
Mercure.................................... 0,03332
Platine.................................... 0,03245
Or... 0,03244
Plomb...................................... 0,03140
Bismuth.................................... 0,03084

Regnault attribuait au laiton de ses calorimètres une chaleur spécifique égale à 0,09391; pour le mercure, il prenait 0,03332.

✕ XXIᵉ MANIPULATION.

MESURE DES CHALEURS SPÉCIFIQUES PAR LA MÉTHODE DU REFROIDISSEMENT.

Théorie.

Cette méthode permet de déterminer le rapport des chaleurs spécifiques de deux corps solides ou liquides donnés.

En les soumettant au refroidissement dans une même enceinte vide, à zéro, sous une même surface rayonnante et dans des conditions identiques, les poids et les capacités calorifiques présentant seuls quelque différence, il est facile de démontrer que les temps t et t' mis par les substances à se refroidir d'un même nombre de degrés sont proportionnels aux produits PC et $P'C'$ de leurs poids par leurs capacités calorifiques : on a donc, en appelant k la valeur en eau des accessoires de l'appareil qui partagent l'état thermique de la substance,

$$\frac{PC + k}{P'C' + k} = \frac{t}{t'},$$

d'où

$$C' = \frac{PCt' + k(t' - t)}{P't}.$$

La quantité k peut se déterminer par le calcul direct, en tenant compte du poids de ses éléments, ou bien par une expérience de refroidissement sur des poids déterminés P et P' de deux substances dont les chaleurs spécifiques C et C' sont exactement connues.

C'est à ce dernier procédé qu'on donne généralement la préférence ; on tire de l'équation ci-dessus

$$k = \frac{PCt' - P'C't}{t - t'}.$$

Il est nécessaire de ne pas observer des excès de température trop rapprochés : le temps t doit correspondre à un abaissement d'au moins 25°, sinon les erreurs seraient de l'ordre des grandeurs relevées.

Pour les liquides, la même méthode pourrait être employée, mais il est préférable de suivre la marche indiquée par M. Marignac. Elle consiste à placer successivement, dans un même vase de platine, de l'eau pure et le liquide proposé, à porter les deux liquides à la même température, et à les exposer au refroidissement dans une même enceinte, maintenue à une température constante. On mesure les temps nécessaires dans les deux cas pour que les liquides reviennent à la même température. Il s'agira alors de faire varier par des tâtonnements méthodiques le poids du liquide jusqu'à ce que le temps de son refroidissement soit égal à celui de l'eau. Cela étant, l'eau et la solution ont la même valeur calorimétrique et l'on obtient la chaleur spécifique du liquide en divisant le poids de l'eau par celui du liquide.

M. Berthelot a employé cette méthode pour déterminer les chaleurs spécifiques des solutions salines.

Description.

Le petit vase dans lequel Regnault ([1]) plaçait les substances solides pulvérisées était en argent d'un très beau poli : c'était un cylindre de 0m,025 de hauteur sur 0m,015 de diamètre. On a conservé cette forme, qui permet de tasser à volonté la poudre autour du réservoir du thermomètre disposé au centre du cylindre (*fig.* 31).

La base inférieure de ce dé métallique est amovible : après avoir introduit la poudre, on replace le fond de manière qu'il s'applique exactement sur la surface aplanie de la matière pulvérulente.

L'enceinte dans laquelle s'observe le refroidissement se compose d'un vase cylindrique en laiton, noirci intérieurement au noir de fumée mat; on y fait le vide par le tuyau BC. On le porte d'abord dans un bain d'eau chaude pour amener le thermomètre à la température voulue; puis on l'entoure de glace concassée pour opérer à zéro.

([1]) *Annales de Chimie et de Physique*, 3e série, t. IX, p. 327; 1843.

Le refroidissement est suivi avec le plus grand soin à l'aide d'un chronomètre.

De la Provostaye et Desains déclarent dans leur Mémoire sur le rayonnement de la chaleur avoir fait usage de bonnes montres à secondes dont la marche était régulièrement suivie. Toutefois un compteur à pointage donnant le $\frac{1}{5}$ de seconde est d'un emploi plus facile : il suffit de pousser un bouton pour que l'instant précis qu'il s'agit de relever soit marqué par un point sur le cadran.

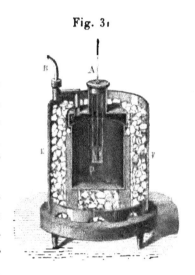

Fig. 31

Mais on est exposé à des confusions fâcheuses lorsqu'on doit faire une série d'observations successives; de plus, on ne peut garder le diagramme de l'observation, attendu qu'il faut effacer les points imprimés à l'encre grasse sur le cadran. Pour éviter ce double inconvénient, j'ai employé, dans mes expériences sur le pouvoir refroidissant des gaz comprimés et des vapeurs ([1]), un dispositif nouveau qui m'a donné de fort bons résultats et convient parfaitement à l'observation des variations d'un thermomètre : il nécessite un télégraphe Morse et un pendule interrupteur.

Placé à 2^m des appareils, je suis la marche du mercure à l'aide d'une lunette; le manipulateur est disposé sous ma main. Au moment où le mercure passe à un trait déterminé du thermomètre, j'appuie sur la poignée, et un point marque sur le papier du récepteur le moment précis du passage. En même temps un pendule interrupteur compris dans le circuit du télégraphe trace un point à chaque seconde : ces points étant distants d'au moins 0^m,020 et le déroulement du papier étant assez uniforme, je peux mesurer le $\frac{1}{20}$ de seconde; les mesures s'effectuent à partir de l'origine des traits.

Il suffit que le thermomètre soit gradué de 5° en 5°.

([1]) *Annales de Chimie et de Physique*, 5e série, t. XVIII, p. 207 (1879), et t. XXIII, p. 315 (1880).

Pour les liquides, Regnault se servait d'un petit flacon de verre à col étroit, de 10^{cc} de capacité environ, dans lequel il introduisait toujours le même volume de liquide : les densités remplacent dès lors les poids dans la formule donnée ci-dessus.

Fig. 32.

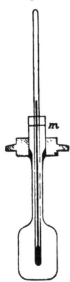

La *fig.* 32 représente en demi-grandeur le petit vase auquel ce savant donnait la préférence : la partie supérieure du tube est mastiquée dans le bouchon métallique de l'enceinte; le liquide doit affleurer en *m* à une température déterminée au commencement de l'expérience.

L'expérience du refroidissement se fait comme à l'ordinaire, sans tenir compte de la rentrée dans le réservoir du liquide froid qui se trouvait précédemment dans la tige : l'erreur occasionnée par cette circonstance paraissait négligeable à Regnault.

M. Berthelot emploie un dé cylindrique ou un petit flacon en platine fort mince dans le col duquel est fixé le thermomètre à l'aide d'un bouchon.

On compare quelquefois les liquides à l'essence de térébenthine dont la chaleur spécifique est égale à 0,414 à la température de 15°.

Manuel opératoire.

1° *Solides.*

1° Le thermomètre et son étui étant parfaitement nettoyés et desséchés, on en fait la tare en y adjoignant un poids surnuméraire de 20^{gr}.

2° Le corps à essayer est finement pulvérisé, puis il est modérément tassé dans l'étui; on complète l'opération en plaçant le couvercle, puis on essuie l'extérieur de l'étui et on le reporte sur la balance : le poids de la substance s'obtient par différence avec la rigueur de la double pesée.

3° L'enceinte étant fermée, l'opérateur la plonge dans un bain d'eau à 60°; puis il y fait le vide à plusieurs reprises, en laissant rentrer de l'air desséché sur de la ponce sulfurique, de manière à éviter la présence de la vapeur d'eau. Le thermomètre ayant atteint 50°, il retire l'enceinte du bain et l'entoure de glace fondante : il observe le thermomètre à l'aide d'une lunette horizontale.

4° Au moment où la colonne de mercure se trouve à 35°, il note le temps initial, et marque successivement les instants qui correspondent à 30°, 25°, 20°, 15°, 10° et 5°. Par soustraction, il est facile de déterminer les temps mis à passer de 35° à 20°, de 30° à 15°, de 25° à 10° et de 20° à 5°. Pour relier ces résultats, on construira une courbe en portant les intervalles de temps en abscisse et les températures en ordonnée.

5° La même série d'opérations est répétée sur la substance choisie comme type.

2° *Liquides*.

1° Le flacon de platine étant rempli d'un poids connu d'eau distillée à 50°, on le porte dans l'enceinte à refroidissement et l'on y fait le vide. On note le temps mis à passer de 35° à 20°. Il est bon d'agiter de temps en temps pour établir l'équilibre de température du liquide avec le thermomètre.

2° On fait une détermination analogue avec un poids supposé équivalent du liquide : pour des solutions salines étendues, on peut prendre des poids égaux. Les temps de refroidissement sont inégaux, mais on admettra comme première approximation que les poids équivalents sont en raison inverse de ces temps, et l'on modifiera en conséquence les poids relatifs. On répète l'expérience dans ces conditions. Il est rare qu'au troisième essai les temps de refroidissement ne soient point égaux.

Résultats.

La méthode du refroidissement présente de grands avantages sous le rapport de la généralité de son application, mais elle ne donne pas de résultats suffisamment concordants pour les solides, et Regnault lui-même dut avouer que tous ses efforts étaient restés sans succès : cependant elle devient beaucoup plus rigoureuse quand on opère sur des liquides.

Pour déterminer k, on peut employer du fer et du plomb en limaille dont les capacités calorifiques sont égales à 0,1138 et

0,0314. Regnault cite les résultats suivants de cette opération préliminaire.

Poids.	Temps.		
	20° à 15°.	15° à 10°.	10° à 5°.
Fer...... 14^{gr},551	411^s	586^s	1029^s
Plomb.... 21^{gr},787	203^s	292^s	509^s

Il en résulta trois valeurs de k : 0,2643, 0,2811 et 0,2672 ; les différences eussent été moindres si Regnault avait observé le refroidissement de 15° en 15°, comme je l'ai indiqué ci-dessus.

On doit éviter de tasser insuffisamment les poussières solides dans l'étui ; ainsi, l'on a observé dans deux essais comparatifs que l'argent en limaille fortement tassé présentait une capacité égale à 0,05666, alors que très peu tassé cette capacité dépassait 0,08519, ce qui est une valeur trop forte. Tous les métaux peuvent offrir des divergences semblables.

Le Tableau suivant renferme les résultats obtenus avec quelques liquides : k avait été trouvé égal à 0,145 en opérant sur de l'eau et de l'essence de térébenthine.

	Densités moyennes.			Temps.			Capacité moyenne.
	20° à 15°.	15° à 10°.	10° à 5°.	20° à 15°.	15° à 10°.	10° à 5°.	
Sulf. de carb.	1,2676	1,2750	1,2823	165	240	428	0,2189
Éther	0,7185	0,7241	0,7297	201	294	530	0,5177
Alcool.......	0,8072	0,8113	0,8150	250	359	639	0,6050

Ces chiffres ne sont pas comparables à ceux que donne la méthode des mélanges entre 20° et 100°, mais il faut attribuer l'écart à la différence notable des températures auxquelles s'effectuent ces diverses opérations.

Pour les liquides, M. Berthelot fait remarquer que l'expérience est susceptible d'une grande précision : en supposant, en effet, les masses telles que la chute de température ait lieu en quinze minutes et que le temps soit mesuré à une demi-seconde près, l'exactitude du résultat atteindrait $\frac{1}{1800}$.

XXIIe MANIPULATION.

MESURE DES CHALEURS SPÉCIFIQUES PAR LE CALORIMÈTRE A GLACE DE M. BUNSEN.

Théorie.

Le poids de la glace fondue se déduit de la diminution de volume que la fusion lui fait éprouver.

Un gramme de glace à zéro a un volume de 1^{cc},09082, tandis qu'un gramme d'eau ne cube que 1^{cc},00012 ([1]); en admettant avec M. Bunsen que la chaleur latente de fusion de la glace soit égale à 80,03, nous voyons qu'une calorie-gramme absorbée par la glace du calorimètre correspond à une différence de volume égale à

$$\frac{1,09082 - 1,00012}{80,03} = 0^{cc},001133 = 1^{mmc},133.$$

Or, supposons qu'un mélange de glace et d'eau à zéro soit renfermé dans un réservoir muni d'une tige calibrée permettant de mesurer les variations de volume de ce mélange; soit v le volume d'une division en millimètres cubes et n le nombre de divisions qui correspond à la diminution de volume résultant de la fusion d'une certaine quantité d'eau congelée. Si une quantité Q de chaleur a produit cet effet, nous pourrons écrire

$$Q = 1,133\, nv = PCt.$$

Si l'on connaissait Q, on pourrait réciproquement contrôler la valeur de la chaleur de fusion de la glace que Bunsen a estimée à 80^{Cal},03, mais sur laquelle les physiciens ne sont pas encore tous d'accord.

Description.

Le calorimètre à glace de Bunsen est représenté *fig.* 33 : il est tout en verre. Le tube-laboratoire A est constitué par

---

([1]) M. Bunsen a déterminé ces deux chiffres par la méthode du thermomètre à poids.

une éprouvette en verre mince ; le réservoir B, qui lui est soudé, est rempli, de λ en β, d'eau purgée d'air que l'on a congelée ; enfin le bas du réservoir, le tube recourbé C et la douille en fer mastiquée à son extrémité renferment du mer-cure jusqu'en γ. Un tube calibré S,

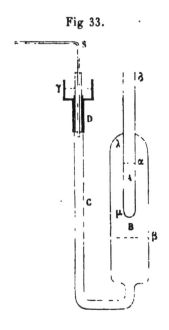

Fig 33.

fixé dans un bouchon, fait suite à l'appareil et sert à mesurer les varia-tions de volume de la glace fondue. Tout l'appareil est plongé dans la neige ([1]).

Le remplissage du calorimètre se fait, comme pour un thermomètre, en renversant l'ouverture C non munie de sa douille dans de l'eau chaude et en faisant bouillir un instant celle qui a pénétré dans le réservoir. Quand l'instrument est refroidi, on y verse du mercure par un entonnoir capil-laire, jusqu'à ce que le niveau at-teigne le point β, puis on soutire avec un siphon l'eau contenue dans le tube C, et l'on achève d'enlever les dernières traces d'humidité au moyen du vide et d'un courant d'air sec.

Il est absolument nécessaire qu'il n'y ait aucune bulle d'air dans l'appareil.

Pour former un manchon de glace autour du tube A, on emploie quelquefois un courant d'alcool refroidi à —20° dans un mélange de sel et de neige ; le réservoir F (*fig.* 34) ren-ferme l'alcool ; le vase de fer-blanc G et le tuyau *g* servent à produire le mouvement du liquide froid par aspiration. En appelant au contraire de l'air par F, on ramène l'alcool dans le mélange réfrigérant.

On arrive plus rapidement au même résultat en introdui-sant du mercure dans l'éprouvette A et en y immergeant un tube mince à essai dans lequel on fait évaporer du chlorure de méthyle; il suffit de quelques minutes pour former un manchon de glace d'épaisseur notable ([1]).

Ce manchon doit avoir au moins 0ᵐ,010 d'épaisseur; lorsqu'il est formé, on transporte tout l'appareil dans un vase en terre rempli de neige; puis on fixe la douille D dans un étau et l'on introduit le tube S. On ne tarde pas à voir le mercure

Fig. 34.

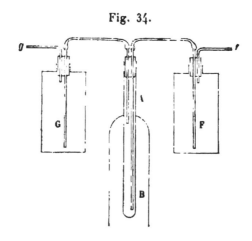

s avancer dans ce tube et se déverser même à son extrémité, ce qui indique une nouvelle formation de glace; elle cesse bientôt, si la neige employée est pure, et le niveau du mercure reste alors stationnaire. On l'amène à la division voulue en enfonçant plus ou moins le bouchon dans le tube G.

On place généralement au fond du tube A un tampon de ouate entouré d'un fil de platine, pour amortir la chute des corps et sauvegarder l'appareil contre les chocs.

Le tube S doit être parfaitement calibré : on mesure le volume d'une division par une pesée au mercure. Dans le calorimètre qui a servi à M. Bunsen, une division valait 0ᵐᵐᶜ,077.

On pourrait faire cette détermination en opérant de la manière suivante : qu'on introduise un petit index d'eau dans la tige horizontale du calorimètre et qu'on en immerge ensuite le bec dans une capsule remplie de mercure et exacte-

---

([1]) Il est prudent de retirer la tige S du calorimètre au moment de la congélation, car la dilatation brusque qui accompagne la prise en glace pourrait provoquer une rupture de l'instrument.

ment tarée ; la contraction de volume consécutive de la fusion de la glace fera monter du mercure dans le tube et le poids de la capsule diminuera d'autant. On déduira aisément de cette expérience le volume désigné ci-dessus par v, en notant le nombre N de divisions remplies par le volume du mercure aspiré hors de la capsule dans le tube.

Ce procédé permet de contrôler le calibrage exact du tube et de dresser au besoin une table de correction.

Le calorimètre une fois préparé peut servir à un grand nombre d'opérations, et il est facile de le conserver pendant plusieurs semaines pourvu que, matin et soir, on entretienne l'enveloppe de neige dans son état primitif et normal. C'est par la partie inférieure que disparaît le manchon de glace : cela tient à ce que, l'eau ne dépassant jamais $+4°$, le liquide le plus chaud se trouve au fond du tube A ; c'est une preuve qu'il ne peut se faire aucune perte de chaleur dans cet appareil.

La seule correction que comporte une expérience de calorimétrie est la suivante : le niveau du mercure dans le tube recule de deux ou trois divisions par heure, alors même que l'instrument ne fonctionne pas ; on évalue ce déplacement par deux observations, l'une antérieure, l'autre consécutive à l'expérience, et l'on en tient compte en le retranchant de l'amplitude totale du mouvement, en raison du temps.

A chaque nouvelle expérience, il faut enfoncer un peu plus le bouchon, pour ramener le mercure à l'origine de la graduation.

Manuel opératoire.

Pour déterminer une chaleur spécifique, on introduit dans l'éprouvette un poids P du corps, élevé à une température t dans une étuve : le mercure rétrograde de n divisions dans le tube. On a

$$Q = PCt = 1,133\,nv.$$

Le poids P du corps ne doit guère dépasser 3^{gr} à 4^{gr} : on l'exprime en grammes, car Q est lui-même évalué en calories-grammes.

Aucune prescription spéciale ne s'impose à l'opérateur en

dehors de celles qui ont été formulées dans les opérations précédentes : il convient d'employer une petite étuve qui permette de faire tomber directement le corps dans le calorimètre : le tube A doit ensuite être bouché par le haut par un bouchon non hermétique ou un petit couvercle en carton.

Résultats.

Les chaleurs spécifiques déterminées par le calorimètre à glace sont toujours inférieures de $\frac{2}{1000}$ à $\frac{3}{1000}$ à celles qu'on obtient par la méthode des mélanges ; cette différence doit être attribuée d'abord à ce que, dans l'appareil de M. Bunsen, les capacités sont prises de 0° à 100°, tandis que dans le calorimètre Regnault on opère de 16° à 100°.

Mais on serait peut-être aussi en droit de conclure de ce résultat que la valeur adoptée par le savant physicien allemand pour la chaleur de fusion de la glace est un peu forte ; en effet, en prenant 79,25, chiffre de de la Provostaye et Desains, au lieu de 80,03, le facteur numérique 1,133 deviendrait égal à 1,144 et la valeur de C augmenterait de près de 1 pour 100.

Nous avons dit que le calorimètre de Bunsen peut servir inversement à déterminer la chaleur de fusion r de la glace ; qu'on introduise en effet un poids p d'eau chauffée à t degrés dans l'éprouvette, de manière à déterminer une rétrogradation de la colonne de n divisions, on pourra écrire, en appelant γ la chaleur spécifique moyenne de l'eau de zéro à t°,

$$p \gamma t = \frac{0,0907}{r} n\varsigma.$$

D'après Regnault, $\gamma = 1,0012$ à une température moyenne de 20°.

XXIII· MANIPULATION.

MESURE DES CHALEURS SPÉCIFIQUES PAR LE CALORIMÈTRE A MERCURE.

Théorie.

Le nom de *thermomètre à calories* donné au calorimètre à mercure de Favre et de Silbermann fait connaître la nature de ses indications : la chaleur apportée au centre du réservoir dilate le mercure d'une quantité proportionnelle au nombre de calories reçues.

La tige de l'instrument est donc graduée en calories; on effectue cette graduation de la manière suivante. Un poids connu d'eau M est introduit à une température T_1, et il se refroidit jusqu'à la température θ_1, abandonnant $M(T_1 - \theta_1)^{cal}$ qui font progresser le mercure de n divisions : chacune d'elles vaut donc

$$\frac{M(T_1 - \theta_1)}{n} = a^{cal}.$$

Si maintenant on introduit dans le moufle de l'instrument un poids P du liquide à étudier, à une température T, et qu'on le laisse se refroidir jusqu'à θ, le mercure avançant de m divisions, on peut écrire

$$PC(T - \theta) = ma;$$

d'où l'on tire la valeur cherchée C.

Pour éliminer les influences extérieures étrangères au phénomène qu'on se propose d'observer, il faut suivre la marche de la colonne mercurielle cinq minutes avant et cinq minutes après l'expérience, et en déduire le déplacement moyen par minute au cours même de l'opération.

Cet instrument simple et ingénieux est susceptible d'une grande précision. Cependant il présente une cause d'erreur qu'on n'est jamais sûr d'avoir complètement évitée; il est en effet nécessaire d'empêcher la chaleur introduite au centre

de la boule de se communiquer jusqu'à l'enveloppe et de la
dilater, ce qui produirait un effet inverse de celui qui résulte
de la dilatation du mercure. On augmente la rigueur de l'opération en employant un calorimètre de masse considérable
dans lequel on introduit une petite quantité de chaleur.

Description.

Le calorimètre à mercure se compose essentiellement d'un
gros réservoir sphérique en fonte A (*fig.* 35), qui peut con-

Fig. 35.

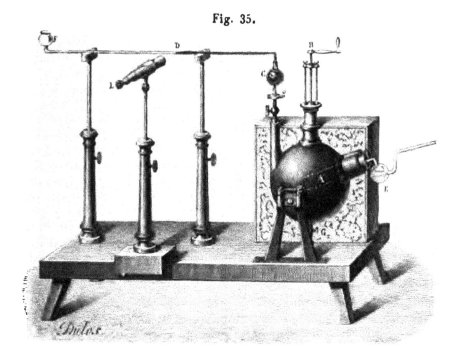

tenir quelquefois jusqu'à 260ᵏᵍ de mercure ; mais le modèle
des laboratoires d'enseignement n'en renferme d'ordinaire
que 25 à 30. Deux ou plusieurs moufles métalliques s'en-
gagent dans l'intérieur de cette sphère : un piston plongeur B,
à vis et manivelle, permet de faire affleurer au point que l'on
veut le mercure dans le tube capillaire D. Une enveloppe de
bois, remplie de duvet, protège le réservoir contre les variations irrégulières de la température.

Le liquide soumis à l'expérience est versé dans une éprouvette en verre mince, qui baigne dans le mercure que contiennent les moufles ; de la sorte, l'équilibre s'établit rapidement entre la température du corps et celle du mercure du réservoir : de petits verrous retiennent les éprouvettes en place contre la poussée du mercure.

Il s'agit de graduer l'instrument en calories. Cette graduation se fait à l'aide d'une pipette E, de forme spéciale (*fig*. 35), dans laquelle on chauffe le liquide destiné à être introduit dans le moufle : il n'y a qu'à la retourner pour le transvasement. Ce dispositif est avantageux, mais il faut veiller à ne pas introduire de vapeur avec le liquide : en employant de l'eau qu'on chauffe vers 100°, il est bien difficile d'éviter cet inconvénient : aussi conseillerons-nous d'opérer de préférence sur du mercure, de faible capacité calorifique il est vrai, mais qu'on peut chauffer à 200° sans aucun inconvénient.

Dans une instruction sur l'emploi du calorimètre à mercure ([1]), M. Favre a recommandé d'expulser complètement l'air du grand réservoir pendant l'opération du remplissage, afin d'éviter la marche par saccades du mercure dans le tube calorimétrique. Cette condition est facile à réaliser à l'aide d'une disposition spéciale qui permet au mercure, lorsqu'il pénètre en filet très fin dans l'intérieur de l'appareil, de chasser devant lui la totalité de l'air raréfié. Deux robinets G, dont un seul est visible sur la figure, sont fixés à cet effet sur le réservoir de fonte ; après avoir fait basculer la boule sur ses tourillons, de manière à amener ces robinets à la partie supérieure, on met l'un d'eux en communication avec une machine pneumatique, tandis qu'on fait arriver le mercure par l'autre, à travers un entonnoir de verre effilé.

Lorsque le réservoir est rempli, on ferme les deux robinets et l'on remet la sphère de fonte dans sa position normale ; la colonne graduée se fixe enfin sur l'appareil par l'intermédiaire d'un collier à gorge en acier, et on la remplit de mercure à l'aide d'un tube très fin, en veillant à ce qu'il ne s'y introduise aucune bulle d'air.

Le tube calorimétrique doit être parfaitement cylindrique

---

et de faible section, sans que toutefois son diamètre soit tellement petit que la sensibilité de l'appareil ne devienne exagérée. La calorie correspond le plus souvent à $\frac{1}{10}$ ou $\frac{2}{10}$ de millimètre ; on peut en observer le $\frac{1}{1000}$ à l'aide de la loupe L, qui porte un micromètre.

Toutes les opérations doivent s'exécuter nécessairement dans une salle à température constante, et dans les conditions mêmes où l'on s'est placé pour déterminer la calorie ([1]).

Manuel opératoire.

1° L'observateur relève d'abord pendant cinq minutes la marche du mercure, qui doit être régulière et continue.

2° Le liquide, pesé avec soin et chauffé à l'étuve, est versé dans le tube que renferme le moufle ; on marque les positions successives du mercure.

3° Le mercure atteint bientôt une position à peu près stationnaire ; on suit encore pendant cinq minutes les légères variations qu'il présente, d'après une loi régulière, et l'on en déduit la correction, en combinant les observations de la première et de la dernière phase.

La température initiale et finale du liquide doit être déterminée à moins de $\frac{1}{10}$ de degré et son poids au centigramme.

Quand on veut appliquer ce procédé à la mesure des chaleurs de combinaison, il faut avoir soin de conserver d'abord

----

([1]) Le calorimètre de Favre et Silbermann ne se trouve pas dans tous les laboratoires de Physique ; mais M. Raoult a indiqué un moyen facile de construire cet appareil à peu de frais. On choisit un ballon tubulé ordinaire en verre, aussi sphérique que possible, de deux litres de capacité environ : dans le col, on scelle avec du plâtre un tube de cuivre verni qui sert de moufle. Dans la tubulure, on fixe de même deux tubes à robinets communiquant l'un avec un tube gradué horizontal, l'autre avec une pipette. Cette pipette remplace le piston plongeur de Favre et Silbermann. Elle est remplie de mercure et se trouve rattachée au ballon par un tube flexible en caoutchouc, qui permet de l'incliner plus ou moins. Si on la dresse, le niveau de mercure y devient plus élevé que le tube horizontal gradué et, comme la pipette et ce tube constituent deux vases communiquants, le mercure tend à se mettre de niveau et avance dans le tube.

On amène ainsi le mercure au point que l'on veut du tube horizontal (*Annales de Physique et de Chimie*, 4ᵉ série, t. IV, p. 392 ; 1865).

WITZ. — *Man. sup.*

les corps dans des moufles séparés, placés pendant plusieurs heures à l'avance sur la table d'expérience, afin qu'ils soient l'un et l'autre à la même température initiale, qui est celle du calorimètre.

Résultats.

M. Favre a donné les résultats complets d'une expérience relative à une réaction simple et presque instantanée, la précipitation d'un sulfate par le chlorure de baryum : elle permet de se rendre exactement compte de la valeur des corrections à effectuer.

Durée en minutes.	Marche du mercure.	Différences.	Moyennes.

1° Observation initiale :

	mm		
0............	62,405		
5............	64,482	2,077	
10............	66,561	2,079	2,078
15........	68,640	2,079	

2° Réaction :

| | | 26,352 | |

3° Observation finale :

20............	94,992		
25............	97,454	2,462	
30............	99,672	2,218	
35............	101,763	2,091	
40............	103,672	1,909	1,970
45............	105,582	1,910	

La marche moyenne du mercure en cinq minutes a été égale à $\dfrac{2,078 + 1,970}{2}$, soit $2^{mm},024$; or, l'expérience a duré quarante-cinq minutes : le mercure a donc avancé pendant toute l'expérience de $18^{mm},216$ sous les influences étrangères à la réaction; mais la progression totale a été de

$$105,582 - 62,405 = 43^{mm},177;$$

la marche du mercure, sous l'action seule de la précipitation chimique, a donc été de

$$43,177 - 18,216 = 24^{mm},961.$$

Pour mesurer la chaleur spécifique d'un liquide, on le chauffe à l'étuve dans un tube de verre qu'on glisse dans le moufle et qu'on laisse refroidir de T à t. On peut vérifier ainsi l'exactitude de la graduation, en opérant par exemple sur du mercure qui doit donner, de 100° à 4°, exactement 0,0332, d'après Regnault.

Chaleurs spécifiques des liquides à la température de 15°.

Alcool absolu............. 0,579
Acide sulfurique à 1,84................ ... 0,335
Huile d'olive........................... 0,310
Mercure............................... 0,033
Benzine........ 0,399
Essence de térébenthine........... 0,472

XXIVᵉ MANIPULATION.

MESURE DE LA CHALEUR SPÉCIFIQUE DE L'AIR.

Théorie.

Cette expérience, qui est une des plus délicates de Regnault, peut être répétée dans les laboratoires, et elle conduit à des résultats qui sont généralement peu éloignés de ceux de l'illustre physicien.

P et T étant le poids et la température du gaz soumis à l'expérience, C sa chaleur spécifique, M le poids en eau de tout le calorimètre, t et θ les températures initiale et finale de l'eau, on a

$$\text{PC}\left(\text{T} - \frac{t + \theta}{2}\right) = \text{M}\,(\theta - t).$$

Les corrections peuvent être effectuées par le procédé Regnault-Pfaundler, que nous avons appliqué dans les manipulations précédentes.

Description.

L'air parfaitement sec est renfermé sous une pression de 2^{atm} ou 3^{atm} dans un réservoir de volume V, maintenu à une température constante t_0 dans un bain d'eau : pour calculer le poids P du gaz dépensé pendant l'expérience, il suffit de connaître les pressions initiale et finale H et h, car on a en effet

$$P = V . 1,293 \cdot \frac{H - h}{760} \cdot \frac{1}{1 + a t_0}.$$

Regnault employait une formule empirique fondée sur des expériences préalables, mais on peut se contenter d'appliquer la loi de Mariotte, ainsi que nous venons de le faire, quand on opère sur l'air.

La vitesse d'écoulement ne doit pas dépasser 5^{lit} à la minute, ce qui correspond à un excès de pression d'au plus

Fig. 36.

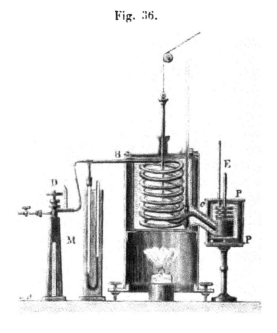

$0^m,120$ d'eau à l'entrée de l'appareil. Il est facile de rendre cette surcharge constante et uniforme en relevant à la main la vis D (*fig.* 36), à mesure que la pression baisse dans le ré-

servoir. On compense de la sorte la diminution progressive de
la vitesse du courant par une augmentation convenable de
la section de l'orifice qui lui donne issue.

Le manomètre M doit marquer une pression invariable.

Le gaz est chauffé dans le serpentin BC, qui est formé d'un
tube d'au moins 6ᵐ de long sur 0ᵐ,008 de diamètre ; on opère
généralement au bain d'huile à une température de 150° ; mais,
pour éviter l'emploi d'un thermomètre à air, je fais exécuter
cette expérience à 100°, dans l'eau bouillante, en tenant
compte toutefois de la pression atmosphérique.

Le calorimètre P est formé d'une série de boîtes en laiton, divisées à l'intérieur par des cloisons en spirale, qui
font circuler le gaz à travers la masse d'eau réfrigérante :
on s'assure, à l'aide d'un thermomètre, qu'il a exactement
à sa sortie en E la température de l'eau contenue dans
l'appareil.

Je ne crois pas devoir insister davantage sur la description
d'un appareil classique, qu'on trouve dans tous les Traités
de Physique.

Manuel opératoire.

1° Le réservoir étant rempli d'air sec depuis la veille, on
note la température du bain d'eau et la pression du gaz au
moment de commencer l'expérience.

2° Le calorimètre reçoit un poids déterminé d'eau ; ses
constantes ont été mesurées préalablement et sont connues.

3° L'étuve étant à 100°, on prend au $\frac{1}{10}$ de degré la température du calorimètre et l'on répète cette observation au
bout de dix minutes.

4° L'écoulement commence : la main sur le robinet D, un
aide maintient la pression constante au manomètre, tandis
que l'observateur inscrit de cinq minutes en cinq minutes les
températures du calorimètre.

5° L'opération doit durer au moins une demi-heure : au
bout de ce temps, on arrête l'écoulement du gaz et l'on
continue de relever la température pendant dix minutes ; la
pression de l'air du réservoir est notée, ainsi que la température du bain, qui a dû rester invariable.

Les deux observations antérieure et consécutive permettent d'évaluer la température moyenne et la perte moyenne de ces périodes, puis de calculer ou de mesurer sur une épure la somme des pertes subies pendant l'opération.

Résultats.

Chaleurs spécifiques à pression constante
(d'après Regnault).

Air.....................	0,2374
Acide carbonique....... ..	0,2169
Oxyde de carbone.......	0,2450
Hydrogène protocarboné.	0,5929
» bicarboné....	0,4040
Hydrogène	0,4090

XXV° MANIPULATION.

MESURE DE LA CHALEUR DE FUSION DE LA GLACE.

Théorie.

Qu'on introduise un fragment de glace d'un poids **P**, à la température de o°, dans un calorimètre à mélange renfermant de l'eau à une température supérieure *t*, la glace fondra et la température de l'eau tombera à 0°; M étant la valeur en eau du liquide du calorimètre et de ses accessoires, si nous appelons *r* la chaleur latente cherchée, nous pourrons écrire

$$P(r + \theta) = M(t - \theta).$$

L'opération que nous venons de décrire est une simple application de la méthode des mélanges pratiquée déjà ci-dessus; toutefois elle présente des difficultés expérimentales d'un ordre tout particulier.

Elle demande à être conduite avec une grande habileté pour donner un résultat correct : en effet, on déduit de l'équation

$$r = \frac{M}{P}(t - \theta) - \theta.$$

Or, une erreur sur θ de $0°,5$, en valeur absolue, entraîne pour r une erreur d'une demi-calorie; de plus, une erreur relative de $0°,1$ sur $t - \theta$ se trouve multipliée par $\dfrac{M}{P}$, rapport qui s'élève à 8 pour le moins; on peut donc commettre facilement une erreur totale de $0,5 + 0,8 = 1,3$ sur les valeurs de r, si l'on ne fait pas usage de thermomètres d'une exactitude et d'une sensibilité remarquables.

Le désaccord constaté dans les résultats des meilleures expériences, faites par des maîtres, prouve surabondamment par ailleurs que la détermination de la chaleur de fusion de la glace est une des opérations les plus délicates de la Physique. Aussi avons-nous estimé que cette manipulation difficile n'eût pas été à sa place dans notre Cours élémentaire de manipulations.

Description.

Parmi les méthodes employées, nous choisirons celle qui a été adoptée par de la Provostaye et Desains : le Mémoire publié par ces savants et habiles physiciens est un modèle de précision et de lucidité ([1]).

Leur calorimètre était un petit vase de laiton mesurant $0^m,07$ de haut et $0^m,06$ de diamètre, pesant $23^{gr},075$; sa valeur en eau était de $2^{gr},166$.

Le thermomètre pesait $46^{gr},822$ et valait en eau $1^{gr},47$; il servait d'agitateur.

L'isolement et la protection du calorimètre étaient assurés par les procédés ordinaires.

On pesait d'abord le calorimètre garni d'eau aux trois quarts avec son thermomètre : appelons ce poids π.

Pour calculer le poids en eau M de l'ensemble, il fallait du poids total π retrancher le poids du vase en laiton et du thermomètre $(23,075 + 46,822)$ et y ajouter leur poids en eau $(2,166 + 1,47)$; de plus, il y avait lieu de retrancher encore la quantité d'eau qui avait pu s'évaporer depuis le moment de la pesée jusqu'au moment de l'immersion de la glace. Cet in-

---

([1]) *Annales de Chimie et de Physique* 3ᵉ série, t. VIII, p. 5; 1843.

tervalle de temps devait donc être déterminé, et une expérience préalable était imposée pour estimer la valeur rigoureuse de cette perte.

De la Provostaye et Desains choisissaient un morceau de glace limpide, transparent, exempt de bulles, taillé en cube, lavé ensuite à l'eau distillée, pour arrondir ses arêtes, et conservé dans la neige fondante, pour qu'il fût bien à zéro.

Ils le desséchaient avec soin avant de l'introduire dans le calorimètre.

Le fragment étant fondu, ils pesaient de nouveau le calorimètre; en retranchant de ce poids celui qu'avait donné la première pesée, et en ajoutant à la différence le poids de l'eau perdue par évaporation pendant la durée de l'expérience, on obtenait le poids du morceau de glace introduit.

On prenait l'eau à une température t, supérieure à celle de l'air ambiant, et l'on y immergeait un poids de glace tel que la différence $(t - \theta)$ ne dépassât pas 6° et que de plus la température θ restât très légèrement au-dessus de celle du milieu : dans ces conditions, les corrections sont très faibles et le minimum de température obtenu persiste longtemps et peut être saisi aisément.

Le thermomètre marquait le dixième de degré et son zéro avait été soigneusement contrôlé à l'avance : il était relevé de 0°,1.

Le Mémoire de MM. de la Provostaye et Desains fait remarquer que, par suite de la moindre densité, le fragment de glace surnage; mais cette circonstance, en apparence fâcheuse, n'a aucune influence sur le résultat, et il est inutile de chercher à immerger la glace à l'aide d'une petite fourchette métallique.

Manuel opératoire.

Les données de l'observation que nous allons décrire sont empruntées au travail de de la Provostaye et Desains : les chiffres cités présentent par suite un intérêt plus grand que si nous les empruntions à un carnet de laboratoire.

1° On forme d'abord le Tableau de l'abaissement de température par seconde du calorimètre garni d'eau, et l'on en déduit la vitesse de son refroidissement.

Excès de température.	Refroidissement par seconde
10...............	0,00208
9............. ..	191
8...............	174
7............. ..	150
6......	120
5....	89
4...	70
3....	50
2............ .	36
1........... ..	13
0,5....	6

Ce Tableau nous permettra d'évaluer la perte par refroidissement subie pendant la durée de l'expérience.

2° On pèse le calorimètre rempli d'eau avec le thermomètre, et l'on note l'heure de cette pesée ainsi que la température de l'air.

Poids.................. 226ᵍʳ,88   à   3ʰ50ᵐ45ˢ.
Température de l'air..... .   11°,8.

3° Le calorimètre est porté dans son enceinte protectrice.

On retire alors le fragment de glace de la neige, dans laquelle il est conservé, on l'essuie soigneusement entre plusieurs doubles de papier joseph et on l'introduit dans le calorimètre à 3ʰ52ᵐ0ˢ, en évitant toute projection de liquide.

A partir de ce moment, on relève de nouveau les températures de minute en minute, sans cesser d'agiter.

h m s	o
3.52. 0................	21,81
10...................	21
17...................	20
23......	19
30...................	18
37...................	17
47...................	16
3.53. 0...................	15
22...................	14
55...................	13,1

h m s		o
3.54. 2..	....	12,9
36	....	12,5
50	....	12,4
3.55.14....	....	12,31
40	....	12,28
3.56	....	12,27

Le refroidissement par seconde devient dès lors constant.

En tenant compte de l'inexactitude du zéro, les températures initiale et finale sont donc de 21°,71 et 12°,17 : l'expérience a duré quatre minutes.

4° Il reste à peser le calorimètre, pour connaître le poids de la glace introduite dans l'appareil.

$$\text{Poids} \dots\dots\dots\dots\dots \quad 243^{gr},453 \quad \text{à} \quad 4^h 7^m 11^s.$$

Même température de l'air que ci-dessus.

L'expérience est terminée.

Voici dès lors la suite des calculs à faire :

Poids en eau du calori-
   mètre M.........   226,880 — (2,166 — 1,470)
                              — (23,075 + 43,822) — 160^{gr},619
Poids de la glace..... 243,453 — 226,880   = 16^{gr},573

On ajoute 0^{gr},02 pour la perte de poids par évaporation.

Le poids P de glace sera donc pris égal à 16^{gr},593.

La température finale, trouvée égale à 12°,17, sera additionnée de 0°,104 pour compenser la perte par refroidissement pendant les quatre minutes de durée de l'opération calorimétrique :

$$\theta = 12,17 + 0,104 = 12°,274.$$

Il vient donc

$$r = \frac{160,619}{16,593}(21,710 - 12,274) - 12,274 = 79,06.$$

Résultats.

La moyenne de dix-neuf expériences concordantes a fait assigner à r la valeur de 79,01.

Le chiffre le plus élevé de la série fut 79,46; le plus faible 78,75.

En tenant compte de ce qu'une portion de la tige de leur thermomètre était hors du liquide, de la Provostaye et Desains furent amenés à faire une nouvelle correction sur cette moyenne, et ils adoptèrent pour la chaleur de fusion de la glace le nombre 79,25, qui est devenu classique.

Il est intéressant de comparer à ce résultat les valeurs indiquées par les plus célèbres expérimentateurs :

		cal
Black.....................................		80
Laplace et Lavoisier....................		75
Regnault { 1re méthode (neige).........		79,24
{ 2e méthode (glace).........		79,06
Person...................................		80
Hess...		80,30
Bunsen		80,03

Lavoisier et Laplace opéraient avec de l'eau presque bouillante, dont la chaleur spécifique moyenne de 100° à zéro était notablement supérieure à 1 : Jamin a introduit dans les calculs la valeur exacte de cette chaleur spécifique et il a corrigé le résultat obtenu par ces savants ; il doit être pris égal à 79,37.

On admet généralement que la chaleur de fusion de la glace est égale à 80 calories.

XXVI° MANIPULATION.

MESURE DES CHALEURS DE COMBINAISON PAR LE CALORIMÈTRE DE M. BERTHELOT.

Théorie.

Les méthodes calorimétriques employées par M. Berthelot [1] procèdent de la méthode des mélanges décrite ci-dessus.

---

[1] Les détails de cette manipulation sont empruntés à un Mémoire de

Deux liquides, exerçant l'un sur l'autre une réaction **par** contact direct, sont mêlés dans un même calorimètre, à volumes égaux. Soit P le poids du premier liquide, P' le poids du second, C et C' leurs chaleurs spécifiques, t et t' leurs températures : leur mélange détermine une température θ : quelle est la quantité de chaleur dégagée par la réaction ?

Tel est le problème.

Appelons μ le poids réduit en eau du calorimètre et de ses accessoires, et supposons que le premier liquide y soit renfermé à la température t : le second y est versé directement au moment de l'expérience. Admettons aussi, par extension de la loi de Wœstyne, que la capacité calorifique C_1 de la combinaison soit donnée par la relation

$$(P + P')C_1 = PC + P'C'.$$

Nous pourrons écrire que la quantité Q est égale à l'excès de la chaleur possédée par la combinaison sur celle que possédaient les éléments avant le mélange :

$$Q = [(P + P')C_1 + \mu]\theta - (PC + \mu)t - P'C't'.$$

M. Berthelot supprime la correction du refroidissement en opérant sur 500^{gr} de liquide au moins, dans des conditions telles que l'expérience ne dure pas plus de deux minutes, et que l'excès de température finale sur celle du milieu ambiant ne dépasse pas $2°$.

Les pertes de chaleur sont négligeables dans une expérience dirigée de la sorte.

Description.

Le calorimètre de M. Berthelot (*fig. 37*) est en platine : il est pourvu d'un couvercle C, agrafé à baïonnette sur les bords du vase cylindrique G et percé de trous pour le passage de l'agitateur, du thermomètre et des tubes abducteurs destinés

---

M. Berthelot sur les *Recherches calorimétriques* (*Annales de Chimie et de Physique*, 4e série, t. XXIX, p. 94; 1873). Quelques indications sur le mode opératoire ont été trouvées d'ailleurs dans le *Traité pratique de Calorimétrie chimique*, du même auteur.

aux liquides. Dans les expériences où l'équilibre de température est presque instantané, on peut supprimer le couvercle
ainsi que l'agitateur *a* et employer le thermomètre lui-même
pour remuer le liquide.

Ce calorimètre, qui a une capacité de 65^{cc}, pèse 63^{gr} sans

Fig. 37.

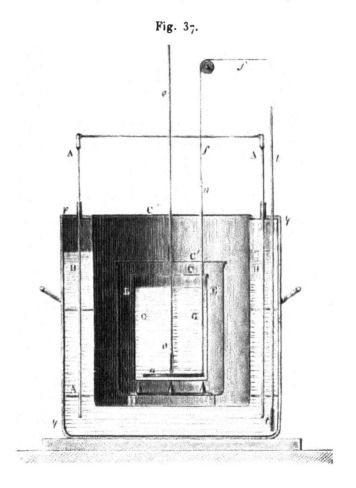

les accessoires, 97^{gr} avec les accessoires; réduit en eau, il
vaut 2^{gr} à 3^{gr} (¹). M. Berthelot l'enferme dans une enceinte
argentée E, placée elle-même dans une enceinte d'eau A re-
vêtue de feutre.

Le calorimètre est posé sur trois pointes de liège, fixées

(¹) La valeur en eau s'obtient en multipliant le poids du platine par 0,0324 .
c'est le chiffre adopté par M. Berthelot.

sur un petit triangle de bois; le vase cylindrique de laiton argenté porte aussi sur de minces rondelles de liège. Un disque de carton recouvert d'étain et percé de trous convenables sert de couvercle à la caisse extérieure.

L'eau devra être placée dans l'enceinte à double paroi du calorimètre plusieurs jours à l'avance, au lieu même qu'elle occupera pendant les expériences, afin que tout le système se mette en équilibre régulier avec le milieu ambiant. Le tout est disposé dans une grande chambre, aussi bien abritée que possible contre l'action du Soleil, et dans laquelle on place également à l'avance dans des enceintes métalliques (*fig.* 38) toutes les liqueurs et tous les instruments qui doivent jouer un rôle dans l'expérience, de manière que leur température soit bien uniforme. Les fioles F sont en verre très mince, afin que leurs parois se mettent rapidement en équilibre de température avec le liquide intérieur: le col en est court et le trait de jauge se trouve placé à sa naissance, afin que le liquide soit contenu en totalité dans la panse.

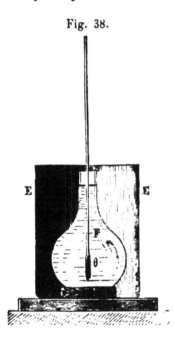

Fig. 38.

Au lieu de peser les liquides, M. Berthelot les jauge dans des fioles, burettes, pipettes ou autres vases de mesure; mais il est indispensable de vérifier soi-même la capacité des unités par une pesée préalable. A cet effet, on place un flacon sur le plateau de la balance et, après l'avoir taré, on y fait couler le contenu de la pipette ou de la fiole que l'on veut contrôler. On appuie le bec pour faire écouler la dernière goutte, on souffle avec la bouche et, le flacon étant bouché, on pèse l'eau qu'il contient. Il suffit de connaître la température et la densité du liquide pour calculer aisément son volume: la perte de poids produite par la poussée de l'air est de $\frac{1}{1000}$ environ. Les divergences entre plusieurs essais consécutifs faits par M. Berthelot ne surpassent pas $0^{gr}{,}01$ pour des pipettes de 50ᶜᶜ. En général, tous les jaugeages peuvent être effectués au millième et souvent au demi-millième près.

Les thermomètres doivent être très sensibles : Baudin en construit d'excellents, qui prennent, en moins de quinze secondes, la température du liquide au sein duquel on les agite : ces instruments embrassent seulement un intervalle de 10 degrés divisés en cinquantièmes. Avec un peu d'habitude, on partage aisément à l'œil ces divisions en quatre parties, ce qui fournit le $\frac{1}{200}$ de degré : en observant avec une lunette, on évaluerait le millième.

Ces thermomètres doivent aussi marcher parfaitement d'accord, ou du moins doit-on déterminer préalablement les différences de leurs indications dans la portion de l'échelle qui sera utilisée.

Les liquides employés sont des solutions renfermant par litre un demi-équivalent d'acide, de base ou de sel; l'équivalent est pris strictement dans sa définition chimique. Il représente le poids moléculaire pour les corps monovalents et leurs dérivés (acide chlorhydrique, chlorure de potassium, acide acétique, alcool, etc.), et le demi-poids moléculaire pour les bivalents (acide sulfurique, sulfates de potasse ou de magnésie, acide oxalique, etc.).

Manuel opératoire.

1° Les liquides destinés à réagir l'un sur l'autre sont contenus dans de grands flacons, lesquels sont restés dans la même pièce pendant plusieurs jours, à côté l'un de l'autre, sur une table qui ne reçoit jamais directement les rayons du Soleil. On en remplit deux fioles jaugées de 300ᶜᶜ.

2° Le contenu de l'une des fioles est versé doucement dans le calorimètre et l'on y plonge un thermomètre; la seconde fiole est déposée sur un valet de paille dans l'enceinte métallique représentée par la *fig.* 38. On y introduit un thermomètre et l'on agite vivement. Les températures sont lues à plusieurs reprises et inscrites sur le registre des expériences : elles ne diffèrent généralement que de $\frac{2}{100}$ ou $\frac{3}{100}$ de degré.

3° A l'aide d'une pince en bois, on saisit le col de la fiole et l'on en verse le contenu dans le calorimètre; il se met en équilibre au bout de vingt secondes et demeure stationnaire pendant deux minutes au moins et souvent davantage. Cette température est notée avec soin.

Quand on verse le liquide d'une fiole dans le calorimètre, il faut prendre la précaution de relever un instant la fiole, après l'avoir vidée; le liquide mouillant les parois se rassemble ainsi au fond et on le fera couler aisément en donnant quelques secousses à la fiole.

Résultats.

Prenons pour exemple la recherche de la chaleur dégagée dans la neutralisation de l'acide tartrique par la soude.

Solutions $\begin{cases} \text{Soude : } 2^{lit} \text{ contenant}\dots\dots\dots\dots & 31^{gr}, \text{ soit } 1^{eq} \\ \text{Acide tartrique : } 2^{lit} \text{ contenant}\dots\dots & 75^{gr}, \text{ soit } 1^{eq} \end{cases}$

Ces deux liqueurs sont équivalentes à volumes égaux et se saturent l'une l'autre : opérons sur 300^{cc} de chacune d'elles, soit $\frac{1}{10}$ de la solution préparée.

Température de la soude dans le calorimètre.........⌐ 20°,48
»   de l'acide tartrique dans la fiole......... 21°,48

Une observation préliminaire montre que, en cinq minutes, les thermomètres immergés dans les deux liquides ne varient pas sensiblement.

Après mélange, le maximum de température est atteint en dix secondes.

Température maximum........................... 24°,105
Densité de la solution de soude.................... 1,023
Chaleur spécifique............................... 0,970
Poids des 300^{cc} réduits en eau.................... 298^{gr}
Poids du calorimètre et du thermomètre réduits en eau. 5^{gr}, 6
Poids total en eau avant le mélange................ 303^{gr},6
Densité de la solution d'acide tartrique............. 1,017
Chaleur spécifique............................... 0,977
Poids des 300^{cc} réduits en eau.................... 298^{gr},3
Poids total en eau après le mélange................ 601^{gr},9
Températ. initiale moyenne $\dfrac{303,6.20,48 + 298,3.21,48}{601,9} = 20°,975$

Élévation de température $\Delta\theta = 24°,105 - 20°,975$...... $3°,130$

Chaleur spécifique du tartrate de soude.............. $0,98$

Chal.dég. $300(1,023 + 1,017)0,98.3,13 + 5,6.3,13 =$ 1893^{cal}

Pour 31^{gr} de soude $= \dfrac{1893.20}{3} =$................... 12620^{cal}

Voici, pour quelques sels, les résultats obtenus par MM. Berthelot et Thomsen :

Bases,	Acides (1 équivalent = 2 litres)		
	H Cl.	Az O⁵, HO.	SO³, HO.
NaO	13,7	13,7	15,85
KO.....	13,7	13,8	15.70
ZnO...	9,8	9,8	11,7
CuO....	7,5	7,5	9,2
AgO.	»	5,2	7,2

Les trois premières bases étaient dissoutes dans la proportion de $1^{éq}$ pour 2^{lit}; pour l'oxyde d'argent, il n'y avait que $1^{éq}$ pour 25^{lit}. La chaleur dégagée dans la formation des sels métalliques varie notablement avec la concentration.

Le même instrument dont nous avons fait usage et une méthode analogue permettent de déterminer la chaleur de dissolution d'un solide, soit par exemple d'un sel inaltérable à l'air, tel que le sulfate de potasse. Après l'avoir pulvérisé et desséché, on lui laisse reprendre la température de l'eau du calorimètre, qui est celle de l'air extérieur, et l'on verse un poids connu dans l'eau. La dissolution détermine un abaissement de température qu'on mesure et par lequel on calcule la chaleur de dissolution.

XXVII· MANIPULATION.

CONDUCTIBILITÉ D'UNE BARRE PAR LA MÉTHODE DE DESPRETZ.

Théorie.

La loi de décroissance des excès de température u d'une barre mince et longue, en régime permanent, est donnée, d'après la théorie de Fourier, par l'équation classique

$$u = M e^{ax} + N e^{-ax},$$

dans laquelle $a = \sqrt{\dfrac{hp}{ks}}$, h étant le coefficient de conductibilité extérieure, p et s le périmètre et la section de la barre,
k son coefficient de conductibilité intérieure; M et N sont des
paramètres constants et u représente l'excès de température
sur le milieu ambiant d'un point de la barre dont l'abscisse
x est comptée à partir du point chauffé.

Pour trois points équidistants d'abscisse $x - i$, x et $x + i$,
on peut écrire

$$\frac{u_{x-i} + u_{x+i}}{u_x} = e^{ai} + e^{-ai} = 2n = \text{const.}$$

Cette loi est connue sous le nom de *loi de Despretz.*

On démontre que, pour deux barres ayant les mêmes valeurs de h, p, s et i, mais possédant des conductibilités différentes k et k', on a la relation

$$\frac{k}{k'} = \left[\frac{\log\left(n + \sqrt{n^2 - 1}\right)}{\log\left(n' + \sqrt{n'^2 - 1}\right)} \right]^2.$$

La détermination de n et n' fournit donc le rapport des
conductibilités des deux barres que l'on compare par ce
procédé.

C'est la méthode de Despretz, appliquée par un grand
nombre de physiciens à la mesure des conductibilités relatives, notamment par MM. Franz et Wiedemann et par
M. Kohlrausch. Ce dernier a comparé les conductibilités de
l'acier doux et trempé, et nous nous en référerons plusieurs
fois à la savante étude qu'il a publiée ([1]).

MM. Van Aubel et Paillot ont fait usage tout récemment du
même procédé pour mesurer les conductibilités de quelques
alliages par rapport à celle de l'étain et du cadmium · leur
intéressant travail nous fournira aussi d'utiles données ([2]).

([1]) *Annales de Wiedemann*, t. XXXIII, p. 678; 1888.
([2]) *Journal de Physique*, 2ᵉ série, t. IV; 1895.

Description.

M. Kohlrausch a expérimenté sur deux barres cylindriques d'acier, de $1^{cm},2$ de diamètre et 30^{cm} de longueur; elles étaient soigneusement tournées et leur surface avait reçu un beau poli.

Ces barres étaient placées horizontalement.

Leur extrémité traversait la paroi d'une caisse, chauffée par un courant de vapeur d'eau; un écran double en bois, garni de ouate, empêchait le rayonnement de la caisse vers la barre.

MM. Franz et Wiedemann renfermaient les barres dans un manchon de verre, maintenu à température constante; mais on peut se dispenser de cet accessoire gênant, si l'on opère dans une salle privée d'appareils de chauffage, et si la barre est à l'abri des courants d'air.

Despretz enduisait les barres de noir de fumée; Franz et Wiedemann les couvraient d'une couche d'or électrolytique soigneusement brunie; un vernis opaque conviendrait aussi. Toutefois nous préférons encore l'argenture ou le nickelage qui se fait à peu de frais et se prête à un poli spéculaire.

On mesure les excès de température des divers points de la barre à l'aide d'éléments thermoélectriques dont une soudure plonge dans de petits trous pratiqués dans la barre, d'un demi-millimètre de diamètre, ayant une profondeur de $1^{mm},5$ à 2 millimètres, et remplis de liquide. L'écartement des trous est de 4^{cm} à 5^{cm}; ils doivent être rigoureusement équidistants. L'autre soudure peut être disposée à l'air libre, à quelque distance de la barre; mais il est préférable de la plonger dans un petit tube en verre, plein d'huile, à la température ambiante.

M. Wiedemann remplissait de mercure les cavités de sa barre; dans ce cas, il est prudent de vernir la soudure ou de la protéger par une petite enveloppe de peau ou de papier. On peut aussi verser de l'huile dans les trous, mais alors on devra les nettoyer avec soin, l'opération terminée; la durée de l'immersion devra aussi être un peu plus longue.

M. Kohlrausch a employé des éléments fer et maillechort; **MM.** Van Aubel et Paillot ont utilisé le couple fer-constan

tan ([1]). Le couple platine—platine rhodié de **M. Le Chatelier** donne d'excellents résultats.

La soudure chaude est disposée de telle façon qu'on puisse l'immerger aisément dans les trous de la barre sans la toucher avec les doigts : il suffit pour cela d'attacher le couple sur un cylindre de bois ou une fine baguette de verre.

Le galvanomètre de **M. Kohlrausch** était relié au couple par des interrupteurs à mercure; l'instrument était à miroir, à grand amortissement, et il présentait 700 ohms de résistance. L'expérience a montré au physicien allemand que les excès u étaient proportionnels aux déviations de l'aiguille pour un couple fer-maillechort : on peut donc se dispenser d'une graduation préalable du couple ([2]).

Manuel opératoire.

Il convient de s'assurer, avant tout, que la barre a atteint le régime permanent; en plaçant le couple thermo-électrique dans un des trous creusés vers le centre de la barre, on constatera donc que l'on obtient une déviation constante. On peut alors procéder à la mesure des excès stationnaires u_{x-i}, u_x et u_{x+i}.

1° On introduit la soudure mobile dans le premier trou, et l'on ferme le courant par l'interrupteur à mercure, en évitant les projections de liquide, afin que la résistance du circuit ne varie pas dans le cours de l'essai. On lit la déviation sur la règle du galvanomètre à miroir : comme elle est proportionnelle à l'excès du point étudié, on prend la déviation observée pour la valeur même de u_{x-i}.

2° On détermine de même u_x et u_{x+i} de la première barre.

3° Même suite d'opérations pour la seconde barre.

4° On revient à un trou de la première barre, tant pour s'assurer que l'état permanent était atteint, que pour constater que la température de la soudure froide n'a pas varié.

([1]) Cet alliage leur a été fourni par la maison Vogel, de Berlin. Le constantan est un alliage de cuivre et de nickel en proportions égales.

([2]) Pour tous détails complémentaires sur l'emploi des couples thermo-électriques, nous renvoyons le lecteur à la XXIX° manipulation de notre *Cours élémentaire*, pages 155 et suivantes.

5° On calcule n et n' par ces données; puis on fait le rapport $\dfrac{k}{k'}$.

Résultats.

Il est intéressant de constater d'abord la remarquable constance du quotient de Despretz; la valeur de $2n$, toujours supérieure à 2, dépend de la nature du métal, des conditions de la barre et de la grandeur de l'intervalle séparant les points observés deux à deux.

Pour les corps très conducteurs, $2n$ est peu différent de 2.

Les deux échantillons d'acier doux et trempé de M. Kohlrausch lui ont donné un rapport $\dfrac{k}{k'} = 0,18$: l'acier trempé est le moins conducteur.

Pour l'étain et le cadmium, M. Lorenz avait trouvé 0,6945; MM. Van Aubel et Paillot ont indiqué 0,7111 comme moyenne de trois séries d'expériences bien réussies.

XXVIII° MANIPULATION.

ÉTUDE DE LA CONDUCTIBILITÉ DANS LES CRISTAUX.

Théorie.

L'appareil d'Ingenhousz permet de mesurer les coefficients de conductibilité des métaux en prenant l'un d'entre eux pour unité; ces coefficients sont dans le rapport des carrés des longueurs sur lesquelles la cire a été fondue.

C'est que, en effet, quand une barre est assez longue par rapport à son diamètre, les excès de température u des points de cette barre sur la température de l'air ambiant décroissent en proportion géométrique, lorsque les distances x, à l'origine de la barre, croissent en proportion arithmétique, suivant la loi de Biot et Lambert,

$$u = T e^{-ax}.$$

Pour que la loi soit applicable, il suffit que la température de l'extrémité non chauffée ne diffère pas sensiblement de celle de l'enceinte; c'est le cas des substances mauvaises conductrices et notamment des cristaux.

Une méthode analogue à celle d'Ingenhousz peut donc être employée pour déterminer leur conductibilité. Cette adaptation a été faite par de Senarmont : en opérant sur des lames minces couvertes de cire, de manière que leur conductibilité extérieure fût uniforme, il put déterminer les courbes isothermes relatives à un grand nombre de substances et mesurer leurs conductibilités dans toutes les directions. La théorie exige que l'état permanent soit établi dans cette expérience : on attendra donc que la courbe ait atteint son maximum d'étendue.

Description.

De Senarmont perçait au milieu des plaques un trou étroit dans lequel il engageait un fil d'argent chauffé par son extrémité.

La cire fondait à partir de ce trou et formait un bourrelet saillant à la limite de la fusion. La conductibilité dans une direction déterminée était mesurée par le carré du rayon vecteur correspondant.

M. Jannettaz ([1]) a éludé la nécessité de percer les lames en appliquant à leur surface une petite boule de platine de $0^m,001$ à $0^m,002$ de diamètre, à laquelle sont soudés deux fils fins en V, mis eux-mêmes en communication avec les pôles d'une pile formée de trois grands éléments Bunsen à section rectangulaire.

M. Jannettaz recouvre les lames, non pas de cire, mais de saindoux fondu et passé à travers un linge fin : on peut y mêler des matières roses ou vertes, de nuances vives. Pour répandre le corps gras sous une couche mince et régulière, il faut chauffer d'abord les lames dans une étuve, d'où on les retire aussitôt qu'elles sont tièdes; puis on y laisse tomber deux ou trois gouttes de graisse fondue. On l'étale à l'aide d'un pinceau et l'on retire l'excès au moyen de papier à filtrer, avec lequel

([1]) *Annales de Chimie et de Physique*, 4ᵉ série, t. XXIX, p. 5 (1873), et *Journal de Physique*, t. V, p. 150 et 347; 1876.

on balaye la surface de la plaque. Lorsque celle-ci n'est pas trop chaude, elle exerce sur la graisse une assez grande adhérence pour que le papier y laisse un enduit uniforme très mince.

Le platine peut être chauffé au rouge sombre, bien que ce soit inutile. L'expérience finie, on lave la plaque au sulfure de carbone ou à l'éther.

M. Röntgen (¹) avait imaginé une autre méthode, également ingénieuse, de tracer les isothermes. Il couvrait la lame d'un dépôt de vapeur d'eau qui disparaissait sous l'action de la pointe chaude dans un rayon variable : pour rendre manifeste la courbe isotherme limitant la surface devenue sèche, le physicien allemand la saupoudrait de lycopode qui adhère sur le verre aux points où la buée a persisté et dessine les contours de la courbe d'une façon plus nette que le bourrelet qui se forme sur la graisse.

Fig. 39.

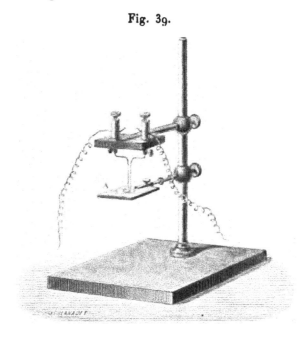

M. Jannettaz disposait ses lames sur un support spécial qui ne se rencontre pas généralement dans les laboratoires : on y suppléera sans peine par l'appareil représenté *fig.* 39; la

(¹) *Annales de Poggendorff*, t. CLI; 1874.

seule condition essentielle à réaliser est l'horizontalité de la plaque A. Il serait bon que le fil de platine traversât un écran à circulation d'eau pouvant empêcher les parties chaudes du fil de rayonner vers la plaque.

La mesure des axes des isothermes se fait sur la machine à diviser, à l'aide d'une disposition très heureuse et fort simple, inventée par P. Desains pour l'étude des anneaux colorés. La lame posée sur le chariot de la machine se déplace dans le champ d'une lunette fixe : l'opérateur compte le nombre de tours nécessaires pour amener sous la croisée des fils du viseur les extrémités de la longueur à mesurer.

En taillant dans un même cristal des plaques différemment inclinées par rapport aux axes de cristallisation, et en observant dans chaque cas la position des ellipses ou des cercles qui se dessinent sur les lames, on peut déterminer sans peine la forme des surfaces isothermes qu'on obtiendrait en échauffant la substance par un point intérieur.

Résultats.

Les axes des courbes sont proportionnels aux racines carrées des nombres qui mesurent les conductibilités de même direction ; il y a peu d'intérêt à déterminer des chiffres exacts, mais on trouve sans peine, dans l'observation de ces courbes, une caractéristique typique des espèces, capable de suppléer dans les matières opaques à l'absence des caractères optiques. La chaleur se conforme en effet, comme la lumière, à la symétrie générale de la cristallisation. Dans le système cubique, la surface isotherme est une sphère ; dans les systèmes quadratique et rhomboédrique, qui admettent un axe de symétrie, c'est un ellipsoïde de révolution autour de cet axe ; dans le système orthorhombique, un ellipsoïde à trois axes inégaux parallèles aux axes de cristallisation ; pour les deux autres systèmes, on ne peut rien affirmer *a priori*.

M. Röntgen a mesuré les longueurs d'axe suivantes sur deux quartz parallèles à l'axe :

	mm	mm
Grand axe de l'ellipse.........	2,693	3,236
Petit »	2,050	2,483
Rapport....................	1,313	1,303

La moyenne des expériences de de Senarmont avait donné 1,33.

M. Jannettaz a montré que le signe optique et le signe thermique concordent le plus généralement : ainsi la tourmaline, la dolomie, la giobertite, la sidérose et l'anatase se sont montrées négatives pour la lumière et la chaleur; le corindon, la chabasie, le quartz, le rutile ont été trouvés positifs dans les deux phénomènes; par contre, l'émeraude, l'apophyllite, l'apatite, le spath et l'idocrase ont fait exception.

En somme, sur 22 cristaux, il y avait quatorze fois coïncidence; M. von Lang n'en avait constaté que 7 sur 24. L'accord prédomine pour les cristaux négatifs, tandis qu'il est plus rare pour les cristaux positifs.

M. Jannettaz, ayant produit, par compression dans certains corps, une *schistosité* analogue à celle des ardoises, a constaté que la conductibilité augmentait dans le sens parallèle à cette schistosité et diminuait dans le sens perpendiculaire.

Le même physicien a formulé l'importante loi qui suit : *Les clivages les plus faciles sont parallèles aux axes les plus grands de conductibilité thermique.*

⚹ XXIX° MANIPULATION.

DÉTERMINATION DU RAPPORT DES CHALEURS SPÉCIFIQUES DE L'AIR, SOUS PRESSION CONSTANTE ET A VOLUME CONSTANT, ET MESURE DE L'ÉQUIVALENT MÉCANIQUE DE LA CHALEUR.

Théorie.

Ce rapport a été déterminé la première fois par Laplace, et puis plus tard par Gay-Lussac et Welter à l'aide d'une expérience de Clément et Desormes, qui est restée classique ([1]).

([1]) Le Mémoire de Clément et Desormes, paru en 1819, avait le titre suivant : *Détermination expérimentale du zéro absolu de chaleur et du calorique spécifique des gaz.* Ces savants n'ont pas compris l'importance théorique de la me-

Désignant par C_p et c_v les deux chaleurs spécifiques de l'air, on démontre en Thermodynamique ([1]) que

$$C_p - c_v = A p_0 v_0 \alpha = AR,$$

d'où

$$\frac{C_p}{c_v} = \gamma = 1 + \frac{p v \alpha}{J c_v (1 + \alpha t)};$$

p et v représentent la pression et le volume de l'unité de poids de l'air à t degrés, et J, l'équivalent mécanique de la chaleur.

Or, quel est le sens physique de cette expression

$$\frac{p v \alpha}{J c_v (1 + \alpha t)}?$$

C'est l'augmentation de température θ qui résulte d'une compression de l'unité de volume égale à $\dfrac{\alpha}{1 + \alpha t}$: θ ne se mesure pas directement, il est vrai, dans l'expérience de Clément et Desormes; mais, en comprimant de l'air, qui était primitivement à une tension $H - h'$, et en observant sa pression $H - h'$ après refroidissement, on est conduit à la relation connue

$$\theta = \frac{h''}{h' - h''};$$

γ est donc déterminé par cette expérience, puisque nous savons que

$$\gamma = 1 + \theta.$$

Enfin nous pouvons calculer J en fonction de C_p et de γ :

---

sure du rapport $\dfrac{C_p}{c_v}$ et ils ne se sont pas préoccupés d'en fixer la valeur. A Laplace revient l'honneur d'avoir interprété leur fameuse expérience, qui fut répétée quelque temps après par Gay-Lussac et Welter. Ce point d'histoire a été élucidé par M. Maneuvrier, dans une thèse brillante soutenue en Sorbonne, dans le courant de 1895.

([1]) Cf. : *Thermodynamique à l'usage des ingénieurs,* par A. Witz, p. 80; Paris, Gauthier-Villars et fils, et Masson, 1893.

nous aurons

$$J = \frac{R}{C_p - c_v} = \frac{R}{C_p - \dfrac{C_p}{\gamma}}.$$

Il viendra, pour l'air,

$$J = \frac{29,2851}{0,2377 - \dfrac{0,2377}{\gamma}}.$$

Description.

Gay-Lussac et Welter employaient, comme Clément et De-sormes, un ballon (*fig.* 40) de 80^{lit} de capacité environ, muni

Fig. 40.

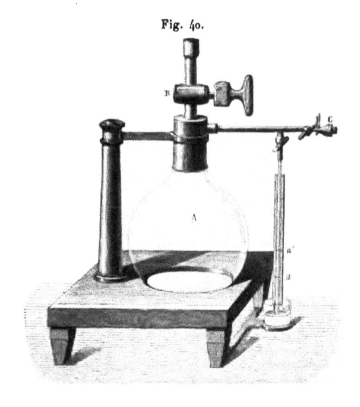

d'un large robinet B, à forte poignée et communiquant avec l'atmosphère.

Un manomètre à eau permettait de mesurer les pressions de l'air qu'on raréfiait en aspirant à la bouche par la tubu-lure *c*, pourvue d'un tuyau de caoutchouc.

Cet appareil a été modifié par divers expérimentateurs, et notamment par Regnault et Cazin ; mais on a conservé dans les laboratoires le modèle primitif de Clément et Desormes.

Le manomètre peut être garni d'eau ou d'huile d'amandes : on en mesure les hauteurs à l'aide d'une règle divisée, fixée derrière le tube ; l'emploi du cathétomètre n'est pas indiqué, mais on peut se servir d'un viseur pour éviter les erreurs de parallaxe.

La température des parois doit rester constante durant toute l'expérience : l'observateur se gardera donc d'appuyer les mains sur le ballon et il s'efforcera de le protéger de son mieux en l'entourant de serviettes parfaitement sèches, entre lesquelles il pourra étendre des feuilles de papier. Cazin opérait dans des caisses remplies de sciure de bois ; mais il est difficile de reproduire cette disposition dans une salle de manipulations.

Manuel opératoire.

1° Le ballon est rempli d'air sec quelques heures avant l'expérience.

2° On y fait un vide h' de $0^m,020$ de mercure correspondant à environ $0^m,300$ d'huile ou $0^m,270$ d'eau [1] et l'on relève aussitôt la pression barométrique H, qui doit rester invariable pendant les dix minutes que dure l'expérience.

3° Saisissant à pleine main le robinet B, l'opérateur l'ouvre vivement et le referme aussitôt. C'est pour un temps d'ouverture de $\frac{1}{5}$ à $\frac{1}{3}$ de seconde que la marche de l'expérience a paru à Regnault la plus régulière.

4° Il faut immédiatement observer le manomètre : la pression extérieure s'est établie dans l'enceinte au moment de l'ouverture du robinet ; mais une baisse rapide se produit sous l'action de la paroi, et le liquide remonte lentement jusqu'à une hauteur h''. On mesure h'' et l'on vérifie que le baromètre n'a pas varié.

[1] V. REGNAULT, *Sur la détente statique des gaz* (*Annales de Chimie et de Physique*, 4° série, t. XXIV, p. 342; 1871).

Résultats.

La méthode par compression, que nous venons d'employer, présente le grave inconvénient d'introduire dans le ballon de l'air humide à une température inconnue; il serait préférable d'opérer par détente sur de l'air qui fût d'abord à une pression $H + h'$ et enfin $H + h''$: on aurait, dans ce cas,

$$\theta = \frac{h''}{h' - h''} \frac{H + h'}{H + h''}.$$

On pourrait de la sorte opérer sur n'importe quel gaz; mais l'appareil classique n'est pas disposé pour cette expérience. Il faudrait le modifier; ainsi l'on pourrait mesurer la pression de l'air avant et après sa détente par un manomètre métallique d'une extrême sensibilité, comme l'a fait M. Röntgen ([1]).

Quelle que soit la méthode adoptée, cette expérience est toujours entachée d'une erreur sensible, signalée par Cazin; à l'ouverture du robinet B, le gaz renfermé dans le ballon est ébranlé et sa force élastique éprouve des oscillations d'assez grande amplitude, sur lesquelles le robinet se referme, sans que l'on sache si l'on se trouve dans une phase de compression ou de dépression. Les résultats sont donc viciés de ce chef et l'on ne peut atténuer cette cause d'erreur qu'en opérant sur un gaz très faiblement dilaté ou comprimé, dans lequel les ondes produites sont insensibles.

Les élèves atténueront cet inconvénient en répétant plusieurs fois l'expérience à de longs intervalles et en faisant la moyenne des résultats obtenus.

Observateurs.	Air.		
	θ.	γ.	J.
Clément et Desormes.....	0,348	1,348	480,1
Gay-Lussac et Welter....	0,375	1,375	452,6
Masson.................	0,419	1,419	418,6
Cazin	0,41	1,41	425,3
Röntgen...............	0,405	1,405	426,8
Maneuvrier.......	0,392	1,392	439,0

([1]) RÖNTGEN, *Annales de Poggendorff*, t. CXLVIII, p. 580; 1873.

La valeur la plus exacte de γ paraît être 1,41 pour l'air; elle conduit à la valeur de J qui est adoptée généralement ([1]).

XXX· MANIPULATION.

MESURE DE L'ÉQUIVALENT MÉCANIQUE DE LA CHALEUR PAR LA MÉTHODE DE M. PULUJ.

Théorie.

Le premier principe de la Thermodynamique peut être formulé dans les termes suivants :

« Toutes les fois qu'un corps produit ou subit un travail, il disparaît de la chaleur ou bien il en apparaît; et il existe un rapport unique et constant entre les quantités de travail et de chaleur qui dépendent les unes des autres. »

Pour démontrer cette équivalence des quantités de travail et de chaleur corrélatives, et déterminer la valeur du rapport reliant le travail au calorique, qui en est le prix, il faut instituer des expériences simples, ne mettant en présence que les éléments à comparer, se prêtant à des mesures précises, et n'imposant que peu de corrections ; c'est Hirn qui a énoncé ce programme. Il est nécessaire, d'ailleurs, que l'on évalue *tout* le travail dépensé et *toute* la chaleur produite.

Une des meilleures manières d'expérimenter est celle qu'a indiquée Joule dès le début de ses travaux, mais qu'il n'a appliquée que plus tard, en 1878; ce savant faisait frotter l'une sur l'autre deux pièces coniques en fer, immergées dans un calorimètre à mercure, dont on mesurait l'élévation de température. Une des pièces était mobile, mais on la maintenait en place à la façon du frein dynamométrique de Prony, ce qui permettait de mesurer le travail avec une grande précision. Cette méthode a depuis lors été employée par

---

([1]) La valeur de γ se détermine aussi indirectement par la mesure de la vitesse du son ; les expériences de Regnault conduisent à la valeur 1,394 et celles de Moll et Van Beek à 1,408.

MM. Puluj et Rowland ; c'est le dispositif de M. Puluj, modifié par M. Sahulka, que nous emploierons ([1]).

Les conditions de cette expérience sont réglées de telle sorte que l'on opère à température stationnaire, le calorique développé par le frottement étant entièrement rayonné au dehors ; l'équilibre entre le gain et la perte une fois établi, le calorimètre garde une température déterminée qu'il est facile d'observer.

Si nous appelons t cette température et θ celle du milieu ambiant, si M est la masse en eau de l'appareil et H le coefficient de conductibilité extérieure, la chaleur Q rayonnée dans l'unité de temps est égale à $MH(t - \theta)$.

Soient N le nombre de tours de la pièce frottante dans l'unité de temps adoptée ; L la longueur du bras de levier du frein ; P le poids attaché à ce levier et φ l'angle fait par son axe avec sa position d'équilibre, normale à la direction du fil ; le travail $\mathfrak{E}$ développé a pour expression $2\pi NLP \cos\varphi$. Nous aurons donc

$$\mathfrak{E} = JQ,$$
$$2\pi NLP \cos\varphi = JMH(t - \theta);$$

on en tire la valeur de l'équivalent mécanique de la chaleur J.

Les unités généralement employées sont : la seconde pour le temps, la calorie pour la chaleur et le kilogrammètre pour le travail. En conséquence, on rapportera H et N à la seconde, L au mètre, M et P au kilogramme ([2]).

Un certain nombre d'expériences est nécessaire pour calculer une valeur moyenne de J et établir le degré d'approximation réalisé.

On sait ([3]) que les erreurs d'observation sont de deux espèces : les unes *constantes* se reproduisent dans toutes les opérations semblables. Telles seraient, dans le cas présent, les erreurs ayant pour cause une fausse mesure de L, de M

([1]) *Annales de Wiedemann*, t. XLI, p. 748; 1890.

([2]) Comme les deux valeurs de M et de P figurent dans les deux membres de l'équation, on peut, sans inconvénient, les ramener toutes deux au gramme, pour abréger les calculs.

([3]) *Voir* nos *Exercices de Physique et applications*, p. 8 et suiv.; Paris, Gauthier-Villars et fils, 1889.

ou de H. Les erreurs de ce genre entachent toute la série des essais et ne peuvent être corrigées par le calcul; tous les soins du physicien doivent tendre à les supprimer en redoublant de soins dans la préparation de l'expérience et dans la mesure des constantes.

Mais il y a d'autres erreurs appelées *accidentelles* qui se produisent tantôt dans un sens, tantôt dans un autre; celles-ci sont inévitables et ne suivent aucune règle. Elles proviennent d'un pointé inexact, d'une lecture incorrecte, d'un procédé d'observation imparfait, d'un dérangement instantané des instruments de mesure, d'un accident fortuit en un mot. Dans notre expérience, elles porteraient sur le relevé de N, de P, de φ ou de $t - \theta$.

Or il est possible de tenir compte de ces erreurs et d'en corriger les résultats d'une expérience, en recourant à certaines formules du Calcul des probabilités.

Les physiciens en font couramment usage, et il faut reconnaître qu'on peut en tirer un excellent parti. Les formules, le plus généralement adoptées par eux, reposent sur les considérations qui suivent.

En répétant les observations, on obtient des résultats dont la moyenne s'approche indéfiniment de la valeur véritable. Si donc n représente un très grand nombre, la moyenne M de n observations pourra être regardée comme une valeur très approchée de la quantité qu'on mesure. Appelons δ les différences positives et négatives entre M et les diverses valeurs observées et faisons la somme $\Sigma\delta^2$ des carrés de ces différences. L'erreur de la moyenne M est égale à

$$\pm \sqrt{\frac{\Sigma\delta^2}{n^2}},$$

et l'erreur probable est égale à

$$\pm 0,6745 \sqrt{\frac{\Sigma\delta^2}{n^2}}.$$

Ces formules sont d'une application facile et elles ont le grand avantage d'indiquer le nombre de chiffres significatifs exacts qu'on peut calculer dans une moyenne.

Description.

Sur un axe vertical de rotation AB (*fig.* 41) est fixé un vase en fer, de forme conique C, dans lequel s'engage un second cône D parfaitement concentrique, frottant contre la paroi interne du premier.

Le cône extérieur C tourne avec l'axe AB, sous l'action d'un cordon *ab* enroulé sur une poulie à gorge; D est en-

Fig. 41.

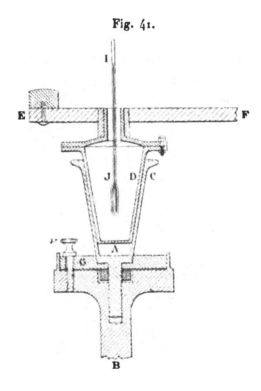

traîné par le frottement, mais retenu par l'action d'un poids P tirant sur un fil attaché à l'extrémité du levier EF (*fig.* 42).

Le nombre de tours effectués par l'arbre est mesuré par un compte–tours automatique avec embrayage à volonté ou par un compteur à main, appliqué contre le bout inférieur de l'axe de rotation vertical.

Le mercure, qui remplit le calorimètre D, recueille, en vertu de sa grande conductibilité, le calorique dégagé; on mesure sa température *t* par le thermomètre IJ.

L'appareil monté est figuré dans son ensemble dans la perspective de la *fig.* 42 ; on voit de quelle manière le poids P opère sur le levier du frein.

Les dimensions du cône, dont s'est servi **M.** Sahulka, sont fort réduites ; il a 20^{mm} de diamètre à la base, 40^{mm} au sommet et environ 60^{mm} de hauteur. Il renferme moins de 300^{gr} de mercure et ne pèse lui-même que 47^{gr}. Quant à la lon-

Fig. 42.

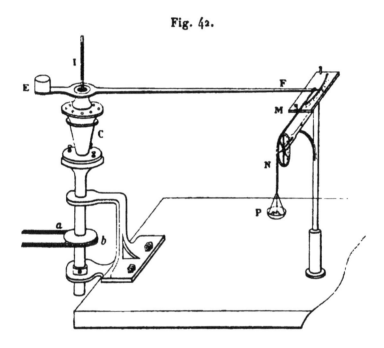

gueur du bras de levier, elle n'est que de 31^{cm}. L'appareil est en somme de petites dimensions.

Nous croyons utile d'insister sur quelques détails de construction.

L'axe de rotation porte à sa partie supérieure un épanouissement cylindrique, formant une boîte au fond de laquelle est fixé, par un fort boulon, le vase extérieur ; pour assurer cet assemblage et permettre, d'autre part, un centrage parfait du cône, celui-ci est assujetti sur un disque d'ébonite **G**, remplissant la boîte et serré sur le fond par trois vis de réglage.

Le cône intérieur, constituant le calorimètre, est fermé au bas et il ne pénètre pas jusqu'au fond du cône extérieur ; il le dépasse légèrement par le haut. Un couvercle terminé par un col étroit le surmonte et sert de point d'appui au levier de frein ; un anneau d'ébonite H enserre le col et assure son isolement thermique. Le levier est d'ailleurs lui-même un mauvais conducteur ; on le fait en bois.

A l'extrémité de ce levier est attaché un fil souple et résistant, qui passe sur une poulie de renvoi N et porte le poids P. Les excursions du levier sont limitées par deux arrêts implantés sur une planchette horizontale, laquelle porte d'ailleurs un limbe gradué permettant de lire l'angle φ formé par l'axe du levier avec sa position moyenne d'équilibre.

Un thermomètre sensible, marquant le $\frac{1}{5}$ de degré, donne la température du mercure remplissant le cône intérieur ; on peut y adjoindre un agitateur, pour mieux mélanger les couches du liquide et augmenter la précision des lectures de température.

L'axe de rotation doit faire de 300 à 400 révolutions par minute ; on peut le commander à la main, en agissant sur un volant lourd, dans la gorge duquel passe le cordon de transmission ; c'est ainsi qu'opérait M. Sahulka. Mais nous trouvons préférable d'actionner l'appareil par un petit moteur électrique, dont on gouverne plus facilement la vitesse et qui supprime les à-coups inévitables à la traversée des points morts d'une manivelle tournée à la main.

Le rodage des cônes l'un sur l'autre doit être parfait, de manière à fournir un frottement doux et régulier ; cette condition est indispensable au bon fonctionnement du frein de Prony, qui mesure le travail. On adoucit, du reste, le frottement en saupoudrant de plombagine les surfaces en contact.

Manuel opératoire.

1° On vérifie le centrage des cônes en s'assurant que leur rotation ne produit que de très légers mouvements verticaux du levier du frein ; on doit chercher, du reste, à supprimer entièrement ces mouvements, en agissant sur les vis v.

2° On chauffe du mercure à une température supérieure d'environ 40° à celle de l'air de la salle dans laquelle l'expérience sera effectuée, et on le verse dans le cône intérieur ; puis, on met l'appareil en mouvement. Il faut que, sous une charge P, le levier prenne une position d'équilibre, de laquelle il s'écarte de quelques degrés à peine dans ses oscillations. La température du mercure commence d'abord à baisser, mais elle s'arrête bientôt à une valeur stationnaire. L'opérateur peut, dès lors, procéder aux diverses lectures qu'il doit faire.

3° Un compteur de tours est appliqué pendant une minute sur la partie inférieure de l'axe de rotation et l'on relève à la fois le nombre N de révolutions par seconde, le poids P appliqué au frein, l'angle moyen φ, la température constante du mercure t et celle de la salle θ : cette dernière se mesure au thermomètre-fronde. Un essai ne sera considéré comme acceptable que si ces diverses grandeurs gardent des valeurs constantes durant la minute pendant laquelle l'opération a été effectuée.

Si l'on constate que le levier est entraîné, on accélérera la rotation; si, au contraire, c'est le poids qui devient prépondérant, il convient de ralentir le mouvement.

A la suite d'un essai prolongé, le frottement augmente et il y a lieu de faire croître parallèlement la charge du frein.

Il convient de faire au moins dix expériences.

4° On procède enfin à la mesure des constantes.

La longueur L s'estime au millimètre, si possible au dixième de millimètre.

Le poids P se compose du poids du fil qui pend verticalement, du plateau de balance et des poids marqués qu'il renferme; on fait les pesées au milligramme.

Pour déterminer le coefficient H de conductibilité extérieure, on démonte le levier et, laissant tout le reste de l'appareil en état, on lui imprime une vitesse de rotation égale à celle qui a été maintenue au cours de l'expérience; le cône intérieur est ainsi entraîné sans frottement et la température baisse rapidement. On observe cette chute de température pendant un intervalle de temps déterminé, et l'on note les valeurs successives de t, ainsi que la valeur simultanée de θ. Si la température du mercure passe de t_1 à t_2 en m secondes, on aura

$$H = \frac{t_1 - t_2}{m\left(\dfrac{t_1 + t_2}{2} - \theta\right)}.$$

Cette valeur de H se modifie avec la vitesse de rotation ([1]); il faut donc procéder à cette mesure en tournant à une vitesse égale à celle de l'essai. D'autre part, on répétera l'expérience pour une série de valeurs de t_1 et de t_2 encadrant la température t de l'essai complet.

On pèse enfin les cônes et le mercure pour les évaluer en eau; quant au thermomètre, on calcule généralement sa valeur en eau par les poids du verre et du mercure indiqués par le constructeur, ainsi qu'il a été dit pour les manipulations précédentes ([2]).

Une dernière observation est à faire : quand le fil du frein est chargé d'un poids P, l'axe de rotation de la poulie se trouve pressé dans ses coussinets par une force égale à $\sqrt{2P}$, qui a pour effet de paralyser ses mouvements et d'absorber une partie de l'effort exercé sur le levier de frein. Cet effet n'est pas négligeable; on l'évalue en jetant un fil sur la poulie, comme sur une poulie de machine d'Atwood, en chargeant chaque brin par un poids $\dfrac{\sqrt{2P}}{2}$ et en cherchant quelle surcharge π il faut ajouter d'un côté pour faire tourner la poulie.

Toutes les déterminations dont il vient d'être question doivent être faites avec une grande précision, sinon la valeur de J ne saurait être obtenue exactement.

Résultats.

Nous extrayons d'un Mémoire de M. Sahulka les chiffres suivants :

Longueur L du bras de levier, $L = 0^m, 3142$.

Poids du plateau et du fil vertical........	$8^{gr},354$
Valeur de la réaction π à déduire........	$0,350$ ([3])
Reste....	$8,004$

([1]) Les recherches de M. Violle, ayant pour objet de déterminer la valeur de l'équivalent mécanique de la chaleur par l'expérience de Foucault, ont établi que H est proportionnel à la vitesse de rotation.

([2]) *Voir* la XXI° Manipulation de notre *Cours élémentaire de Manipulations*, page 105, et la XX° Manipulation du présent ouvrage, page 94.

([3]) Dans l'appareil de M. Puluj, la valeur de π a atteint $0^{gr},700$ (*Annales de Poggendorff*, t. CLVII, p. 430; 1876).

Poids des cônes en fer................ 47,023^{gr}

Poids du mercure.................... 290,430

Valeur en eau : 47,023 × 0,1184 + 290,43 × 0,0333 = 15^{gr},2446

Valeur en eau du thermomètre........... .... 0^{gr},4417

$$M = 0^{kg},0156863.$$

N^{os} de l'expé-rience.	NOMBRE de tours N.	CHARGE nette P.	φ.	TEMPÉ-RATURE station-naire t.	TEMPÉ-RATURE de l'air θ.	t — θ.	H.	J.
1....	395	25,004^{gr}	11°	58,21°	21,5°	36,71	0,001299	426,47
2....	368	26,004	10	58,41	21,5	36,91	269	422,18
3....	374	26,004	6	58,61	21,5	37,11	276	428,31
4....	371	26,004	2	58,71	21,5	37,21	274	426,72
5....	357	26,504	3	58,82	21,5	37,32	259	421,96
6....	341	28,004	8,5	58,61	21,5	37,11	239	430,72
7....	341	28,004	7	58,82	21,5	37,32	241	429,37
8....	337	28,004	6	58,82	21,5	37,32	236	426,73
9....	339	28,504	9	58,92	21,5	37,42	239	431,79
10....	320	29,004	10	58,61	21,5	37,11	216	424,94

La moyenne arithmétique de ces dix essais est égale à 426,919.

Le Tableau suivant donne les différences δ entre les diverses valeurs de J calculées ainsi que les carrés δ^2, nécessaires à l'évaluation de l'erreur moyenne et de l'erreur probable.

N^{os}.	J.	δ^2.	δ.
1....	426,47	—0,449	0,20161
2..........	422,18	—4,739	22,45812
3...	428,31	+1,391	1,93488
4..........	426,72	—0,199	0,03960
5..........	421,96	—4,959	24,59167
6..........	430,72	+3,801	14,44600
7..........	429,37	—2,451	6,00740
8..........	426,73	—0,189	0,00357
9..........	431,79	+4,871	23,72660
10..........	424,94	—1,979	3,91644

$$\Sigma \delta^2 = 97,32195$$

L'erreur de la moyenne 426,919 est donc égale à

$$\sqrt{\frac{\Sigma\,\delta^2}{n^2}} = \sqrt{\frac{97,32195}{100}} = E = \pm\,0,987$$

et l'erreur probable sera représentée par

$$0,6745\,E = \pm\,0,666.$$

L'erreur peut être considérée comme positive; en effet, des expériences analogues ont conduit Joule à 426,1, Puluj à 425,2, Rowland à 425,6, Miculescu à 426,7 [1]; la moyenne de toutes les expériences de M. Sahulka a donné 426,26.

---

[1] *Voir* notre *Thermodynamique à l'usage des ingénieurs,* page 22.

CHAPITRE II.

ÉLECTRICITÉ ET MAGNÉTISME.

XXXI· MANIPULATION.

MESURE DES QUANTITÉS ET DES POTENTIELS ÉLECTROSTATIQUES.

Théorie.

L'unité de quantité électrostatique est la quantité d'électricité qui, à 1^{cm} de distance, repousse avec la force d'une dyne une quantité égale d'électricité de la même espèce; la loi de Coulomb donne, pour la force répulsive F qui s'exerce entre deux masses égales à m à la distance d,

$$F = \frac{m^2}{d^2},$$

d'où

$$m = d F^{\frac{1}{2}} = L^{\frac{3}{2}} M^{\frac{1}{2}} T^{-1}.$$

L'unité de potentiel est le potentiel produit par l'unité d'électricité à une distance de 1^{cm}; d'autre part, il faut charger de l'unité de quantité un conducteur ayant une capacité égale à l'unité pour le porter au potentiel un : rappelons enfin que les dimensions du potentiel sont

$$V = L^{\frac{1}{2}} M^{\frac{1}{2}} T^{-1}.$$

La charge m d'un conducteur mis en communication avec une source au potentiel V est égale à CV; pour une sphère de rayon r, on a $m = r V$.

La balance de Coulomb est un électromètre de répulsion qui se prête bien à la mesure des quantités électriques en valeur absolue; en effet, en faisant agir sur une aiguille électrisée mobile une force antagoniste qui la maintienne en équilibre à une certaine distance, malgré la répulsion d'un second corps électrisé fixe, on évalue cette répulsion et l'on en déduit les quantités elles-mêmes.

Si les boules sont assez éloignées l'une de l'autre pour qu'on puisse n'introduire dans le calcul que la distance de leurs centres et si leurs charges sont égales, on a

$$m^2 = 4 \, \mathrm{LC(T)} \sin \frac{\alpha}{2} \, \mathrm{tang} \, \frac{\alpha}{2}.$$

Toutes les grandeurs que renferme le second membre de cette égalité peuvent être déterminées directement : L est le rayon de l'aiguille mobile, C le moment du couple de torsion du fil pour un angle égal à l'unité, α la distance angulaire des deux boules et T l'angle dont le fil a été tordu pour équilibrer la force répulsive des masses en présence ([1]).

Le potentiel V des boules en présence, de rayon r, est sensiblement égal à $\dfrac{m}{r}$; on a donc

$$V^2 = \frac{4 \, \mathrm{LC}}{r^2} \, \mathrm{(T)} \sin \frac{\alpha}{2} \, \mathrm{tang} \, \frac{\alpha}{2};$$

C doit être déterminé à part. A cet effet, on remplace le levier de la balance par un gros fil cylindrique de cuivre et on le fait osciller : c'est un pendule composé pour lequel on peut écrire

$$t = \pi \sqrt{\frac{\mathrm{K}}{\mathrm{C}}}.$$

Or le moment d'inertie du fil K est égal à $\dfrac{p l^2}{3}$, p étant son

---

([1]) On écrit quelquefois $(t + \alpha)$ au lieu de T, t exprimant l'angle dont on a tourné le micromètre supérieur; mais, sous cette forme, l'équation est moins générale, ainsi qu'on le verra par la suite de cette manipulation.

poids, l sa demi-longueur, le tout exprimé en unités C.G.S :
on en déduit

$$C = \pi^2 \frac{pl^2}{3\,t^2}.$$

Il n'est pas inutile de faire observer au lecteur que l'angle
de torsion T est évalué en degrés ; il faudra donc multiplier sa
valeur par le facteur $\frac{2\pi}{360}$ pour la réduire en parties du rayon ;
le moment du couple C est relatif à l'arc de $57°\,17'\,44'',8$, c'est-
à-dire à l'arc égal au rayon, dit le *radian*.

On écrira, par conséquent,

$$V^2 = \frac{\pi}{45}\,\frac{CL}{r^2}\,(T)\sin\frac{\alpha}{2}\,\tang\frac{\alpha}{2}.$$

Pour mesurer le potentiel d'une source, on maintient les
deux boules en communication avec elle, afin d'éviter toute
déperdition : le potentiel est dès lors constant.

Nous appliquerons cette méthode à l'étude de la différence
de potentiel aux pôles d'une pile [1] et à la mesure du potentiel d'un conducteur quelconque.

Description.

M. Branly a augmenté la sensibilité et la précision de la
balance de Coulomb, en fixant sur le prolongement du fil un
miroir concave dans lequel il observait, à l'aide d'une lunette,
l'image réfléchie d'une règle divisée extérieure, selon la méthode de Poggendorff.

La balance doit être placée dans une cage cubique fermée
par des glaces planes à faces rigoureusement parallèles, pour
éviter les erreurs de parallaxe : on donne à cette cage de
grandes dimensions dans le but d'éliminer l'influence des parois, si possible.

Le tambour micrométrique doit être commandé par une
vis tangente, qui permet de faire varier graduellement la torsion, tout en se prêtant à un débrayage rapide.

---

[1] Branly, *Annales de l'École Normale supérieure*, 2e série, t. II, p. 215.
1873, et *Traité d'Électricité statique*, par M. Mascart, t. I, p. 390; 1875.

Dans les expériences de M. Branly, la boule mobile, portée par une tige métallique très mince, communiquait par le fil de torsion lui-même avec la boule fixe par l'intermédiaire d'un conducteur; les deux sphères étaient reliées de la sorte au pôle positif d'une pile isolée dont l'autre pôle était à la Terre, et, par conséquent, au potentiel zéro.

Les boules se font en liége tourné, qu'on dore à la surface : on leur donne 0^{cm},6 à 1^{cm} de diamètre; le rayon de la circonférence décrite par la boule mobile est ordinairement de 10^{cm} à 15^{cm}.

Pour fil de torsion on emploie un fil d'argent, de cuivre recuit ou de laiton d'au plus $\frac{1}{15}$ de millimètre de diamètre ([1]).

On lui donne une longueur d'au moins 76^{cm} : une force de $\frac{1}{7}$ de dyne appliquée à l'extrémité de l'aiguille produit une torsion de 360°.

Il faut maintenir dans l'expérience les boules à grande distance, pour que leur potentiel V ne dépende que de la charge qu'elles possèdent et soit égal à $\frac{m}{r}$: il en résulte que l'on ne peut mesurer que des potentiels élevés.

Le conducteur qui relie le pôle de la pile à l'instrument doit être long et fin : on opère sur 150 ou 200 couples, de petite dimension, qu'on peut sans difficulté disposer sur la

Fig. 43.

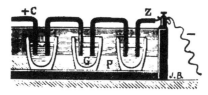

table même où l'on travaille. Pour assurer l'isolement de la pile, on monte les vases en couronne sur un plateau de caoutchouc ou bien on les noie par leur base dans la gomme laque ou la paraffine (*fig.* 43).

([1]) Les fils de verre ou de quartz filé ne peuvent être employés dans cette expérience, car les deux boules doivent être reliées entre elles par le fil même de suspension et sans qu'elles se touchent : or, les fils de verre ou de quartz sont des isolants parfaits.

M. Angot a proposé de couler sur une planchette de bois
une légère couche de soufre, puis, les vases étant rangés par
ordre, de les fixer par de la paraffine; ce corps, fusible à 60°,
est d'un maniement facile, et de plus il jouit de la propriété
des corps gras. L'eau ne s'y étale pas, mais elle reste en
globules qu'on peut enlever avec une pipette, de sorte que les
éléments restent isolés, alors même qu'en les montant on aurait laissé tomber un peu de liquide entre eux.

La dimension des éléments est indifférente au résultat : on
peut la réduire à volonté.

Manuel opératoire.

1° Les constantes de l'instrument sont à déterminer d'a-
bord : on mesurera donc le diamètre des boules et la distance
de leur centre au fil de suspension; la valeur de C se déduira
de la durée t des oscillations simples exécutées par un gros
fil de cuivre, de longueur l, de poids p, suspendu par son milieu au fil de torsion. Pour ce qui est de cette dernière détermination, nous prions le lecteur de se reporter à la Ve manipulation de notre *Cours élémentaire de Manipulations*,
pages 32 et suivantes. On peut aisément évaluer t au $\frac{1}{100}$ de
seconde.

2° Les deux boules de la balance sont alors amenées à
environ 4^{cm} l'une de l'autre ([1]), sans qu'il y ait torsion du
fil : la distance angulaire correspondante est d'environ 20°
pour les dimensions moyennes de l'instrument. La position
de la boule mobile est soigneusement observée et repérée
sur la mire, les boules étant reliées entre elles et avec le
sol.

3° La pile ayant été montée quelque temps à l'avance, on
relie son pôle négatif à la Terre par l'intermédiaire des con-
duites d'eau ou de gaz, et le pôle positif à la balance. Les
boules sont repoussées.

4° On tord le fil par le micromètre supérieur d'un angle

([1]) La distance des centres des boules doit toujours être supérieure à 4 diamètres.

suffisant pour ramener la boule mobile à sa position première : on y parvient facilement à quelques minutes près, qu'il est toujours nécessaire d'ajouter à la torsion totale T, ou d'en retrancher, suivant que la boule est restée au delà ou en deçà de sa position initiale.

5° Les boules ayant été déchargées et le micromètre supérieur ramené dans sa direction première, la boule mobile doit revenir au premier repère.

S'il s'agit de mesurer le potentiel d'un conducteur électrisé, on le relie par un fil long et fin, soigneusement isolé, avec le système des boules. Le conducteur sera placé à 4ᵐ au moins de la balance, pour diminuer son influence. M. Branly a trouvé commode, pour la réalisation de cette expérience, de disposer extérieurement à la cage un petit disque de métal communiquant avec les boules et facilitant les prises de contact. Lorsque l'air de la cage est bien sec et que le disque est rigoureusement isolé, on constate que la déperdition est assez lente pour permettre de procéder à une bonne observation.

Résultats.

Cette méthode ne conduit pas à des nombres rigoureusement exacts, parce que les boules sont toujours trop rapprochées pour qu'on puisse négliger leur influence réciproque ; en évitant, comme nous l'avons indiqué, de placer les boules en contact au début de l'expérience, on réduit cette cause d'erreur, mais on ne la supprime pas.

La balance possède, sur les autres instruments, l'avantage de permettre de mesurer les forces et de les évaluer immédiatement en dynes.

La mesure de la différence de potentiel aux pôles d'une pile présente un grand intérêt ; bien que ce procédé ne soit pas d'un emploi courant, il constitue néanmoins un excellent exercice.

Le calcul suivant, dont les données ont été fournies par une pile zinc-cuivre et eau naturelle de 50 éléments, pourra servir de type aux jeunes physiciens ; mais ils ne demanderont pas au résultat final l'exactitude rigoureuse qu'une seule expérience ne peut guère fournir.

1° Détermination de C.

Demi-longueur du fil de cuivre................ 2^{cm},
Poids................................. .... 2^{gr},8
Durée d'une oscillation........... .... 5^s,3

$$C = \frac{\overline{3,1416}^2.\overline{2,8}.\overline{2,7}^2}{3.\overline{5,3}^2} = 12,2226.$$

2° Mesures des constantes.

Longueur de l'aiguille, du centre de la sphère à
l'axe d'oscillation........................... 10^{cm}
Rayon des boules............................. 0^{cm},7

3° Détermination de V.

Angle de torsion totale T... .... $18°35'$
Distance angulaire α........................ $14°30'$

L'angle primitif d'écart était moindre que 6' : la torsion est par conséquent égale à 18°41', soit 18°,68.

Nous aurons donc

$$V^2 = \frac{3,1416.10,226}{45.\overline{0,72}^2} 18,68 \sin 7°15' \tang 7°15';$$

$$V = 0,1916.$$

La différence de potentiel entre les bornes d'un seul élément sera égale à

$$\frac{0,1916}{50} = 0,0038 \text{ UES}.$$

Nous représentons par UES l'unité électrostatique de potentiel ([1]).

M. Branly a trouvé les valeurs suivantes pour quelques couples usuels :

Zinc-eau naturelle-cuivre............... 0,0039   UES
Zinc-eau naturelle-platine............. 0,0044   »

([1]) On sait que l'unité électrostatique de potentiel vaut $3 \times \overline{10}^2$ volts.

D'après M. Angot on aurait aussi :

Zinc amalgamé-eau-cuivre.............. 0,0043 UES

Zinc amalgamé-eau-platine............. 0,0050 »

Lord Kelvin, ayant mesuré la différence de potentiel aux bornes d'une pile de Daniell, par son électromètre absolu, a indiqué la valeur 0,0038; les chiffres ci-dessus paraissent donc un peu forts, ce qui paraît provenir de ce qu'on n'a pas tenu compte de la répulsion exercée entre les tiges supportant les boules; le nombre de Lord Kelvin est lui-même déjà maximum, puisqu'il correspond à $0,00378 \times 3 \times 10^{-2} = 1,134$ volt.

Une machine de Ramsden donne 200 unités électrostatiques de potentiel; la machine de Holtz produit plus de 500 unités.

✓ XXXII° MANIPULATION.

MESURES DES CAPACITÉS ÉLECTROSTATIQUES DES CONDUCTEURS ET DES CONDENSATEURS.

Théorie.

La capacité électrostatique d'une sphère est représentée par le même nombre que son rayon, le centimètre étant pris pour unité.

La capacité d'un cylindre ouvert, de grande longueur, de rayon R et de hauteur H, est donnée par la formule

$$C = \frac{H}{2 \operatorname{Log} \dfrac{H}{R}}.$$

Si le cylindre est fermé, sa capacité peut être calculée par la formule empirique de M. Angot,

$$C = \frac{2R}{\pi} + \frac{H}{2 \operatorname{Log} \left(A + \dfrac{H}{R} \right)},$$

dans laquelle A est une constante à déterminer par expérience.

Toutefois, la capacité électrique d'un conducteur dépend non seulement de sa forme, mais encore de la forme et de la position de tous ceux qui l'entourent : ce n'est donc point, comme la capacité calorifique avec laquelle elle présente de nombreuses analogies, une constante fixe pour un corps considéré. Cette remarque est de la plus haute importance : l'influence des corps environnants et des murs de la salle dans laquelle on opère n'est donc jamais négligeable. Cependant nous ne tiendrons pas compte de cette cause d'erreur au début de cette étude.

Un condensateur sphérique à lame d'air, dont l'armature intérieure a un rayon R et dont l'épaisseur de la couche d'air est e, a une capacité

$$C = \frac{R^2}{e} = \frac{S}{4\pi e}.$$

Cette formule s'applique encore à un condensateur dont les deux armatures sont des surfaces planes.

Pour deux cylindres concentriques, de rayons R et R' et de hauteur H, on aura

$$C = \frac{H}{2\,\mathrm{Log}\,\dfrac{R'}{R}} = \frac{H}{2\,\mathrm{Log}\left(1 + \dfrac{e}{R}\right)} = \frac{S}{4\pi e}.$$

L'expression $\dfrac{S}{4\pi e}$ peut enfin s'appliquer à tout condensateur, pourvu que l'épaisseur e soit négligeable et constante ; mais ce n'est qu'une valeur approximative.

L'électromètre à quadrants permet de déterminer très simplement la capacité d'un conducteur ou d'un condensateur. La méthode consiste à suspendre une aiguille au potentiel **V** entre quatre secteurs réunis en croix deux à deux et maintenus à des potentiels égaux, mais de signes contraires : l'aiguille est déviée d'un angle δ_0. On sait que, dans ces conditions, la déviation est proportionnelle au potentiel V de l'aiguille. Appelant E la capacité de l'aiguille et Q sa charge, nous pouvons donc écrire

$$Q = VE = K\delta_0.$$

Pour mesurer E, chargeons une sphère de rayon R (donc de capacité R), de manière à l'amener au même niveau de potentiel V ; puis, mettons-la en communication lointaine avec l'aiguille préalablement déchargée et ramenée au zéro. La sphère et l'aiguille se mettent au même niveau de potentiel V et l'on observe une déviation δ_1.

On a, en exprimant que la sphère perd ce que l'aiguille gagne,

$$(V - V_1)\,R = V_1 E = K\delta_1,$$

d'où

$$K\delta_1 = \frac{VRE}{R + E},$$

et finalement

$$E = R\,\frac{\delta_0 - \delta_1}{\delta_1}.$$

Connaissant E, on emploie la même méthode pour déterminer la capacité C d'un conducteur quelconque : δ_2 étant la déviation correspondant à δ_1, on peut donc écrire comme ci-dessus :

$$VE = K\delta_0,$$

$$(V - V_2)\,C = V_2 E = K\delta_2,$$

$$K\delta_2 = \frac{VCE}{E + C},$$

$$C = E\,\frac{\delta_2}{\delta_2 - \delta_0}.$$

Ce procédé est dû à M. Angot [1].

Description.

On peut employer, pour la détermination qui fait l'objet de cet exercice, les électromètres de Lord Kelvin (Sir W. Thomson), de Branly, de Mascart ou de Curie.

Nous supposerons qu'on dispose de l'électromètre de M. Branly, avec lequel nos élèves font d'excellentes déterminations.

---

[1] *Annales de l'École Normale supérieure*, 2⁰ série, t. III, p. 268; 1874.

Cet appareil ([1]) est une forme simplifiée de l'électromètre à quadrants de Lord Kelvin : il est représenté *fig.* 44, tel que le construit la maison Bourbouze.

Fig. 44.

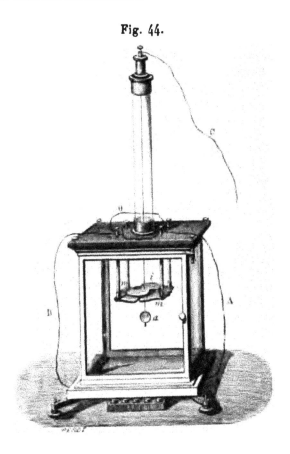

Quatre secteurs plats, *m* et *n*, remplacent les quadrants creux : une aiguille d'aluminium très légère, en forme de 8, est suspendue entre eux par un fil d'argent. Un miroir *a* est rattaché à l'aiguille par une petite tige verticale : le tout est renfermé dans une cage carrée en glaces, surmontée d'un tube de verre, sur lequel s'adapte le tambour qui porte le fil de torsion.

Pour les expériences, on réunit les secteurs deux à deux en diagonale et on leur donne des charges égales et de signes contraires, en faisant communiquer chaque paire avec le pôle

---

([1]) *Annales de l'École Normale supérieure*, 2ᵉ série, t. II, p. 215; 1873.

d'une pile isolée parfaitement constante dont le milieu communique avec le sol; quant à l'aiguille, elle est reliée par le fil C avec le corps que l'on étudie. Les déviations se mesurent par la méthode de la réflexion : le miroir a est concave et la règle divisée est placée en son centre de courbure, ce qui donne une image réfléchie très nette, qu'on reçoit sur une échelle micrométrique en verre. Ce micromètre peut même être fixé sur la cage, si l'on veut soustraire l'image aux influences perturbatrices des glaces.

Pour amortir les oscillations de l'aiguille, M. Angot fixe au-dessous du miroir une petite lame de platine, qu'il fait plonger dans l'acide sulfurique : elle doit être entièrement immergée, sinon il se formerait le long de la ligne de contact un ménisque qui changerait de forme pendant le mouvement et pourrait entraîner l'aiguille. La présence de l'acide a en outre l'avantage de dessécher l'air de la cage.

La pile employée pour la charge est formée de petits éléments zinc-cuivre-eau ou zinc-platine-eau qu'on réunit en série au nombre de 5o ou de 100 éléments : une pile de 100 éléments forme un carré de $o^m, 3oo$ de côté environ; on peut la disposer en dessous de l'électromètre, comme l'indique la figure.

Chaque godet contient au plus 5^{gr} d'eau : pour éviter l'évaporation, on verse à la surface une légère couche d'huile, et dans ces conditions une pile peut fonctionner plusieurs mois sans qu'il soit nécessaire d'y toucher. Mais son potentiel n'est point comparable à celui que fournit le *replenisher* de l'électromètre de Thomson et il n'est point aussi constant, car il subit l'influence du temps et de la température. Toutefois il est juste de reconnaître que ces variations sont absolument négligeables dans une série d'expériences comparatives telles que celles qui ont pour objet de mesurer des différences de potentiel ou des capacités électriques.

En changeant le fil de torsion et en élevant ou abaissant l'aiguille, on modifie la sensibilité de l'électromètre de M. Branly : ces éléments seront donc maintenus invariables dans le cours d'une expérience.

Les conducteurs doivent être soigneusement isolés pour éviter toute déperdition; on emploie commodément, à cet effet, des supports en paraffine, que les fils traversent, ou sur lesquels ils reposent. M. Mascart a utilisé des isolateurs en verre, en forme de carafe, renfermant de l'acide sulfurique concentré, qui assure la siccité de la tige et son parfait isolement : ces appareils sont destinés à être posés ou suspendus. Nous préférons la disposition des seconds, qu'on accroche au plafond par une corde et qui

Fig. 45.

supportent le conducteur par l'extrémité de la tige T (*fig.* 45); on voit sur la figure que cette tige de verre T ne touche pas la paroi du tube intérieur *t*. L'acide se verse et se renouvelle par l'orifice B.

M. Angot avait fait établir une traverse de bois, horizontale, passant au milieu de son laboratoire, aussi loin que possible des murs, du plafond et des planchers; il y suspendait les conducteurs au moyen de longs fils de soie.

Comme étalons de résistance, ce physicien employait des sphères de rayon de 12^{cm}, 10^{cm} et 5^{cm}. Il a aussi eu recours à un condensateur formé de deux sphères concentriques; la sphère extérieure, ayant un rayon de 6^{cm} environ, portait une tubulure en verre par laquelle passait le fil métallique attaché à la sphère intérieure, de 4^{cm} de rayon. Cette sphère intérieure reposait sur quatre billes de verre qui assuraient la concentricité des surfaces. Lord Kelvin s'est servi du même étalon.

Manuel opératoire.

1° Il faut d'abord s'assurer du fonctionnement régulier de l'électromètre : l'aiguille doit se tenir en équilibre, sans torsion, sous l'action des secteurs chargés; elle ne déviera donc pas quand on reliera les secteurs au sol.

Pour constater que l'aiguille est placée symétriquement par rapport aux secteurs, on décharge ceux-ci et l'on électrise l'aiguille : elle doit rester immobile.

On vérifie enfin l'isolement des divers organes, en électrisant, par exemple, une paire de quadrants par l'approche d'un corps électrisé, à l'instar de ce que l'on fait pour charger un électroscope à feuilles d'or. L'aiguille déviée doit revenir très lentement à la position d'équilibre qui correspond au zéro.

2° Les secteurs étant chargés, on rattache l'aiguille au pôle positif d'une pile constante, et l'on inscrit la déviation δ_0. On n'est pas obligé d'attendre l'extinction complète des oscillations et l'on se contente généralement de déterminer la position d'équilibre par trois mesures convenablement associées; α étant le premier écart maximum à droite, β le premier à gauche, γ le second à droite, on a

$$\delta_0 = \frac{\alpha + 2\beta + \gamma}{4}.$$

3° On détermine de même δ_1 après avoir déchargé l'aiguille, chargé une sphère isolée de rayon R et mis l'aiguille en communication avec elle : conformément à ce qui a été expliqué ci-dessus, on en déduit la capacité de l'aiguille E.

4° Par un procédé analogue, on relève une déviation δ_2, correspondant au potentiel commun de l'aiguille et du corps soumis à l'expérience, le corps ayant seul été chargé par la pile.

Le calcul indiqué précédemment conduit à la détermination de C.

Résultats.

La capacité électrique de l'aiguille de M. Angot a été trouvée égale à $43,2$ UES, c'est-à-dire que cette aiguille se charge comme une sphère de $0^m,432$ de rayon.

En effet, par comparaison avec un condensateur sphérique de capacité $C = 10,9$, on a obtenu les chiffres suivants :

δ_0.	δ_1.	$\frac{\delta_0 - \delta_1}{\delta_1} = \frac{E}{C}$.	E.
150,0	30,2	3,97	43,3
197,0	39,8	3,95	43,1
		Moyenne.....	43,2

M. Angot a aussi mesuré la capacité C de deux sphères inégales au contact, et il a obtenu les résultats ci-après :

Rayon R de la grosse sphère.	Rayon R' de la petite sphère.	$\dfrac{R}{R'}$.	δ_0.	δ_1.	$\dfrac{C}{E}$.	C..
$10^{cm},6$	$5^{cm},3$	2	156,2	35,7	0,296	11,50

La valeur calculée d'après les formules de Plana donnait pour C la valeur 11,65.

Lord Kelvin a employé pour étalon le condensateur de la *fig*. 46, composé de deux sphères concentriques A et B, tel qu'il a été constitué par Faraday.

L'armature extérieure est formée de deux calottes, comme les hémisphères de Magdebourg; la calotte inférieure est munie d'un robinet R, tandis que l'autre sert de support à la sphère intérieure. La capacité théorique de cet appareil est égale à $\dfrac{RR_1}{R_1 - R}$, si nous appelons R et R_1 les rayons extérieur et intérieur. Mais il faut tenir compte des cales de verre qui assurent la concentricité des deux surfaces et de la tige qui porte la petite sphère : une correction s'impose de ce chef et elle n'est pas négligeable.

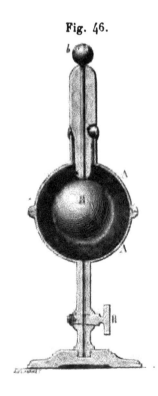

Fig. 46.

En effet, dans l'appareil de Lord Kelvin, on avait

$$R_1 = 5^{cm},857,$$
$$R = 4^{cm},511,$$
$$\frac{RR_1}{R_1 - R} = 63^{cm},264.$$

Or, la capacité vraie était égale à 63,519 : la correction à faire était donc de $+ 0^{cm},255$.

Dans les expériences de M. Angot, des cylindres de carton, recouverts de papier d'étain, présentèrent les capacités suivantes :

Cylindres.		
Hauteur.	Rayon de base	Capacités.
cm	cm	
5	5	4,60
10	10	5,84
20	20	7,88
40	40	11,36
80	80	16,72

Mais ces valeurs de C ne sont que les capacités apparentes des cylindres, c'est-à-dire les capacités vraies modifiées par l'influence de tous les corps environnants. On ne peut pas mesurer exactement cette influence, qui entraîne une erreur d'au moins $\frac{1}{20}$ de la valeur vraie. Pour la rendre aussi petite que possible, on suspend les conducteurs par un fil de soie au milieu de la pièce, le plus loin possible de tout autre conducteur : la salle dans laquelle on exécute ces expériences doit présenter au moins 10ᵐ de côté et elle augmente alors même la capacité des corps de $\frac{2}{100}$.

M. Angot a mesuré la capacité de condensateurs à lame d'air formés de deux plateaux d'électroscopes, maintenus à une distance quelconque par des cales de verre dont l'épaisseur avait été mesurée au sphéromètre. La marche de l'expérience était celle que nous avons décrite.

Plateaux de 9ᶜᵐ,15 de rayon.

Épaisseur d'air *e*.	Capacité C.
cm	
0,0814	290,0
0,1104	217,0
0,1803	135,0
0,2781	92,8
1,063	29,0
2,431	18,7

Ces chiffres ne peuvent pas être rapprochés de ceux auxquels on est conduit par l'application de la formule théorique parce que, d'une part, l'épaisseur du plateau et de la lame d'air est notable par rapport à son rayon, et que, d'autre part, l'influence des corps voisins ne peut être éliminée des résultats bruts de l'expérience. Mais ces résultats de M. Angot ne perdent rien de leur intérêt, car ils permettent de calculer la force condensante de ce condensateur pour une épaisseur donnée.

En effet, il ressort des expériences de M. Angot que les capacités de son condensateur à lame d'air peuvent être représentées par la formule empirique

$$e(C - 6,80) = 2,375,$$

ce qui donne

$$C = \frac{2,375}{e} + 6,80.$$

Pour $e = \infty$, $C = 6,80$; c'est la capacité du collecteur tout seul. Si l'on veut donc avoir la force condensante, il faut diviser la capacité correspondante par 6,80, car la force condensante est le rapport des capacités du collecteur quand il fait partie du condensateur et quand il est seul.

La formule ci-dessus montre d'ailleurs que la différence entre les capacités du plateau collecteur faisant partie d'abord du condensateur, puis isolé, varie très exactement en raison inverse de la distance des deux plateaux.

XXXIII⁰ MANIPULATION.

MESURE DE L'ÉNERGIE D'UN CONDENSATEUR.

Théorie.

Considérons un condensateur dont une armature est mise en communication avec le sol, alors que l'autre, reliée à une source, a reçu une charge M; soit V la différence du potentiel des deux armatures. L'énergie de ce condensateur est

$$W = \frac{1}{2} MV.$$

C étant la capacité de l'armature communiquant avec la

source, on a
$$M = CV,$$

d'où
$$W = \frac{1}{2} CV^2.$$

Mais $V = \dfrac{M}{C}$ et l'on a encore

$$W = \frac{1}{2} \frac{M^2}{C}.$$

L'énergie d'un condensateur est donc proportionnelle au carré de la charge de l'armature reliée à la source; à égalité de charge, l'énergie de différents condensateurs est en raison inverse de leurs capacités C.

Cette proposition serait encore vraie si l'armature que nous avons mise en communication avec le sol était maintenue isolée, mais alors V représenterait la différence du potentiel des armatures, C la capacité du condensateur et M la valeur des charges égales accumulées sur les faces en regard des armatures.

Dans la décharge du condensateur, les conducteurs électrisés reviennent à l'état neutre en actualisant l'énergie W; on peut mesurer l'énergie du système en mesurant son équivalent, qui est la chaleur dégagée Q.

On voit, par conséquent, que

$$Q = \frac{1}{2J} MV = \frac{1}{2J} CV^2 = \frac{1}{2J} \frac{M^2}{C}.$$

La théorie enseigne donc que la chaleur créée dans la décharge d'un condensateur est proportionnelle au carré de sa charge; à charge égale, elle varie en raison inverse de la capacité; pour une même différence de potentiel, elle est proportionnelle à la capacité et proportionnelle à la charge.

Nous rappelant que $C = \dfrac{S}{4\pi e}$, nous dirons encore que la chaleur créée est proportionnelle à la surface des armatures et en raison inverse de leur distance, la différence de leurs potentiels étant constante.

Cette différence V dépend de la source : quand on ne peut disposer de V, on accroît l'énergie accumulée par un couplage de jarres et une multiplication de leurs surfaces.

Réunissons-les toutes par leurs armatures de même nom : nous formons une *batterie,* dont l'énergie est proportionnelle au nombre des jarres pour un potentiel donné.

Au lieu d'associer les bouteilles par leurs armatures de même nom, disposons-les de telle sorte que l'armature interne de chacune d'elles communique avec l'armature externe de la suivante. Nous obtenons une *cascade,* dont l'énergie varie en raison inverse du nombre des bouteilles, le potentiel étant donné.

Ces résultats avaient été trouvés par M. Riess longtemps avant qu'on les eût déduits de la théorie : nous nous proposons de reproduire les remarquables expériences par lesquelles ces faits ont été établis ([1]).

Il est nécessaire que la décharge de la batterie ou de la cascade n'effectue aucun travail extérieur et qu'elle n'ait à traverser aucune substance isolante : cependant la résistance du circuit doit être considérable et l'on est obligé d'y introduire un fil fin.

La chaleur dégagée dans le conducteur se mesure à l'aide d'un instrument très sensible, connu sous le nom de *thermomètre électrique* de Riess.

Ce thermomètre, représenté (*fig.* 47) en K, n'est pas sans quelque analogie avec le calorimètre de Favre et Silbermann : on mesure la chaleur dégagée par les variations de pression d'une masse d'air renfermée dans un ballon de verre. La décharge s'effectue à travers une spirale de platine : un manomètre à eau, à tube incliné, permet d'évaluer la chaleur Q par la formule

$$Q = K(MC + mc)\, l \sin \omega,$$

dans laquelle M et *m* sont les masses d'air et de platine, C et *c* leurs chaleurs spécifiques, *l* le déplacement de la colonne

([1]) Cf. RIESS, *Annales de Poggendorff,* t. XL ; VERDET, *Théorie mécanique de la chaleur,* t. II, p. 108 ; JAMIN et BOUTY, *Cours de Physique de l'École Polytechnique,* t. I, 3ᵉ fasc., p. 259, 3ᵉ édit. ; PELLAT, *Leçons sur l'Électricité,* p. 134.

liquide et ω l'inclinaison du tube sur l'horizon. Ce calcul est facile, mais généralement inutile, car Q est proportionnel à l, tant que les conditions de l'expérience restent les mêmes.

C'est par l'électromètre de Lane que se mesurent les quantités d'électricité accumulées sur la batterie : cet instrument est une bouteille de Leyde C dont les armatures communiquent

Fig. 47.

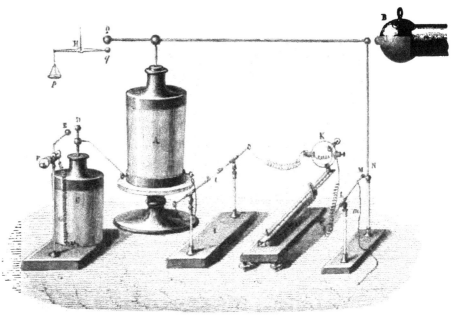

avec deux boules métalliques de décharge E et D, susceptibles d'être rapprochées plus ou moins l'une de l'autre à l'aide d'une vis micrométrique F. Une étincelle jaillit entre les deux boules dès que le potentiel de l'armature intérieure acquiert une valeur déterminée. L'unité de mesure est proportionnelle à la capacité de la bouteille et elle dépend de la distance explosive : elle varie aussi avec la résistance du conducteur qui joint l'armature extérieure et la boule de décharge. Il faut veiller à ce que la communication entre la tige et l'armature intérieure soit toujours parfaite : M. Mascart donne la préférence aux bouteilles à goulot large, dans l'intérieur desquelles on peut coller des bandes d'étain ; quelques tiges de laiton arcboutées contre la paroi assurent alors une communication certaine entre le conducteur central et l'armature. L'usage du clinquant est moins bon, car les contacts se détruisent par volatilisation au bout d'un temps très court.

Pour évaluer la charge d'un condensateur A isolé, on met la source B en communication avec son armature intérieure; d'autre part, son armature extérieure est reliée à l'armature intérieure d'une bouteille de Lane G, posée sur le sol, de manière à déverser dans le réservoir commun l'électricité repoussée par A. Dans ces conditions, la quantité d'électricité qui s'écoule à chaque étincelle est toujours la même et la charge de la batterie peut être mesurée par le nombre même des étincelles qui ont jailli entre les boules : l'influence des résidus est éliminée par la répétition des expériences.

Voici comment M. Riess disposait ses expériences : l'extérieur de la batterie était relié à la source par l'intermédiaire d'un excitateur universel I dans lequel était intercalée une résistance i variable à volonté; le fluide mis en mouvement traversait enfin le thermomètre électrique K et un déchargeur composé d'une tige LM qu'on faisait tomber, en la tirant par un cordon de soie m, sur le conducteur N qui communique avec la machine électrique B.

On peut se servir de la machine de Holtz, qui donne beaucoup plus d'électricité que les anciennes machines à frottement et dont les deux pôles fournissent les deux fluides : le modèle à deux rotations inverses débite une plus grande quantité d'électricité que le modèle ordinaire, attendu que quatre peignes sont alimentés par une rotation relative double des plateaux. M. Baille a reconnu que le signe de l'électricité est indifférent : cependant il est plus commode d'employer l'électricité négative qui ne donne pas d'aigrettes et de pointes comme la positive (¹).

(¹) La machine de Holtz est un instrument très délicat, qu'il n'est pas toujours aisé de mettre en activité. Extrêmement sensible à l'humidité atmosphérique, elle s'amorce quelquefois très difficilement, alors même qu'on aurait disposé longtemps à l'avance, sous la table qui la supporte, un réchaud garni de braise de charbon de bois. Les poussières folles qui flottent dans l'air peuvent aussi mettre la machine hors d'usage : aussi conseillerons-nous d'en laver de temps à autre les plateaux avec un linge neuf, légèrement imbibé d'huile de pétrole. La lame d'ébonite par laquelle on charge la machine, doit être l'objet d'une grande at-

Mais il est préférable d'employer une machine de Wimshurst, qu'on amorce bien plus aisément et sans charge préalable : il suffit de mettre cette machine en mouvement, les deux pôles étant séparés l'un de l'autre, pour qu'aussitôt se produise un écoulement abondant d'électricité.

M. Bonetti construit une machine, sans secteurs métal-

---

tention : si l'on ne peut pas l'électriser par frottement au point d'en tirer avec le doigt des étincelles de quelques millimètres, on est exposé à de longues et stériles tentatives, et quelquefois on se voit obligé de recourir aux machines à frottement. Toutefois un appareil très ingénieux, imaginé par le P. Villaume, permet d'atteindre le résultat voulu avec un simple bâton de résine : c'est un conducteur plat isolé terminé par un peigne (*fig.* 48) qu'on attache sur les mâ-

Fig. 48.

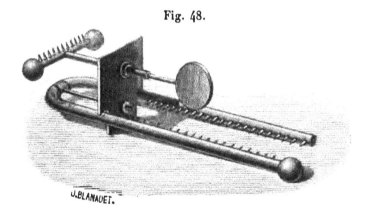

U.BLANADET.

choires de la machine en face des armures de papier ; le dessin ci-dessus le représente placé sur les mâchoires, mais les plateaux de verre entre lesquels il est engagé ont été supprimés. Il suffit d'approcher le bâton électrisé du peigne pour charger le papier par l'influence du conducteur plat : je recommande aux physiciens ce petit dispositif, aussi efficace que peu dispendieux.

Quand on dispose d'une petite machine de Voss ou de Tœpler, il est encore plus facile d'amorcer la machine de Holtz ; il suffit, en effet, de relier par une chaîne ses mâchoires à l'un des pôles de la petite machine auxiliaire et de mettre simultanément l'armure de papier correspondante en communication avec le sol, en la touchant avec une clef ou toute autre pièce de métal tenue à la main. Au premier tour, on entend le bruissement caractéristique de la charge et ce procédé réussit toujours.

Faisons observer encore que, pour la mise en train des machines de Holtz, il est indispensable de mettre d'abord les deux pôles au contact, en faisant tourner le plateau dans une direction opposée à celle des pointes de papier. Il faut une vitesse d'au moins cinq tours à la seconde pour obtenir un bon fonctionnement.

liques sur les disques, qui est d'un entretien facile, mais qui n'est plus auto-excitatrice; mais il suffit, pour l'amorcer, de poser le doigt un instant au sommet de l'un des disques.

On expérimente sur une batterie ou sur une cascade; dans ce dernier cas, on peut écarter beaucoup les contacts du déchargeur, parce qu'il est possible d'établir sur les armatures extrêmes d'une batterie en cascade une grande différence de potentiel sans que la batterie se décharge d'elle-même ou se brise; en employant une batterie de jarres, il y a au contraire quelque danger à établir une trop grande différence de potentiel entre les armatures.

L'électromètre à poids H, placé sous le conducteur Q (*fig.* 47), permet de vérifier que le potentiel V est proportionnel au quotient de la quantité M d'électricité accumulée sur l'armature de la batterie par sa surface S; en effet, l'expérience montre que $\frac{M}{S}$ est proportionnel à $\sqrt{p}$, p étant le poids qui fait équilibre à la force répulsive exercée entre les boules Q et q.

Il importe que l'électricité soit amenée au thermomètre par des conducteurs bien isolés et de très grande section, dont l'échauffement soit négligeable.

Manuel opératoire.

1° Toutes choses étant disposées de la manière qu'indique la figure, on charge la batterie par la machine et, en même temps que l'observateur compte le nombre d'étincelles à l'électromètre de Lane, un aide relève exactement la hauteur du liquide dans le thermomètre électrique.

2° La charge ayant atteint la limite qu'on s'est assignée, on effectue la décharge en abaissant le fléau LM : le liquide baisse de l dans le thermomètre.

3° On fait varier la charge de la batterie, la surface et le nombre des bouteilles dont elle se compose, et l'on répète l'expérience précédente dans ces conditions nouvelles.

Pour vérifier la proportionnalité de la chaleur dégagée avec la capacité, la différence de potentiel restant la même, on monte un électromètre de Henley sur la batterie et l'on arrête la charge au moment où il accuse la même déviation; faisant varier alors le nombre de jarres, on compare les indications du thermomètre avec ce nombre.

4° Au lieu d'associer les bouteilles par leurs armatures de même nom, on relie l'armature interne de chacune d'elles avec l'armature extérieure de la suivante; c'est une association en cascade, sur laquelle on peut répéter les précédents essais.

Les résultats obtenus sont alors intervertis, ainsi que nous allons l'exposer.

Résultats.

Le Tableau ci-dessous, emprunté à M. Riess, démontre que la chaleur dégagée en un point du circuit est, pour une charge déterminée, en raison directe du carré de la charge de la batterie et en raison inverse du nombre des bouteilles.

Les bouteilles employées avaient $0^{mq},16$ de surface; la distance explosive de l'électromètre était égale à $2^{mm},25$.

Échauffement.

Charges.	Nombre de bouteilles.		
	2.	4.	6.
2..................	1,5	»	»
4.	6,7	3,2	2,6
6..................	14,4	7,3	5,5

L'accord de ces chiffres avec la loi est satisfaisant.

Si, au lieu de charger les diverses batteries avec le même nombre d'étincelles, on les charge au même potentiel, les choses se passent différemment; dans ce cas, la charge est proportionnelle à la surface totale, c'est-à-dire au nombre de bouteilles.

Avec n bouteilles disposées en cascade, on observe que, pour une charge donnée, l'énergie est plus grande que celle d'une seule bouteille; mais, pour un potentiel donné, elle est n fois moindre; c'est le contraire de ce que nous avons trouvé pour une batterie en surface. Avec une source donnée d'électricité, quand on opère à potentiel constant, la disposition en cascade n'est donc pas avantageuse, à moins que les bouteilles ne puissent supporter la différence de potentiel maximum de cette source.

XXXIV· MANIPULATION.

MESURE DES FORCES ÉLECTROMOTRICES PAR L'ÉLECTROMÈTRE
CAPILLAIRE DE M. LIPPMANN.

Théorie.

Ermann et Draper avaient démontré qu'une colonne de
mercure de très faible diamètre, dont le ménisque terminal
est en contact avec de l'eau acidulée, se déplace sous l'influence d'un courant électrique. M. Lippmann publia, en
1873 ([1]), une savante étude de ces phénomènes électrocapil-
laires et il imagina un électromètre d'une sensibilité extrême,
dont l'emploi est particulièrement commode pour la détermination des forces électromotrices.

Le fait expérimental sur lequel repose la théorie de ce bel
instrument peut être décrit en deux mots : la polarisation
par l'hydrogène d'une surface de mercure en contact avec de
l'eau acidulée augmente la constante capillaire relative à cette
surface, jusqu'à une force électromotrice de $0^{volt},96$. Cette
augmentation se traduit par une variation de niveau, qui est
proportionnelle à la polarisation.

On peut donc déduire la valeur de la force électromotrice
intervenue de l'observation de cette variation de niveau.

Description.

Un tube de verre A ($fig.$ 49) de 1^m de hauteur et $0^m,007$ de
diamètre environ, ouvert aux deux bouts, est soutenu verticalement par un support en fonte à trois pieds : l'extrémité
inférieure de ce tube est capillaire et d'un diamètre de
quelques millièmes de millimètre environ. Cette pointe effilée
plonge dans de l'acide sulfurique étendu au $\frac{1}{4}$ en volume; du
mercure remplit le fond du vase B. La colonne mercurielle
du tube communique par un fil avec la borne α; le mer-

([1]) *Annales de Chimie et de Physique*, 5ᵉ série, V, p. 494; 1877.

cure B est relié à la borne β par un conducteur qui ne touche pas l'eau acidulée.

La pointe capillaire vient s'appliquer contre la paroi du vase B, à portée du microscope M, qui grossit 250 fois : ce microscope est pourvu d'un micromètre oculaire. Pour obtenir

Fig. 49.

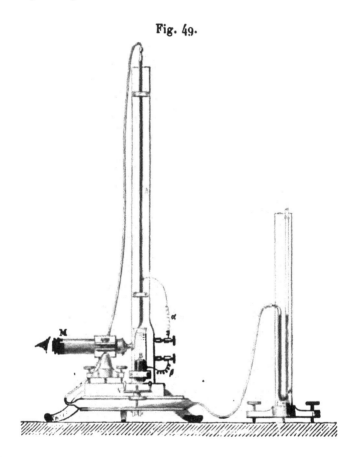

une image nette, il faut que son axe soit bien perpendiculaire à la paroi du verre. La mise au point se fait par les vis calantes du pied du microscope : un fort ressort à boudin tend à le rapprocher du vase B ([1]).

Un sac de caoutchouc allongé, à paroi épaisse, contient de l'air qui exerce sa pression au-dessus du mercure A par l'in-

---

([1]) Dans les plus récents et meilleurs modèles d'électromètres, les électrodes α et β sont reliées aux bornes d'un pont, dont un ressort opère constamment la fermeture ; on laisse ce pont toujours fermé, sauf au moment d'une mesure.

termédiaire d'un tuyau flexible : on modifie cette pression à volonté en agissant par la manivelle V sur une presse à vis; un manomètre à air libre, placé à côté de l'appareil, permet d'apprécier la tension à 0^m,001 près.

La colonne A est assez haute pour que le mercure pénètre par sa propre pression dans la pointe capillaire. M. Lippmann lui donne 0^m,750; cette colonne est soutenue par la pression capillaire du ménisque qui se forme dans la pointe.

Si, par un procédé quelconque, on met à des potentiels différents les bornes α et β, et, par leur intermédiaire, le mercure du tube et celui du vase, il se produit aussitôt une dénivellation dans le tube capillaire; admettons que ce soit une ascension qui ait été constatée; on la contrebalancera par un excès de pression déterminé, mesuré par le manomètre auxiliaire, et l'on ramènera ainsi le mercure à son niveau initial.

L'excès de pression développé à cet effet est fonction de la différence de potentiel établie entre α et β.

Réglage et graduation de l'instrument. — Après avoir rempli l'appareil, on chasse la bulle d'air qui aurait pu rester dans la pointe capillaire, en exerçant une pression au-dessus de A, de façon à faire couler un peu de mercure; pendant cette opération, on met les bornes α et β en communication métallique. Cela fait, on rétablit la pression atmosphérique au-dessus du mercure A. Le ménisque M s'arrête alors dans une position d'équilibre déterminée, qui est le zéro de l'électromètre. On dispose donc le microscope de manière à amener l'origine des divisions de son micromètre à être tangente au ménisque, et le réglage est dès lors effectué. Il est vrai que ce zéro n'est pas toujours fixe après cette première opération, mais il le devient au bout de quelques jours.

Les forces électromotrices se mesurent par les pressions qu'il faut exercer en A pour ramener le ménisque au zéro, après qu'il a été déplacé. Une Table ou une courbe de conversion est donc nécessaire; on l'établit de la manière suivante.

Il s'agit d'obtenir d'abord, entre les bornes α et β, une différence de potentiel connue : pour cela, on dispose, en dehors de l'appareil, un circuit métallique, composé d'une résistance fixe R très considérable et d'une résistance variable ρ, par-

couru par le courant d'un daniell chargé au sulfate de zinc,
dont la résistance est égale à r; puis, on relie α et β à deux
points u et v de ce circuit, séparés par la résistance ρ, u étant
pris entre le pôle zinc et le point v. On a alors, pour valeur de
la différence de potentiel e,

$$e = \frac{\rho}{R + r + \rho}.$$

r est la résistance intérieure de l'élément; on admet que
ses variations sont négligeables par rapport à R. Faisant
croître ρ, on établit une série de valeurs différentes de e,
pour chacune desquelles on note la pression compensatrice
correspondante, ce qui permet de dresser le Tableau ou de
construire la courbe.

Or M. Lippmann a démontré que tous les électromètres sont
comparables pour une même concentration de l'acide : ce
Tableau est donc exact pour tous les instruments présentant
même hauteur de la colonne mercurielle et même concentration de l'acide.

De plus, l'expérience a montré qu'une forte polarisation de
la cathode α ne donne pas lieu instantanément à une électrolyse appréciable; il y a *retard à l'électrolyse*. Ce retard
permet de soumettre l'appareil à une force électromotrice
même voisine de 2[volts], et il en résulte évidemment un avantage inespéré pour la méthode.

Voici les nombres obtenus avec une colonne de mercure
de 0[m],750 et une eau acidulée au $\frac{1}{6}$ en volume.

e.	p.	e.	p.	e.	p.
0,016	15,0	0,197	148,0	0,833	356,5
0,024	21,5	0,269	188,5	0,900	358,5
0,040	40,0	0,364	235,0	1,000	353,0
0,109	89,0	0,450	270,5	1,333	279,0
0,140	111,0	0,500	288,0	1,713	128,0
0,170	131,0	0,588	314,0	2,000	94,0

e est exprimé en fonction de la force électromotrice d'un

daniell égale à $1^{volt},07$ à $15°$, et p est évalué en millimètres de mercure. Pour une hauteur de mercure H différente de 750^{mm}, il faudra multiplier les pressions compensatrices par le rapport $\dfrac{H}{750}$.

Le mercure se déplace d'une division du micromètre pour une force électromotrice égale à $\frac{1}{1680}$ de daniell, sous la pression atmosphérique.

La sensibilité de l'instrument permet donc, grâce au microscope, de mesurer au moins le $\frac{1}{10000}$ de volt et l'on a même observé quelquefois au $\frac{1}{30000}$.

Manuel opératoire.

Avant de procéder à aucune mesure, il faut faire mouvoir la colonne mercurielle à l'aide de la vis V, car l'électromètre ne fonctionne bien que lorsque son tube est parfaitement mouillé par l'eau acidulée.

La fermeture du pont, établissant une communication métallique entre α et β, doit ramener le ménisque au zéro, sans pression.

On mettra toujours le pôle négatif des éléments à étudier en communication avec la borne α, qui est au contact du mercure du tube.

Cette observation est capitale : une erreur de pôle produirait dans le tube une polarisation par l'oxygène, qui oxyderait le ménisque et mettrait l'instrument hors d'usage.

I. *Forces électromotrices moindres que $\frac{1}{60}$ de daniell.* — On relie la source aux bornes α et β et on laisse la pression constante : le ménisque se déplace de n divisions dans le champ du microscope. Or une division équivaut à $\frac{1}{1680}$ de Daniell; la force électromotrice cherchée est donc égale à $\dfrac{n \times 1,08}{1680}$ volt.

Le microscope permettant d'évaluer un déplacement de $\frac{1}{4}$ de division, on en conclura que l'électromètre capillaire donne le $\frac{1}{10000}$ de volt environ.

II. *Forces électromotrices moindres que 1 daniell.* — On fait communiquer le pôle négatif de la pile avec α, le pôle positif avec β; on tourne la manivelle V jusqu'à ce que le ménisque soit revenu au zéro et on lit au manomètre la valeur de la pression exercée.

La mesure est terminée : il n'y a qu'à chercher dans la Table la force électromotrice correspondante à cette pression.

III. *Forces électromotrices supérieures à* 1 *daniell.* — La sensibilité de l'électromètre décroît dès qu'on dépasse $0^{daniell},9$; il convient donc de réduire la force électromotrice à mesurer. Pour cela, on oppose à l'élément étudié un ou plusieurs couples types, de manière à obtenir une différence moindre que $\frac{1}{2}$ daniell, ce qu'il est toujours possible de faire, car la force à évaluer est égale à un nombre entier de daniells, plus ou moins une fraction moindre que $\frac{1}{2}$.

La mesure s'effectue comme ci-dessus.

En développant ce dernier mode d'emploi, on a été amené à utiliser l'électromètre d'une autre façon, en l'intercalant dans un circuit contenant, outre la force électromotrice à mesurer, une force électromotrice inverse, servant d'étalon. On prendra par exemple, à cet effet, une dérivation sur le circuit d'un daniell et l'on en fera varier la résistance jusqu'à équilibrer la force électromotrice qu'on veut mesurer. Dans ce cas, on opère par réduction à zéro et l'on ne recourt plus à la Table de graduation de l'électromètre. La manipulation suivante est une application de cette méthode.

Résultats.

Les trois exemples que nous donnons ci-dessous sont empruntés au Mémoire de M. Lippmann.

Mesure de la force électromotrice d'un élément zinc amalgamé, sulfate de zinc, zinc ordinaire :

$$E = 0^{daniell},0081 = 0^{volt},0087.$$

Mesure de la force électromotrice d'un daniell monté à l'acide :

$$E = 0,939 \text{ de l'élément normal.}$$

Mesure de la force électromotrice d'un élément Leclanché. On l'oppose à un daniell, pôle charbon contre pôle cuivre, le zinc du daniell en communication avec β, le zinc du le-clanché en communication avec α.

Pression compensatrice $= 270^{mm},5$.

Force correspondante $e = 0,450$;

donc

1 leclanché $= 1^{daniell},450 = 1^{volt},551$.

L'électromètre de M. Lippmann peut remplacer les galva-nomètres dans toutes les méthodes de réduction à zéro : tou-tefois, sa grande capacité empêche de l'utiliser dans les expériences d'électrostatique.

XXXV· MANIPULATION.

MESURE DES FORCES ÉLECTROMOTRICES PAR LA MÉTHODE DE POGGENDORFF ET BOSSCHA.

Théorie.

La pile doit être considérée comme une génératrice qui maintient, entre ses pôles, une différence constante de poten-tiel ; cette différence, relevée à circuit ouvert, mesure sa force électromotrice.

On peut la déterminer directement à l'aide de potentio-mètres ou d'électromètres spéciaux.

Mais il est généralement plus facile de comparer, par *com-pensation* ou *opposition*, l'élément de pile à un étalon dont la force électromotrice est connue : c'est le procédé que nous emploierons dans cet exercice.

Parmi toutes les méthodes opérant *à circuit fermé*, nous apprécions beaucoup celle de Poggendorff, modifiée par M. Bosscha, parce qu'elle est à peu près indépendante des effets de la polarisation et n'exige pas la détermination préa-lable de la résistance intérieure de l'élément.

Nous nous proposons de mesurer la force électromotrice x de l'élément P (*fig.* 50) en fonction de celle de l'étalon P', qui est égale à E. On forme, avec la pile P et un galvano-

mètre G, un circuit qui se bifurque en deux autres AP'R'B et
AJRB, contenant : le premier, l'élément-type P' et un rhéocorde R'; le second, un rhéostat J et un rhéocorde R. Les
deux courants étant dirigés en sens contraire, on pourra toujours, en faisant varier la résistance du rhéostat, amener au
zéro l'aiguille du galvanomètre; mais qu'on introduise alors

Fig. 5o.

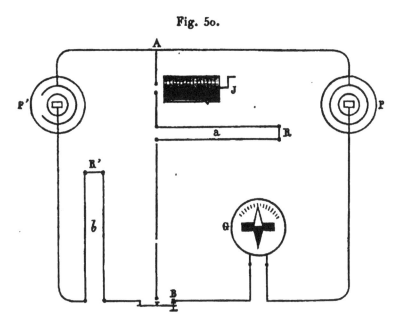

par le rhéocorde R une résistance a dans le circuit dérivé
ARB, il faudra, pour ramener le galvanomètre au zéro, augmenter de b la résistance du second circuit AP'R'B. Cette
condition exprimée algébriquement, d'après les lois de
Kirchhoff, conduit à la formule

$$x = \mathrm{E}\,\frac{a}{a+b};$$

a et b sont à déterminer ([1]).

Pour éviter que les piles ne se polarisent pendant les
tâtonnements du début de l'opération, on peut intercaler

([1]) Cette méthode diffère de celle de Poggendorff uniquement en ce qu'elle
n'exige pas la connaissance de la résistance intérieure de la pile; elle a été
exposée dans les *Annales de Poggendorff*, t. XCIV, p. 172; 1855.

dans le circuit APGB, à la suite du galvanomètre G, un rhéostat ou une boîte de résistances auxiliaire dont on diminuera progressivement la résistance à mesure qu'on approchera de l'équilibre : sa résistance sera nulle au moment des ajustements du rhéostat J et des rhéocordes R et R'.

Description.

Le circuit, formé de gros fils ou mieux encore de bandes de laiton, est fixé sur une table d'environ $1^m, 10$ de long sur $0^m, 80$ de large, sur laquelle les rhéocordes, le rhéostat et le galvanomètre sont établis à demeure.

Les rhéocordes de Pouillet sont connus ([1]) : il importe qu'ils soient tous deux absolument identiques, de manière que les longueurs a et b représentent bien les résistances respectives introduites dans les circuits dérivés. Les contacts du curseur seront contrôlés avec soin.

Un des meilleurs rhéostats est celui de Jacobi : il n'est point sujet aux défauts de contact et permet d'employer un fil d'argent très fin, sans devenir trop délicat; à cet égard, il l'emporte de beaucoup sur le rhéostat de Wheatstone, pour l'usage des laboratoires d'enseignement.

On peut aussi employer le rhéostat à curseur de Thomson-Varley.

Il faut un galvanomètre à grande résistance et très sensible : on emploie généralement celui de Lord Kelvin, à réflexion, non astatique, et on l'installe à côté de l'observateur, la mire en face de lui.

Le galvanomètre de Wiedemann à double bobine convient mieux encore pour ces mesures : la *fig.* 51 représente cet instrument, modifié par M. d'Arsonval, tel qu'il est construit par MM. Ducretet et Lejeune. Les deux bobines H et H' peuvent se déplacer le long d'une règle divisée, ce qui donne le moyen de faire varier la sensibilité à volonté; on dispose, d'ailleurs, de deux ou trois jeux de bobines à fil plus ou

---

([1]) *Voir* notre *Cours élémentaire de Manipulations*, page 152, *fig.* 54. Nous renvoyons aussi aux pages 146 et suivantes pour ce qui est des galvanomètres et de leur installation.

moins gros, ce qui permet de graduer à son gré la résistance. L'aimant A a la forme d'un fer à cheval, il est suspendu par un fil muni d'un miroir M, et oscille à l'intérieur d'une cavité pratiquée dans une masse de cuivre rouge; on obtient ainsi un amortissement rapide et une complète apériodicité.

Fig. 5r.

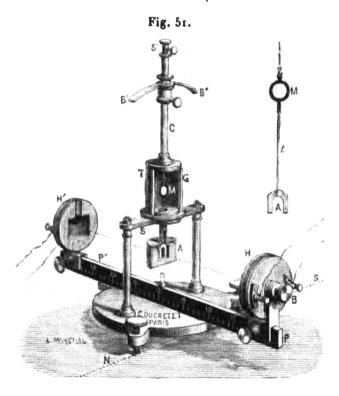

Le miroir occupe le centre d'un tambour TG, fermé par une glace; on peut l'orienter comme on veut en le faisant pivoter sur la traverse S. Un aimant directeur BB' sert à donner au champ la direction et l'intensité qu'il faut, car on le tourne et on l'élève à volonté.

Comme on opère par réduction au zéro, on pourrait remplacer les galvanomètres précédents par un électromètre sensible.

Normalement le circuit est ouvert; il ne doit rester fermé que durant un temps très court. Ce résultat est obtenu par une manette à ressort, analogue au manipulateur de Morse, qui est placée en B, à la croisée des fils : en l'abaissant par la pression de la main, la fermeture a lieu; le double courant circule dans le circuit et l'aiguille du galvanomètre se met en mouvement, à moins que la compensation ne soit réalisée. L'opérateur abandonne aussitôt la manette, et le circuit est interrompu.

On pourrait aussi employer une double clef de contact, formée de trois lames de ressort superposées s'abaissant successivement sous la pression de la main : le courant de P′ s'établit d'abord et le circuit de G ne se ferme qu'ensuite, ce qui évite les effets d'induction sur le galvanomètre.

Remarquons que la pile ne débite pour ainsi dire aucun courant; le résultat obtenu pourra donc être considéré comme la valeur de la force électromotrice à circuit ouvert.

Il nous reste à décrire l'étalon unité. On avait adopté autrefois l'élément Daniell, monté au sulfate de zinc et au sulfate de cuivre, qui vaut $1^{volt},07$ à la température de $15°$; ce couple était considéré comme très constant. On a reconnu cependant qu'il varie de 5 à 7 pour 100, sans cause appréciable, et qu'il subit en outre assez irrégulièrement l'influence de la température. L'étalon de M. Latimer-Clark ne présente pas cet inconvénient; à $15°$, il possède une force électromotrice égale à $1^{volt},438$, à $\frac{1}{1000}$ près; la température croissant, il perd $0^{volt},0013$ par degré. Dans cette pile, l'élément positif est constitué par du mercure pur, couvert d'une pâte de sulfate de mercure Hg^2O,SO^3 (¹), dissous à la température de l'ébullition dans de l'eau complètement saturée de sulfate de zinc neutre; un morceau de zinc chimiquement pur repose sur la pâte et forme l'élément négatif. Cette pile peut être montée dans un petit tube à essai de 2^{cm} de diamètre et 6^{cm} de hauteur, dont le mercure occupe le fond : un fil de platine, scellé dans un petit tube de verre, plonge dans ce mercure. Plus souvent on emploie un tube en H, dont une jambe reçoit le mercure pur, tandis que l'autre est garnie d'amalgame de sodium; les contacts traversent le verre, dans lequel ils sont

---

(¹) Le sulfate de mercure est blanc, presque insoluble : on l'obtient en chauffant du mercure dans de l'acide sulfurique au-dessous de son point d'ébullition. Ce sel, additionné d'eau, ne doit pas donner de coloration au liquide; s'il devenait jaune, on conclurait à la présence du sulfate de peroxyde. M. Hospitalier donne, à la page 117 de ses *Recettes de l'Électricien*, des indications précieuses pour le montage de cet élément.

soudés. Le circuit ne doit jamais rester fermé sur cette pile qui ne peut fonctionner qu'à circuit ouvert.

M. Gouy a composé un étalon en formant sur le mercure une couche de précipité d'oxyde jaune, surmontée d'une solution de sulfate de zinc, dans laquelle plonge un crayon de zinc amalgamé, enveloppé d'un sac, pour éviter le contact immédiat du mercure.

A 12°, cet étalon donne $1^{volt}, 390$; sa force électromotrice à une température t est égale à

$$E = 1,390 - \frac{(t - 12)}{5000}.$$

Il est absolument nécessaire que la pile P, à essayer, ait une force électromotrice moindre que celle de l'étalon; un essai préalable est quelquefois nécessaire pour s'assurer que cette condition est remplie. On y procède en opposant pôle à pôle les deux éléments dans un circuit traversant un galvanomètre : l'aiguille doit être déviée du même côté que si l'étalon était seul, sinon il faudrait assembler en série deux ou plusieurs piles pour former des multiples de l'étalon.

Manuel opératoire.

1° L'élément à étudier et l'étalon sont joints en opposition.

2° Le rhéostat et les rhéocordes étant au zéro, l'opérateur appuie la main sur la manette; un instant très court suffit pour que l'aiguille soit déviée; on remarque le sens et l'amplitude de l'écart, puis on introduit une résistance par le rhéostat, et l'on fait un nouvel essai. Si la déviation est moindre, mais de même sens, il faut poursuivre l'enroulement sur le rhéostat; sinon, l'on diminuerait la résistance.

3° La réduction à zéro étant obtenue, on donne au rhéocorde R une longueur a : il en résulte un certain écart au galvanomètre.

4° On ramène l'aiguille au zéro en donnant au rhéocorde R' une résistance b.

a et b sont les éléments de la mesure à effectuer.

Résultats.

Cette méthode se prête à la détermination exacte des forces électromotrices et à l'étude des lois qui les régissent. Elle permet encore d'analyser les effets de polarisation, en mesurant les différences de potentiel d'un élément fermé sur lui-même après un temps plus ou moins considérable.

Voici, d'après les derniers travaux des électriciens, les forces électromotrices des piles les plus usitées.

NOMS des éléments.	ÉLECTRODE soluble.	LIQUIDE excitateur.	ÉLECTRODE conductrice.	CORPS dépolarisant.	E en volts.
Volta.........	Zinc.	ZnO,SO^3	Cuivre.	»	0,98
Daniell.......	»	»	»	CuO,SO^3	1,07
Reynier......	»	NaO,HO	»	CuO,SO^3	1,350
Grove........	»	$\{ SO^3,HO = 1 \atop HO = 12 \}$	Platine.	AzO^5,HO	1,810
Bunsen.......	»	»	Charbon.	»	1,964
Poggendorff...	»	»	»	Mélange chromique.	2,028
Cloris-Baudet..	»	»	»	»	2,000
Marié-Davy...	»	»	»	Hg^2O,SO^3	1,524
Warren de la Rue........	»	AzH^4Cl	Argent.	$AgCl$	1,059
Leclanché.....	»	»	Charbon.	MnO^2	1,481
De Lalande et Chaperon...	»	KO,HO	Cuivre.	CuO^2	0,85
Scrivanow....	»	»	Argent.	$AgCl$	1,03
Upward......	»	Eau chlorée.	Charbon.	»	2,10

On objecte à la méthode que nous venons de décrire et aux méthodes similaires (notamment à celle de du Bois-Reymond), d'exiger toujours un tâtonnement pendant lequel la pile étudiée est traversée par un courant : il en résulte fatalement une variation de force électromotrice par polarisation et la méthode est accusée d'altérer la grandeur qu'elle se propose de mesurer. Cette critique est fondée, nous le reconnaissons, mais on l'a exagérée; en effet, au début de l'essai, l'introduction d'une résistance en série avec le galvanomètre réduit l'intensité du courant; de plus, le tâtonnement, dont on fait état, est rapidement achevé et la pile n'est mise en service que par intermittences et pendant des intervalles de temps extrêmement courts : dans une méthode à zéro, on n'a pas à lire une déviation, mais il suffit d'observer qu'une aiguille reste au repos, ce qui se voit aussitôt.

Les méthodes galvanométriques conviennent d'ailleurs excellemment à la comparaison des forces thermo-électromotrices. Dans ce cas, il n'y a pas de résistance intérieure et pas de polarisation.

Forces électromotrices des piles thermo-électriques usuelles.

		volt
Bunsen,	Pyrite-cuivre...................	0,110
Marcus,	Cuivre (antimoine, bismuth)..... ..	0,004
Becquerel,	Cuivre-sulfure de cuivre........	0,095
Noë,	Maillechort-antimoine...........	0,062
Clamond,	Fer (Sb, Zn, Bi)................	0,050
Chaudron,	Id.	0,058

XXXVI· MANIPULATION.

MESURE DES FORCES ÉLECTROMOTRICES PAR LE COMPENSATEUR DE M. BOUTY.

Théorie.

A la pile, dont on veut mesurer la force électromotrice, on oppose un compensateur, entre les bornes duquel la différence de potentiel peut être modifiée à volonté. Un électromètre est rattaché à la fois aux bornes du compensateur et aux pôles de la pile à essayer : l'électromètre sera au zéro, lorsque la force électromotrice du compensateur deviendra égale à celle de la pile montée en opposition.

On recommence la même opération avec un étalon.

Le rapport des forces électromotrices de la pile et de l'étalon est égal à celui des forces électromotrices du compensateur dans les deux expériences.

M. E. Bouty a créé le compensateur et M. Pellat l'a appliqué, croyons-nous, dès 1879, à la mesure relative des forces électromotrices des piles ([1]).

Description.

Le compensateur de M. Bouty se compose d'une pile constante E_1 et de deux boîtes de résistances A et B (*fig.* 52)

Fig. 52.

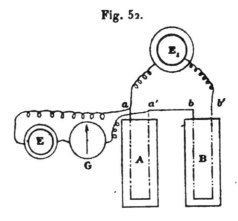

identiques et pouvant donner chacune au moins $11\,160^{\text{ohms}}$. Or, toutes les clefs de B sont d'abord enlevées, tandis qu'elles sont laissées toutes en place sur A; la résistance totale R du circuit depuis la borne a jusqu'à la borne b' est donc égale à $11\,160^{\text{ohms}}$.

Une dérivation $aEGa'$, renfermant la pile à étudier et un électromètre, est faite sur les bornes a et a' de la boîte A : il est évident que, dans les conditions susdites, la différence de potentiel entre a et a' est nulle et que, par suite, le courant dérivé est nul aussi par le fait même de la disposition actuelle des clefs. Mais qu'on vienne à retirer une des clefs de A et qu'on l'implante dans le trou correspondant

---

([1]) Le compensateur a été inventé par M. Bouty lors de ses recherches sur la conductibilité des liquides; il est décrit par M. Pellat à la page 322 de ses *Leçons sur l'Électricité* (Paris, Carré; 1890).

de B; l'intensité du courant principal reste la même, attendu que la résistance totale R n'a pas changé par le déplacement de cette cheville; par contre, la résistance R_A entre a et a' n'est plus nulle, et le circuit dérivé est maintenant parcouru par une fraction déterminée du courant.

On appelle *force électromotrice du compensateur* la différence de potentiel établie ainsi entre a et a'; elle est égale, avec une pile de force électromotrice E_1, à

$$E_1 \frac{R_A}{R}.$$

Elle est donc proportionnelle à la résistance R_A introduite dans la boîte A; on en lit immédiatement la valeur en faisant la somme des nombres correspondants aux chevilles absentes en A.

Voici, dès lors, comment se monte l'expérience :

Une pile constante composée de deux éléments Post-Office par exemple, ou bien d'éléments quelconques du genre Daniell, est rattachée aux bornes a et b' du compensateur; supposons que a soit le pôle positif de cette pile; nous dirons que c'est le pôle positif du compensateur. Intercalons la pile à étudier E dans le circuit dérivé, en reliant son pôle positif au pôle positif du compensateur, à travers un électromètre G : les deux éléments sont ainsi en opposition. L'électromètre peut être un électromètre à quadrants ou mieux encore un Lippmann : dans ce cas, on disposera les connexions de manière que le mercure du tube capillaire soit négatif, et l'on procédera avec méthode en faisant croître progressivement la résistance R_A.

Des interrupteurs sont placés dans les deux circuits principal et dérivé.

La force électromotrice de l'élément E doit être sensiblement inférieure à celle de E_1; voilà pourquoi nous avons pris deux éléments Daniell; il est bon d'employer des éléments à grande surface.

Manuel opératoire.

1° La pile à étudier étant montée en opposition sur le compensateur en E, comme il vient d'être dit, on fait varier,

par transport des chevilles de A sur B, la force électromotrice du compensateur jusqu'à ce que l'électromètre n'accuse aucune différence de potentiel entre ses bornes. On
note alors la résistance R_A marquée par les clefs enlevées
en A.

2° On remplace la pile par un étalon, sur lequel on répète
le même essai : la compensation est obtenue par une résistance R'_A.

3° Si x est la force électromotrice à déterminer et E celle
de l'étalon, on aura

$$\frac{x}{E} = \frac{R_A}{R'_A}.$$

Résultats.

On peut donc mesurer x avec l'approximation de $\frac{1}{11160}$ de
E, soit environ $\frac{1}{10000}$ de volt; c'est ce qui correspond à un
ohm de résistance de la boîte et c'est aussi, d'autre part,
la fraction correspondant à la sensibilité d'un électromètre.

Observons d'ailleurs que ni la pile étudiée, ni l'étalon n'ont
de travail à effectuer.

Mais il est absolument nécessaire que la force électromotrice E_1 de la pile du compensateur soit rigoureusement
constante; c'est la seule observation à faire à propos de ce
mode d'expérimentation.

Si l'on doutait de la constance de E_1, on pourrait ne faire
qu'une seule opération et opposer directement x à E_1; on a,
en effet :

$$\frac{x}{E_1} = \frac{R_A}{11.160} \quad (1).$$

L'étalon serait donc placé sur le compensateur; il est vrai
qu'il aurait, dans ce cas, un certain travail à effectuer.

Quand on emploie cette dernière méthode, il est possible
d'obtenir, sans calcul, la valeur de x; car supposons qu'on
prenne comme étalon un daniell pour lequel $E_1 = 1^{volt},08$, et
convenons de ne déboucher, d'abord dans la boîte B, que

---

(1) Voir nos *Problèmes et calculs pratiques d'Électricité*, p. 122.

10800 ohms, au lieu de 11160; nous aurons

$$x = \frac{1,08}{10800} R_A = 0,0001 R_A.$$

Chaque ohm de la boîte A est donc équivalent à $\frac{1}{10000}$ de volt et on lit la valeur de x sur la boîte A.

Toutefois, cette manière de faire est moins rigoureuse que la première, parce qu'elle fait travailler l'étalon : on peut y recourir pour obtenir une indication préalable à l'essai définitif.

La méthode du compensateur Bouty est assurément la plus correcte, la plus expéditive et la plus simple qu'on puisse employer pour mesurer la force électromotrice d'une pile.

XXXVII° MANIPULATION.

MESURE DES RÉSISTANCES SPÉCIFIQUES.

Théorie.

On appelle résistance spécifique d'une substance celle d'un prisme ou d'un cylindre de 1^{cm} de long et 1^{cq} de section parcouru par un flux homogène d'électricité normal à sa section ([1]).

Sa valeur est celle du coefficient ρ, de la formule $R = \rho \frac{l}{s}$, laquelle exprime la résistance d'un fil prismatique de longueur l, de section s.

L'unité pratique de résistance spécifique est l'ohm-centimètre.

On détermine ρ par le quotient $\frac{Rs}{l}$; quelquefois il y a avantage à éviter la mesure délicate de la section par une déter-

---

([1]) La résistibilité est synonyme de la résistance spécifique : quelques auteurs disent résistivité.

mination du poids p d'une longueur l d'un fil de densité d :
on a alors $\rho = \dfrac{p\mathrm{R}}{l^2 d}$.

La résistance spécifique des métaux augmente quand la température s'élève ; la loi de cette variation s'exprime assez exactement par la relation

$$\rho_t = \rho_0 (1 + \mathrm{K}t).$$

Le coefficient K est le coefficient de variation de résistance spécifique ou de résistibilité : pour la plupart des métaux, il ne dépasse pas 0,004 et il est beaucoup moindre pour certains alliages de cuivre au nickel ou au manganèse.

La méthode la plus généralement employée pour mesurer la résistance R d'un fil est celle du pont de **Wheatstone**, déjà décrite et appliquée dans nos *Manipulations élémentaires* [1] : elle a l'avantage de se prêter à la détermination exacte de résistances comprises entre des limites très écartées.

Quand le courant est nul dans le pont, on a $ax = bd$; cette relation peut être satisfaite pour une infinité de valeurs de a, b et d.

Mais on peut se demander quelles sont les valeurs particulières de ces résistances produisant la plus grande variation du courant dans le galvanomètre pour une variation déterminée de l'une d'elles. Or, le calcul démontre que le maximum de sensibilité se réalise quand

$$a = b = x = d = g = r,$$

g et r étant les résistances du galvanomètre et de la pile. Cette condition est rarement remplie, car le galvanomètre est presque toujours plus résistant que la pile ; on se contente de chercher à égaliser, dans la mesure du possible, les résistances des quatre branches du pont. C'est pourquoi l'on recommande de faire une première mesure approchée de x. Il est utile, à défaut de mieux, d'ajuster les résistances de façon que le galvanomètre soit relié au point de jonction des résistances les plus fortes et les plus faibles.

---

[1] *Voir* page 143. XXVIII° Manipulation : nous prions le lecteur de vouloir bien s'y reporter avant de commencer cet exercice.

MM. de Nerville et Benoît ont indiqué une méthode de précision, par laquelle on opère à l'aide d'un pont à 4 coupures par substitution et par retournement; quatre déterminations s'imposent dans ce cas, mais le résultat obtenu est beaucoup plus approché que par le procédé ordinaire, ainsi que nous l'indiquerons plus loin. Cette méthode ne suppose d'ailleurs que la connaissance exacte des longueurs de fil du pont et d'une résistance étalon avec laquelle on compare la résistance du conducteur proposé.

Quand on mesure des résistances très faibles, la résistance des contacts s'ajoute à celle du conducteur essayé, et il y a lieu de prendre des précautions particulières, en vue desquelles Lord Kelvin a organisé une forme de pont spéciale, dont nous nous contenterons de signaler l'existence.

Description.

La *fig.* 53 représente le pont de Wheatstone, modifié par MM. Kirchhoff et Förster, tel que le construisent MM. Elliott frères, à Londres, et Ducretet et Lejeune, à Paris : c'est le *pont à fil divisé,* appelé aussi *pont à curseur.*

Fig. 53.

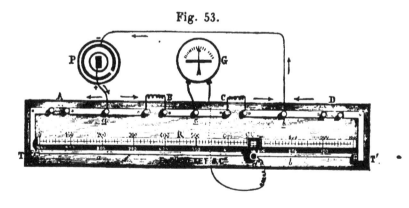

Un fil de maillechort ou de platine TT', de $1^{mm},5$ à 2^{mm} de diamètre et d'environ 1^m de long, est tendu parallèlement à une règle divisée. De larges bandes de cuivre rouge épais font le tour de la planchette de l'appareil et constituent le parallélogramme théorique décrit dans notre Traité élémentaire : les extrémités du fil y sont attachées par des tendeurs à vis butante. Un curseur mobile, à cheval sur la règle, muni d'un index, divise la longueur TT' en deux parties T*d* et *d*T' qui correspondent aux résistances *d* et *a;* le galvano-mètre G est disposé sur une diagonale, la pile sur l'autre. En B on intercale entre les bandes la résistance type, en C le conducteur dont on cherche la résistance x.

Deux ouvertures extrêmes A et B, fermées en travail cou-rant par des plaquettes de cuivre de résistance inappréciable. peuvent recevoir des conducteurs de résistance connue, de manière à constituer un prolongement non gradué des deux

Fig. 54.

sections du fil divisé : l'effet de ces conducteurs est d'aug-menter la sensibilité de l'appareil pour la mesure des grandes résistances, avec une échelle de graduation limitée.

Les coupures A et D peuvent être utilisées pour appliquer la méthode de précision de MM. de Nerville et Benoît.

M. Carpentier a créé un modèle spécial de pont à curseur (*fig.* 54), qui présente d'intéressantes innovations. Le cur-seur, glissant sur l'échelle placée parallèlement au fil, est muni d'un couteau de platine fixé à l'extrémité d'un levier qu'on fait basculer en pressant sur un bouton en ébonite; ce couteau appuie sur le fil par une encoche pratiquée sur son tranchant. Un chevalet d'ivoire accompagne le contact et supporte le fil; la pression du levier est d'ailleurs réglée par un ressort, qui empêche l'opérateur d'abuser de sa force. Au moment de faire une lecture, on fixe le curseur sur sa glis-sière à l'aide d'une mâchoire à serrage et l'on achève l'ajuste-ment par une vis micrométrique. Un vernier permet la lecture au $\frac{1}{10}$ de millimètre. La règle divisée AB, en laiton, établit la communication du curseur avec le galvanomètre. Les prises de contact des résistances se font au moyen de godets à mercure; un commutateur central permet d'en opérer la permutation.

Il est à remarquer que le pont de Wheatstone n'exige pas une pile constante, parce que la mesure que l'on réalise est indépendante de l'intensité du courant dans les circuits dérivés. La polarisation de l'élément ne nuit donc pas à l'exactitude du procédé de comparaison. On emploie avantageusement un daniell monté au sulfate de zinc et de cuivre, ou bien un élément Leclanché.

Le galvanomètre G doit être très sensible, mais il joue ici le rôle d'un galvanoscope auquel on demande seulement de déceler l'existence du courant : on emploie souvent le galvanomètre à réflexion de Thomson et quelquefois des électromètres dont les deux paires de quadrants sont reliées avec les extrémités du pont; quand ces deux points sont au même potentiel, l'intensité du courant est nulle dans le pont.

M. Wietlisbach a le premier ([1]) employé le téléphone pour constater l'absence de courant dans le pont; MM. Lorenz et Kohlrausch ont généralisé cette méthode et en ont obtenu les meilleurs résultats ([2]). Il convient de prendre un téléphone à fils gros et courts : au moment où le circuit est fermé, on entend un choc contre la membrane, et il suffit d'un peu d'exercice et d'une salle d'expériences bien silencieuse pour dépasser même la rigueur d'observation dont est susceptible le meilleur électromètre.

M. Kohlrausch s'est servi plus souvent de courants de direction constante, mais interrompus par un rhéotome placé sur le circuit même du téléphone : MM. Ducretet et Lejeune construisent un modèle de pont spécialement disposé en vue de ce mode d'emploi, lequel présente des avantages particuliers pour la mesure des résistances des circuits enroulés et des bobines.

Le pont de Wheatstone est réalisé plus commodément sous la forme de boîtes de résistances. Cet appareil porte le nom de *boîte en forme de pont* ou bien encore de *pont à bobines*.

([1]) *Berliner Monatsberitcht*, p. 280; 1879.
([2]) *Annales de Wiedemann*, VII, p. 168, 1879; et XI, p. 656, 1881.

La pile P (*fig.* 55) et le galvanomètre ou l'électromètre E sont encore intercalés dans les diagonales du parallélogramme; en AC et en AB sont les résistances dont le rapport est connu; en BD se trouve la résistance à mesurer x; enfin la résistance type est disposée entre les points C et D, sous

Fig. 55.

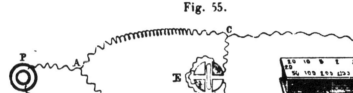

forme d'une boîte graduée en ohms. AC et AB sont les branches de proportion, et CD la branche de comparaison. La *fig.* 56 représente la même disposition dans laquelle la boîte de résistance est elle-même montée en forme de pont.

Fig. 56.

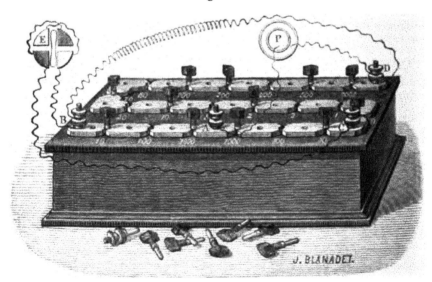

On peut constituer aisément un pont à bobines en adjoignant à une simple boîte de résistances une boîte dite *en*

fourchette dans laquelle les résistances sont rangées sur une seule ligne dans l'ordre suivant :

1000	100	10	1	1	10	100	1000

Dans les ponts que nous venons de décrire, on introduit la résistance dans le circuit en retirant une cheville de son trou; il y a donc autant de chevilles et de contacts qu'il y a de bobines : ce seraient autant de causes d'erreur si les chevilles étaient mal engagées. On évite cet inconvénient dans le dispositif connu sous le nom de *boîte des télégraphes* ou de *boîte à décades*. Dans ces appareils, les résistances sont mises en circuit quand les chevilles sont enfoncées dans le trou correspondant et, de plus, les résistances sont groupées de telle façon qu'il n'y a jamais que six chevilles à manœuvrer, quelle que soit la résistance à former, quatre pour la branche de comparaison et deux pour les branches de proportion. Voici comment ce résultat est obtenu : pour les deux branches symétriques de proportion, les résistances sont placées entre une barre passant par la borne centrale, et des plots marqués 1, 10, 100 et 1000; une cheville reliant la barre au plot introduit la résistance marquée. Le troisième côté du pont constituant la branche de comparaison est formé par quatre groupes, des unités, des dizaines, des centaines et des mille : M. Carpentier forme des rangées parallèles, MM. Ducretet et Lejeune préfèrent, au contraire, la disposition circulaire de la *fig.* 57; dans les deux appareils, le numéro de la fiche placée fait connaître la grandeur de la résistance introduite; sur notre figure, il y a 1825 ohms : on lit directement ce nombre sur la boîte, sans avoir aucune addition à faire.

Il est avantageux de placer deux clefs ou une clef double dans le circuit, de manière à fermer d'abord le circuit de la pile avant celui du galvanomètre : on évite ainsi les effets de self-induction.

Le rapport des résistances AC et AB peut être pris égal à l'unité : dans ce cas, $x = b$. Il n'y a donc qu'à chercher par tâtonnement la résistance qu'il faut pour réduire à zéro la déviation de l'instrument galvanoscopique.

L'appareil à curseur de M. Förster est aussi pratique que
ces ponts à bobines, mais il n'est point susceptible d'une aussi
grande rigueur, car son fonctionnement repose sur l'hypothèse que le fil divisé a une résistance uniforme : or cette

Fig. 57.

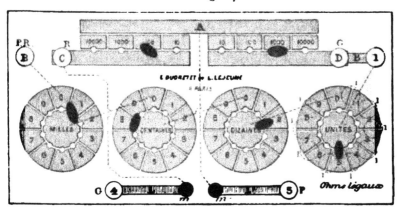

hypothèse n'est presque jamais réalisée, car chaque éraillure
faite par le curseur et la moindre altération de ce fil exposé à
l'air affectent notablement sa conductibilité ; les résistances
des boîtes sont au contraire strictement égales aux valeurs
inscrites, quand elles sont bien construites, et elles ne se
modifient pas par l'usage.

Les étalons prototypes sont généralement gradués en fonction de l'ohm *légal* de 106ᶜᵐ de longueur ; toutefois le Congrès
de Chicago de 1893 a défini l'ohm *international* de 106ᶜᵐ,3
de longueur auquel on rapporte souvent les résistances, surtout à l'étranger. Remarquons que l'ohm légal = 0,997 ohm
international.

Ces étalons prototypes sont réalisés en mercure purifié
chimiquement et distillé à plusieurs reprises. On leur donne
souvent la forme de la *fig.* 58, qui est la plus portative, et qui
permet de les renfermer dans des cuves à eau dont on détermine aisément la température.

Les variations de résistance du mercure renfermé dans
un tube de verre sont données en fonction de la température
par la formule

$$R_t = R_0 (1 + 0,000865\, t + 0,00000112\, t^2).$$

Les étalons secondaires sont constitués par des fils de maillechort, de platine, de constantan, de patent-nickel, de platinoïde (maillechort et tungstène) ou de manganine (84 Cu, 4 Ni, 12 Mn).

Fig. 58.

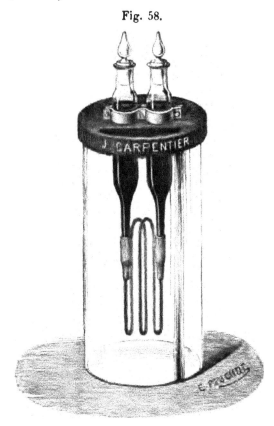

Ces fils sont protégés contre l'oxydation et l'usure par des enveloppes d'ébonite noyées dans la paraffine et recouvertes par une cuirasse en laiton.

Quand on mesure la résistance d'un fil, il importe de le tendre en ligne droite, si toutefois c'est possible, ou tout au moins de l'enrouler en double, comme on le voit sur la *fig.* 59, afin d'éviter les effets électromagnétiques extérieurs et de diminuer les réactions de self-induction.

Si l'on opère sur des barreaux présentant une dimension transversale considérable et partant une très faible résistance, il y a lieu de déterminer avec une grande exactitude la longueur du conducteur; à cet effet, on serre les extré-

mités entre deux paires de couteaux en acier, fixés sur une
planchette de chêne dont on mesure la distance à la machine

Fig. 59.

à diviser ou au comparateur. Les dimensions latérales du
conducteur doivent être déterminées très exactement au
palmer.

Fig. 60.

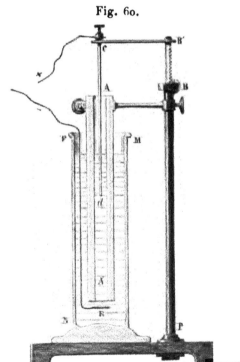

Les méthodes générales de mesure de résistance peuvent à
la rigueur être appliquées à la détermination des résistances
liquides, notamment de certaines dissolutions salines, à con-

dition de remplacer la pile par le circuit secondaire d'une bobine d'induction développant une force électromotrice périodiquement intervertie, et de substituer un téléphone à l'électromètre. On renferme ces liquides dans un rhéostat (*fig.* 60) composé d'un tube de cristal AA' parfaitement cylindrique soutenu dans l'axe d'une éprouvette MN; le courant arrive par la tige *cd*, mobile par le jeu du pignon B et il est fermé par la plaque E et le fil EF.

Un vernier permet de mesurer le chemin parcouru dans le liquide entre les pointes *d* et E; la longueur *l* et la section S sont donc connues. Les électrodes doivent être du même métal que la base du sel, de manière que les forces électromotrices de polarisation soient nulles. Cette méthode ne fournit que des résultats approchés, mais on peut s'en contenter dans quelques cas ([1]).

Manuel opératoire.

Méthode du pont à curseur.

1° La pile étant montée et le galvanomètre installé, on fait passer le courant dans le pont en pressant le bouton du curseur : après quelques tâtonnements, l'opérateur constate que la réduction au zéro est effectuée pour une distance *m* du curseur à l'extrémité de la règle métrique; soit 1000^{mm} la longueur totale du fil :

$$x = b \frac{m}{1000 - m}.$$

2° Pour s'affranchir d'un défaut d'homogénéité du fil, on intervertit les résistances en leur faisant échanger leurs positions, et l'on effectue, à partir de la même origine, une nouvelle lecture *m'*, généralement différente de la première :

$$x = b \frac{1000 - m'}{m'}.$$

([1]) C'est à MM. Lippmann et Bouty que sont dues les meilleures déterminations de la résistance des liquides; obligé de nous limiter dans cet Ouvrage, nous sacrifions à regret l'application de l'ingénieuse méthode des savants physiciens français

On en déduit

$$x = b\,\frac{1000 + (m - m')}{1000 - (m - m')}.$$

En plaçant en A et en B deux résistances R rigoureusement égales, évaluées en longueur de fil TT', la formule devient

$$x = b\,\frac{1000 + (m - m') + 2\mathrm{R}}{1000 - (m - m') + 2\mathrm{R}}.$$

Méthode de précision.

Un premier essai ayant fait connaître approximativement la valeur de x, on place le conducteur à étudier en D (*fig.* 53), et l'on constitue les branches A, B et C par des résistances a, b et c égales entre elles et aussi voisines que possible de x; nous avons dit que c'étaient les meilleures conditions de l'expérience.

Soit r la résistance du fil par centimètre de longueur et soit y_1 la longueur Td conduisant à l'équilibre du galvanomètre; appelons l la longueur totale du fil. On a d'abord

$$\frac{a}{b} = \frac{c + ry_1}{x + r(l - y_1)}.$$

Remplaçons x par une résistance connue R; il viendra, pour une longueur T$d = y_2$,

$$\frac{a}{b} = \frac{c + ry_2}{\mathrm{R} + r(l - y_2)};$$

on en déduit

$$\frac{a}{b} = \frac{r(y_1 - y_2)}{(x - \mathrm{R}) - r(y_1 - y_2)}.$$

Répétons ces deux observations après avoir mis a à la place de b, et réciproquement (le commutateur du pont Carpentier est disposé à cet effet), et nous aurons encore

$$\frac{b}{a} = \frac{r(y_1' - y_2')}{(x - \mathrm{R}) - r(y_1' - y_2')},$$

d'où, en multipliant membre à membre,

$$x - \mathrm{R} = r(y_1 - y_2 + y_1' - y_2').$$

Si donc R est un étalon et que, d'autre part, on connaisse exactement *r*, on pourra déterminer *x* avec une admirable exactitude. C'est par ce procédé que l'on compare les copies des étalons.

Méthode de la boîte en forme de pont.

Le manuel opératoire de cette méthode est calqué sur celui de la méthode du pont à fil; mais l'expérimentateur, au lieu de faire glisser un curseur sur un fil, le long d'une règle, et de mesurer des longueurs, a des fiches à déplacer et une somme à supputer.

Sur la *fig*. 56, nous avons

$$x = 50 + 200 + 20 + 5 + 2 + 1 = 298 \text{ ohms}.$$

Sur une boîte à décades, la lecture est directe et immédiate.

Résultats.

Les résistances spécifiques ou résistibilités qui suivent sont calculées corrélativement à l'ohm légal, c'est-à-dire que la résistance de 10^9 unités C. G. S. est représentée par une colonne de mercure de $0^{cmq},01$ de section et de 106^{cm} de longueur, à la température zéro.

La conductibilité est l'inverse de la résistibilité.

	Résistibilité ρ.	Conductibilité $\frac{1}{\rho}$.
Argent recuit..............	$1,492 \times 10^3$	$67,03 \times 10^{-5}$
Cuivre	$1,584$	$63,13$
Platine....................	$8,981$	$11,14$
Fer.......................	$9,636$	$10,38$
Mercure...................	$94,34$	$1,06$
Maillechort	$20,76$	$4,82$

Les résistibilités sont donc énoncées ici en microhms-centimètres, si l'on fait abstraction du facteur 10^3.

Le Tableau suivant est emprunté au *Traité* de Gordon, qui le cite d'après Maxwell :

	RÉSISTANCE spécifique en unités C. G. S.	VARIATION pour 100 de la résistance à 20°.	DENSITES.
Argent écroui.............	1609	0,377	10,50
Cuivre..................	1642	0,388	8,95
Or......................	2154	0,365	19,27
Plomb	19847	0,387	11,39
Mercure......	96146	0,072	13,596
HO + 35 pour 100 SO⁴H ..	1260300000	1,259	—

Pour évaluer ces résistances spécifiques en ohms-centimètres, il faut les diviser par 10^9.

Il se présente souvent en pratique qu'on ait à déterminer la conductibilité spécifique d'un conducteur de cuivre en fonction de celle du métal chimiquement pur; dans ce cas, il est utile de savoir que :

1° Un ohm équivaut à 4863^{cm} de fil de cuivre pur de 1^{mm} de diamètre à zéro;

2° Un fil de cuivre écroui de 1^m de long et pesant 1^{gr} a une résistance à zéro de $0^{ohm},144$.

Voici, d'après différents physiciens, les résistances des liquides de la pile :

LIQUIDES.	DENSITES.	TEMPERATURE.	RESISTANCE spécifique en unités C. G.S.
Eau.................. .	1,00	4	9.10^{11}
Eau acidulée sulfurique....	1,30	8	$0,94.10^9$
Id.............	1,70	8	$6,25.10^9$
Sulfate de cuivre saturé ...	1,2051	10	$29, 3.10^9$
Sulfate de zinc saturé......	1,4220	10	$36, 7.10^9$

Il ne nous paraît pas hors de propos de donner ici la valeur relative des principales unités de résistance employées autre fois, en fonction de l'ohm légal.

Unités de résistance.

NOMS DES UNITÉS.	OHM.	SIEMENS.	JACOBI.	FIL FRANÇAIS.
Ohm.................	1,0000	1,0475	1,568	0,1078
Siemens............ ...	0,9546	1,0000	1,498	0,1030
Jacobi...............	0,6373	0,6675	1,000	0,0687
Fil français...........	9,2753	18,0970	14,560	1,0000

L'unité de Siemens était la résistance d'un cylindre de mercure pur à zéro, ayant 1^m de longueur et 1^{mmq} de section.

Jacobi avait adopté pour unité pratique celle de 25 pieds de fil de cuivre pesant 345 grains.

Enfin l'unité télégraphique française correspondait, suivant Digney, à celle de 1^{km} de fil de fer de $0^m,004$ de diamètre.

XXXVIIIᵉ MANIPULATION.

MESURE DE LA RÉSISTANCE INTÉRIEURE D'UNE PILE.

Théorie.

La méthode que nous emploierons a été inventée par Lord Kelvin; elle est connue sous le nom de *méthode des déviations égales*. M. Mouton en a donné une description dans le *Journal de Physique*, que nous reproduirons presque intégralement [1].

On introduit, dans le circuit de la pile P, dont on cherche la constante, un rhéocorde r (*fig.* 61) et un galvanomètre G; celui-ci marque une déviation δ. On jette alors un pont AB de résistance s, y compris celle du shunt intercalé S : la dé-

---

[1] *Journal de Physique*, V, p. 146; 1876.

viation du galvanomètre diminue et devient δ'; on la ramène
à sa valeur primitive δ en diminuant le fil du rhéocorde r.

Fig. 61.

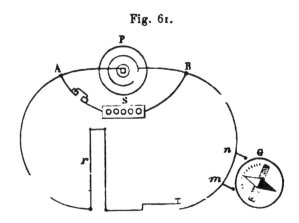

Soient G la résistance du galvanomètre, b celle du rhéocorde à la première expérience, E la force électromotrice de
la pile, x sa résistance, et i l'intensité du courant correspondant à la déviation δ; on a

$$i = \frac{E}{x + G + b}.$$

Dans la deuxième expérience, le rhéocorde a une résistance b', et l'on démontre sans peine que

$$i = \frac{Es}{x(s + b' + G) + s(b' + G)},$$

d'où, en égalant et réduisant,

$$x = s\frac{b - b'}{b' + G}.$$

Quelquefois, le galvanomètre est placé sur une dérivation
mn de $0^m,030$ à $0^m,040$ de longueur pour un diamètre du fil
de cuivre de $0^m,001$ environ. On peut aussi employer le shunt
spécial au galvanomètre que l'on met en service.

Description.

Le rhéocorde de Pouillet se prête fort bien à cette expérience, à condition d'avoir 1^m de long et d'être formé de fils suffisamment résistants, tels que seraient des fils d'acier ou de platine de $\frac{1}{3}$ de millimètre au plus de diamètre.

Une boîte de résistances peut servir de shunt S : il suffit de 5 ohms en tout, divisés en ohms et dixièmes d'ohm.

Le galvanomètre doit être à lecture directe et non à réflexion.

La résistance des conducteurs qui relient les divers instruments sera négligeable : on emploiera avantageusement de larges bandes de cuivre rouge, fixées à demeure sur la table.

Si la déviation δ est trop grande, on réduit la sensibilité du galvanomètre en intercalant le shunt mn entre ses bornes; mais alors on remplace G par la résistance combinée du galvanomètre et de son shunt.

Manuel opératoire.

1° Le rhéocorde présentant sa résistance maximum, et le pont AB n'étant pas fermé, on règle la dérivation du galvanomètre de manière à avoir une déviation δ d'au plus 30° : on la note avec soin, ainsi que la longueur b du rhéocorde.

2° On introduit par le shunt S une dérivation de résistance s. La déviation galvanométrique diminue; on la ramène à sa valeur primitive en diminuant le fil du rhéocorde qui marque, par exemple, b'.

Il faut que la résistance s du shunt soit inférieure à x : aussi est-il nécessaire d'employer, pour cette résistance, une boîte donnant les sous-multiples décimaux de l'ohm.

Résultats.

Cette manipulation exige quelques minutes; elle est d'une exécution très facile et donne de bons résultats pour les piles faiblement polarisables. Voici, d'après M. Mouton, une détermination faite sur un élément Daniell, moyen modèle rempli aux $\frac{2}{3}$ avec des dissolutions de sulfate de zinc et de sulfate de cuivre.

Il employait un rhéocorde de Pouillet à fil de platine de 0^{cm},05 de diamètre ; le shunt du galvanomètre était formé de 0^m,015 de fil de cuivre de 0^m,001 de diamètre ; enfin *s* était égal à une unité Siemens, soit à 0^{ohm},955.

$$b = 1000.$$
$$\delta = 59°,$$
$$s = 0^{ohm},955,$$
$$\delta' = 40°,$$
$$b' = 185,$$
$$R = 0,955 \frac{1000 - 185}{185} = 4^{ohms},2.$$

Dans ce calcul, M. Mouton n'a pas tenu compte de la résistance G du galvanomètre.

Le même physicien a trouvé, pour une pile Bunsen, une résistance de 0^{ohm},125, alors que l'élément était monté depuis une heure environ. Mais rien n'est plus variable que cette résistance, qui dépend des dimensions des électrodes, de leur position relative, de leur surface immergée, de leur état, de la concentration des liquides, etc.; M. Preece a même démontré que la résistance intérieure diminue quand le débit de la pile augmente, d'où il ressort que ce n'est pas une constante de la pile : les chiffres que l'on produit dans les Traités spéciaux n'ont donc rien d'absolu et ne peuvent donner qu'une simple indication. Cette remarque s'applique évidemment au Tableau suivant :

Résistance intérieure des piles.

ÉLÉMENT.	FORME.	HAUTEUR.	R EN OHMS.	OBSERVATEUR.
		mm		
Daniell.......	Rond.	200	2,80	Reynier.
Grove	»	220	0,26 à 0,45	Beetz.
Bunsen.......	Rond.	200	0,24	Reynier.
»	Rectangulaire.	200	0,06	»
Reynier	Rectangulaire.	200	0,075	»

Les piles du genre Daniell sont les plus résistantes généralement et l'on compte dans les calculs sur $1^{\mathrm{ohm}},5$, alors qu'on n'estime les résistances des piles Bunsen ou Poggendorff qu'à $0^{\mathrm{ohm}},1$; pour les leclanchés on prend 1 ohm ou $1^{\mathrm{ohm}},5$, pour les lalande et chaperon $0^{\mathrm{ohm}},2$.

La résistance intérieure des accumulateurs est toujours très faible; les batteries Planté du modèle courant donnent au plus $0^{\mathrm{ohm}},02$. On a proposé la formule

$$r = \frac{0,008}{p}$$

dans laquelle p est le poids d'électrode en kilogrammes : mais ce n'est guère qu'une indication.

XXXIX° MANIPULATION.

DÉTERMINATION DE L'ÉQUIVALENT ÉLECTROLYTIQUE DE L'ARGENT.

Théorie.

La mesure, en valeur absolue, de l'action électrolytique produite par les courants exerce depuis longtemps la sagacité des physiciens; MM. Weber, Joule, Bunsen, Cazin, Kohlrausch, Rayleigh, Mascart, Potier et Pellat, etc., ont successivement entrepris cette détermination par les procédés les plus divers; les derniers chiffres publiés concordent assez bien pour qu'on puisse les appliquer à la mesure exacte de l'intensité des courants.

Cette détermination constitue d'ailleurs un des meilleurs exercices des laboratoires d'enseignement, car elle met en œuvre les instruments les plus précis dont disposent les physiciens.

L'électrolyse de l'azotate d'argent est le procédé qui donne les résultats les plus sûrs, à cause de la valeur élevée de l'équivalent de l'argent et de la facilité du contrôle des poids dissous et déposés sur les deux électrodes, poids qui sont sensiblement égaux.

Nous donnerons la préférence à la méthode adoptée par MM. Potier et Pellat ([1]).

Pour maintenir constante l'intensité i du courant d'électrolyse qui traverse le voltamètre à azotate d'argent, et pour en mesurer la valeur exacte, ces savants font passer ce courant dans un rhéostat de réglage et dans une résistance graduée R. Si l'on connaissait la différence de potentiel déterminée par ce courant, aux extrémités de la résistance R, on calculerait sans peine son intensité i. Or, on mesure cette différence de potentiel en lui opposant la force électromotrice e d'un étalon dans une dérivation renfermant un électromètre capillaire Lippmann, lequel permet de constater l'équilibre des forces électromotrices antagonistes. On a donc $e = i R$.

On pourrait, au besoin, considérer e comme suffisamment connu pour certains étalons de force électromotrice et l'on prendrait i égal à $\dfrac{e}{R}$; mais il est préférable de déterminer directement cette valeur.

Pour mesurer e, on procède donc à une seconde expérience consistant à faire passer le courant principal dans un électromètre qu'on substitue au voltamètre et dans le même appareil gradué de résistance, auquel on donne une résistance R' moindre que précédemment; on a, cette fois,

$$e = i' R';$$

de ces deux relations on déduit

$$i = i' \frac{R'}{R}.$$

Il faut, pour cela, que l'étalon de force électromotrice ait gardé la même température, sinon e varierait, et l'on devrait écrire

$$i = i' \frac{R'}{R} \frac{e}{e'}.$$

On connaît donc l'intensité i du courant ayant libéré un

poids d'argent p, et l'on en déduit la masse d'argent déposée par un ampère en une seconde.

On prend pour électromètre un électrodynamomètre absolu de M. Pellat ou bien son ampère-étalon.

Description.

La meilleure source d'électricité à employer est une batterie d'accumulateurs, car il est facile de maintenir la constance de son courant durant l'opération : il convient de disposer de 20 volts environ, ce qui suppose 10 éléments Tudor par exemple.

Le courant traverse, dans la première expérience, la résistance variable de réglage, une résistance graduée et le voltamètre.

Comme résistance variable, on peut employer un rhéostat de Wheatstone ou tout autre, d'un maniement aussi aisé. M. Pellat nous a conseillé le modèle suivant (*fig.* 62) qu'on peut construire à peu de frais : il se compose d'un fil A$abcd$B en maillechort, plié quatre fois d'équerre, coupé entre a et b, et entre c et d, cette solution de continuité étant remplie par des colonnes de mercure renfermées dans deux tubes en U. En élevant ou abaissant la traverse AB, on modifie à son gré la résistance de l'appareil; ce mouvement de la traverse est du reste facile à obtenir par la manœuvre de la vis V, laquelle est munie d'une manivelle m. On emploiera du fil de maillechort ayant $0^{cm},1$ de diamètre soutenu par des baguettes de verre; la partie rectiligne des tubes doit avoir au moins 70^{cm} de longueur, de manière à permettre une variation totale de longueur des fils parcourus par le courant de $4 \times 0,70 = 2^m,80$. La résistance pourra subir, avec cet appareil, un écart d'environ 1 ohm. Ce rhéostat étant un peu haut, on le placera sur le sol, la manivelle à portée de la main de l'expérimentateur. On pourra, d'ailleurs, lui adjoindre une vieille boîte de résistances qu'on ne tient pas à ménager.

La résistance graduée est formée par un fil nu de métal, plongé dans un bain de pétrole, dont un agitateur uniformise la température, mesurée par un thermomètre. MM. Potier et Pellat ont pris un fil de métal XXX (56,5 Cu, 35,5 Ni et

8,0 Zn) dont le coefficient de variation avec la température est égal à 0,00022, très faible par conséquent. Les résistances

Fig. 62.

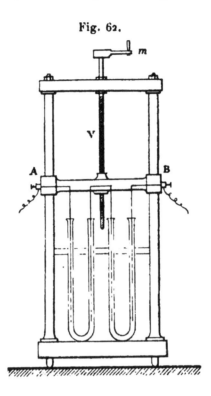

R et R' sont déterminées par une expérience préalable à une température t.

Pour voltamètre, on peut utiliser un vase quelconque; l'anode en argent pur affecte la forme d'un dé à coudre de 2^{cm},6 de diamètre, plongeant de 4^{cm} dans le liquide électrolytique; une lame d'argent roulée en cylindre et disposée concentriquement au dé formera la cathode. Le bain sera une dissolution d'azotate neutre à 15 pour 100.

Sur les bornes de la résistance graduée R, est disposé, en dérivation, un circuit renfermant une pile étalon montée en opposition, et un électromètre capillaire de M. Lippmann; on opère par réduction au zéro.

Comme étalon, on emploie avantageusement un latimer-clark dans lequel l'élément pâteux est remplacé par une dissolution à 15 pour 100 de sulfate de zinc et de sulfate mercureux en poudre reposant sur le mercure : sous cette forme cet étalon se polarise très peu, et sa force électromotrice varie faiblement avec la température ; cette température est, du reste, plus facile à mesurer. Il est bon de placer l'étalon dans un bain d'eau, pour conserver sa température invariable pendant l'essai.

Dans la seconde expérience, on substitue au voltamètre

Fig. 63.

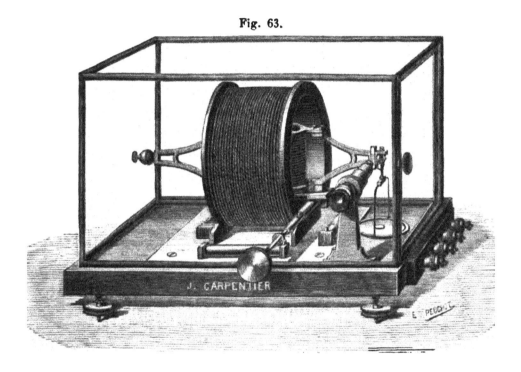

un électrodynamomètre absolu ou, à défaut, un ampère-étalon de M. Pellat.

La *fig.* 63 fait voir l'ampère-étalon tel que le construit M. Carpentier ; il se compose de deux bobines dont les axes sont perpendiculaires. L'une, d'un plus fort diamètre, a son axe horizontal, et elle est fixe ; l'autre, placée à l'intérieur de la première, a son axe vertical et se trouve située dans le champ uniforme de la première. Le passage du courant produit un couple qui fait dévier son axe de la verticale, mais dont on équilibre l'action par des poids placés dans le plateau de la balance au fléau de laquelle la bobine est attachée.

On a

$$i = A\sqrt{p}.$$

Le paramètre A a été déterminé par le constructeur, par comparaison avec l'électrodynamomètre absolu; il est indépendant de la température, mais proportionnel à $\sqrt{g}$.

Dans cette expérience, on s'arrange de façon que R' soit environ le tiers de R et l'on obtient ainsi neuf fois plus de sensibilité.

Manuel opératoire.

Le courant d'électrolyse ne doit pas avoir une intensité supérieure à $0^{amp},1$; pour éviter des tâtonnements en cours d'opération, l'observateur fera donc bien de procéder à un essai préliminaire, effectué sans pesées, dans le seul but de s'assurer d'une manière sommaire, par l'équation $i = \dfrac{e}{R}$, que la résistance graduée R et la résistance variable de réglage sont de nature à donner le résultat désiré.

Cela fait :

1° Le voltamètre est garni d'une dissolution neutre d'azotate d'argent pur, à 15 pour 100, et les électrodes, parfaitement décapées, sont tarées au $\frac{1}{10}$ de milligramme près.

L'observateur place devant ses yeux un chronomètre à secondes; le rhéostat de réglage est mis à portée de sa main et l'électromètre capillaire est installé de manière qu'on puisse observer facilement la position de la colonne à mercure.

On fait passer le courant en notant l'heure.

2° En agissant sur le rhéostat, on amène le mercure au zéro de l'électromètre et on l'y maintient pendant toute la durée de l'expérience, qui doit durer une heure et demie au moins.

L'opérateur étant absorbé par le réglage du courant, il importe qu'il ait un aide pour mouvoir les agitateurs et relever les températures des bains dans lesquels plongent la résistance R et l'étalon Latimer-Clark; il maintiendra ces températures constantes, en faisant le nécessaire.

3° On arrête l'opération au bout de 6000 à 7000 secondes: on retire les électrodes, et après les avoir lavées longuement à l'eau distillée, on les place sous la cloche de la machine pneumatique pour les sécher complètement, ce qui prend un certain temps.

4° Pendant ce temps, on procède à la seconde partie de l'expérience, ayant pour objet de mesurer i' par l'électro-dynamètre ou l'ampère-étalon, qu'il faut introduire dans le circuit à la place du voltamètre.

M. Pellat conseille de disposer le plan de mobilité du fléau perpendiculairement au méridien magnétique, pour annuler l'action de la Terre.

L'observateur reprend position devant l'électromètre et, se servant d'une résistance R' égale au tiers de R, il referme le circuit et maintient l'intensité constante, pendant que son aide prépare la pesée à l'ampère-étalon : le poids p doit être déterminé au milligramme, sinon au dixième de milligramme. Dans l'électrodynamomètre Pellat, 418 milligrammes équilibrent un courant de $0^{amp},3$.

5° On finit par les pesées des électrodes : la variation doit être sensiblement la même pour les deux lames.

Résultats.

Voici les résultats de deux expériences de MM. Potier et Pellat :

Durée.	Coulombs.	Argent déposé.
6850^s	742,85	$0^{gr},8312$
6948	755,08	$0^{gr},8453$

On voit donc que 1 ampère dépose par seconde $1^{mg},1189$ ou $1^{mg},1195$ d'argent, soit en moyenne $1^{mg},1192$.

Les nombres donnés antérieurement sont :

	mg
MM. Kohlrausch..................	1,1183
Rayleigh................ ...	1,1180
Mascart....................	1,1156

Une des causes d'erreur de cette expérience consiste dans l'emprisonnement de l'électrolyte entre les grains de métal déposés : le lavage doit donc être fait avec grand soin.

Le dépôt d'argent augmente très légèrement avec la température de l'électrolyte, d'après Lord Rayleigh.

En prenant comme moyenne les meilleures expériences

faites à ce jour, $1^{mg}, 1177$ d'argent par coulomb, et en acceptant l'équivalent de M. Stas égal à 107,93, on trouverait pour équivalent électrochimique de l'hydrogène $0^{mg}, 010350$.

XLe MANIPULATION.

MESURE D'UNE CAPACITÉ DE POLARISATION.

Théorie.

Quand un courant est employé à électrolyser, à l'aide de deux électrodes, une solution saline, il produit un dépôt de métal sur la cathode et l'on constate qu'il se développe dès lors une force contre-électromotrice, qu'on appelle *force électromotrice de polarisation.* Pour que l'électrolyse soit possible, il faut que le courant employé corresponde à une force électromotrice supérieure à celle de la polarisation.

La polarisation part de zéro et croît avec le temps; la vitesse avec laquelle elle s'établit est d'autant plus grande que la surface des électrodes est moindre; elle atteint son maximum au pôle négatif plus tôt qu'au pôle positif.

Le courant principal venant à cesser, si l'on réunit métalliquement les électrodes, il se produit un courant secondaire, de sens contraire au premier; c'est ce courant que l'on utilise dans les accumulateurs. On récupère dans ce courant de décharge l'énergie employée à la charge absolument comme cela arrive dans la décharge d'un condensateur; l'analogie entre les deux phénomènes est si complète qu'on a été amené à considérer la capacité des électrodes de la même façon qu'on envisage celle d'un condensateur.

C étant la capacité de polarisation des électrodes et E leur différence de potentiel, la quantité d'électricité fournie par la décharge sera donc

$$Q = CE.$$

La capacité de polarisation est par suite égale au quotient $\dfrac{Q}{E}$ et l'on a trouvé sans peine le moyen de la mesurer.

M. Varley avait employé le procédé suivant : une source d'électricité possédant une force électromotrice connue était mise en relation avec un voltamètre ; la polarisation effectuée, on déchargeait les électrodes à travers un galvanomètre ; la quantité qui s'écoulait était mesurée par l'impulsion de l'aiguille. On déterminait ainsi d'une part la force électromotrice de polarisation, puisqu'elle faisait équilibre à celle de la source, d'autre part la charge Q mesurée par la déviation observée ; on en déduisait $C = \dfrac{Q}{E}$.

Les résultats obtenus par cette méthode d'expérimentation se sont trouvés faussés par la dépolarisation subie par les électrodes durant l'essai ; M. Blondlot a évité cette cause d'erreur ([1]) en modifiant le procédé : c'est cette modification que nous allons décrire et appliquer ; nous mesurerons Q pendant la période de charge, réduite à sa durée minimum.

Description.

Dans le circuit d'une pile de Daniell P (*fig.* 64) introdui-

Fig. 64.

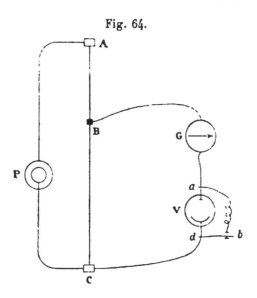

sons les circuits dérivés BC et BGVC ; BC est un fil dont la

([1]) *Journal de Physique*, 1, t. X, pages 277, 333 et 434 ; 1881.

longueur peut varier par suite du déplacement d'un curseur B ; V est un voltamètre et G un galvanomètre. La force
électromotrice établie entre B et C est donc une fraction de
celle de l'élément P ; l'opérateur en dispose à son gré, grâce
au curseur B.

Or, fermons le circuit BGVC pendant un temps très court ;
il passera dans le [voltamètre une quantité d'électricité

$$q = \int_0^\theta i\, dt,$$ mesuré par l'impulsion du galvanomètre. Dépo-

larisons le voltamètre en le fermant sur lui-même au moyen
du fil *abd* et recommençons l'expérience avec d'autres valeurs de θ. Les déviations successives α, α', α″, ... observées à la suite des temps de charge θ, θ', θ″, permettent de
constater bientôt que la charge n'augmente plus ; on connaît
donc la charge nécessaire pour communiquer au voltamètre
une différence de potentiel égale à celle que la pile établit
entre les points B et C. Nous pouvons par conséquent calculer C pour Q et E.

L'organe destiné à régler la durée de la fermeture du circuit pendant les intervalles de temps θ, θ', θ″, ..., est un pendule P, relié au point B et portant à sa partie inférieure une
languette conductrice α (*fig.* 65) laquelle frotte contre une
plaque conductrice *s* en communication permanente, par le
galvanomètre et le voltamètre, avec le point C. Cette plaque
conductrice est réglée de façon que le courant reste
fermé pendant des temps très courts et continûment croissants : à cet effet, elle est taillée en échelons dont la largeur
X_1, X_2, X_3, X_4 varie en progression arithmétique ; il suffit de
déplacer la plaque pour que la languette traîne plus longtemps
sur le métal et change la durée de la fermeture du circuit.

Une seconde plaque ω est disposée à la suite de la première
dont elle est séparée par la rainure K ; dès que la languette
atteint cette lame, le voltamètre se trouve fermé sur lui-
même et mis en décharge, et cela dure jusqu'à ce qu'il plaise
à l'observateur de procéder à une nouvelle expérience.

Le pendule de M. Blondlot a $1^m,70$ de longueur ; la masse P
pèse 7^{kg}. La languette flexible est en platine ; la plaque est
formée d'une lame de laiton ; les échelons ont 1, 2, 3, 4, ... centimètres de largeur, et l'on admet que les durées correspon-

dantes du contact sont dans les mêmes rapports, car la vitesse du pendule est à peu près constante dans le voisinage de son maximum, qui correspond à la position verticale; la courbure de la trajectoire est également négligeable. L'intervalle sépa-

Fig. 65.

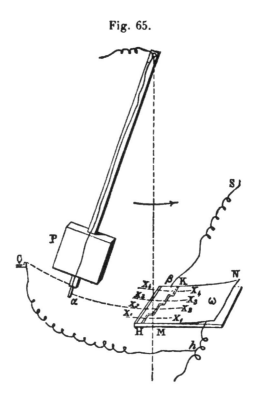

rant la lame de polarisation de la lame de dépolarisation est de 7ᵐᵐ. Ces lames sont du reste noyées dans une plaque d'ébonite.

Le pendule est accroché à une colonne C par un fil C α, qu'on lâche au moment d'opérer. Un arrêt à ressort maintient le pendule à l'autre extrémité de sa course, quand il a franchi la plaque de polarisation et que la languette touche la seconde plaque.

Le voltamètre est construit de manière à séparer les effets respectifs de la polarisation sur chaque électrode; M. Lippmann a obtenu ce résultat en prenant des lames de surface très inégales. La plus petite est constituée par un fil métallique scellé par en haut dans un tube de cristal; elle plonge assez profondément dans le liquide pour que celui-ci baigne le tube de cristal; le bout du fil est enroulé en spirale. La grande électrode est formée d'une feuille du même métal suspendue à un fil scellé lui-même dans le cristal; l'électrode est donc constamment immergée en totalité.

Comme galvanomètre, on emploiera un instrument à deux aiguilles astatiques et à fil gros et court; celui de M. Blondlot avait $2^{ohms},o3$ de résistance. La lecture se faisait par réflexion, et un aimant fixe, placé à grande distance, compensait l'action de la Terre.

Les électrolytes peuvent être de l'acide sulfurique étendu, de l'acide chlorhydrique ou nitrique, des dissolutions de soude, de potasse, de chlorure de sodium, de sulfates divers, etc.

On peut employer tous les métaux pour électrodes, platine, argent, etc., voire même du mercure, dont une goutte sera soutenue par une membrane de parchemin tendue sur un anneau de verre; un fil de platine établira la communication, mais ce fil sera renfermé dans un tube de verre, destiné à le protéger du contact du liquide à électrolyser.

La meilleure pile à employer est celle de Daniell, de forme plate, mise en usage par Lord Kelvin.

L'oscillation de l'aiguille ne doit pas dépasser 3 à 4°; on règle en conséquence la force électromotrice de la charge.

Manuel opératoire.

1° La plaque d'ébonite est placée de telle sorte que la lame de polarisation présente sa moindre largeur X_1 sur le chemin de la languette; l'observateur place l'œil à la lunette du galvanomètre et il prend en main l'extrémité du ruban qui maintient le pendule contre la colonne de départ. L'aiguille du galvanomètre étant devenue immobile, il décroche le pendule et il note la déviation extrême α.

2° On fait avancer graduellement la lame de manière à opérer sur les largeurs X_2, X_3, ..., et on relève les déviations α', α'', ...

3° On modifie la force électromotrice de charge, la nature des électrodes et de l'électrolyte et l'on recommence les mêmes opérations.

Résultats.

M. Blondlot a publié les résultats suivants d'une expérience faite avec des électrodes de platine, dans la potasse caustique; ces chiffres sont relatifs à la polarisation positive.

Temps t (largeur de l'échelon).	Quantités Q (déviations).
10	18,80
15	19,05
20	19,20
25	19,22
35	19,47
45	19,67
55	19,80
65	20,01

Construisant une courbe avec ces éléments, en portant les temps en abscisse et les quantités en ordonnée, on obtient la ligne OAL de la *fig.* 66.

Fig. 66.

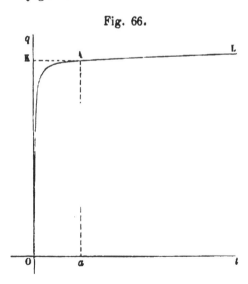

S'il n'y avait pas eu de dépolarisation, la courbe aurait une asymptote parallèle à l'axe des temps ; au lieu de cela, cette asymptote est inclinée, et, à partir de A, l'accroissement de l'ordonnée rapporté à l'unité de temps mesure précisément l'intensité limite du courant de dépolarisation. Prolongeons cette asymptote jusqu'à sa rencontre en K avec l'axe des quantités; cette ordonnée OK est la limite inférieure de la charge que prendrait le voltamètre pour une durée infiniment petite, s'il n'y avait pas de dépolarisation. M. Blondlot prend cette ordonnée OK comme valeur de la charge elle-même : c'est Q pour une force électromotrice E.

Voici les lois découvertes par M. Blondlot :

Il appelle *capacité vraie* la différentielle $\dfrac{dQ}{dE}$; c'est le coefficient angulaire de la tangente à la courbe obtenue en portant les forces électromotrices en abscisse et les charges en ordonnée. La *capacité initiale* est donnée par le coefficient angulaire ou la tangente à l'origine de cette courbe.

1° La capacité initiale ne dépend pas du sens de la polarisation et elle a la même valeur, que la petite ou la grande électrode soit négative. Ainsi, dans le cas des électrodes de platine immergées dans la potasse, la charge positive pour une certaine polarisation très petite a été 18,85 et la charge négative 18,89.

2° La capacité vraie est fonction de la force électromotrice.

3° La capacité vraie ne dépend pas de la nature de l'électrolyte, mais seulement de la force électromotrice.

Pour ce qui est de la valeur absolue de la capacité de polarisation, elle varie considérablement avec l'état de l'électrode : elle a passé de 0,078 à 0,311 microfarad pour une électrode de platine ayant d'abord séjourné longuement dans l'eau acidulée, puis ayant été chauffée au rouge.

XLI° MANIPULATION.

MESURE D'UNE CAPACITÉ PAR LE GALVANOMÈTRE BALISTIQUE.

Théorie.

Cette méthode consiste à comparer la capacité d'un condensateur ou d'un conducteur proposé à celle d'un étalon.

Supposons qu'on ait à mesurer la capacité d'un condensateur. Chargeons-le d'abord par une pile au potentiel E, reliée à l'instrument par un fil sans résistance dans lequel est intercalé un galvanomètre balistique, puis déchargeons-le à travers le même galvanomètre; si les armatures sont bien isolées, les deux impulsions de l'aiguille seront identiques; soit leur valeur commune égale à α.

La quantité d'électricité mise en mouvement est donnée par la formule classique

$$Q = 2 \frac{H}{G} \frac{T}{\pi} \sin \frac{\alpha}{2} = K \sin \frac{\alpha}{2};$$

on a d'autre part aussi $Q = CE$ en appelant C la capacité cherchée.

Répétons les mêmes opérations avec un étalon de capacité connue C_1; nous aurons

$$Q_1 = K \sin \frac{\alpha_1}{2},$$

et

$$Q_1 = C_1 E;$$

d'où

$$\frac{C}{C_1} = \frac{\sin \frac{\alpha}{2}}{\sin \frac{\alpha_1}{2}} = \frac{\alpha}{\alpha_1}.$$

Ce calcul n'est exact que si les décharges des condensateurs sont complètes, au bout d'un temps très court par rapport à la période d'oscillation de l'équipage mobile du balistique. Il est aisé de s'assurer de cette condition en doublant la résistance du circuit du galvanomètre; si la durée de la décharge n'était pas assez courte, l'élongation observée dans ces conditions nouvelles serait différente de la première, auquel cas il y aurait lieu de modifier les conditions de l'expérience.

Il peut se présenter que α_1 diffère considérablement de α; on est alors exposé à commettre une erreur notable, car la valeur de K varie dans ce cas assez sensiblement. On l'évite soit en employant un condensateur étalon gradué, permettant d'égaliser, autant que possible, α et α_1, soit en chargeant chacun des condensateurs par une force électromotrice convenable. On aurait ainsi

$$\frac{CE}{C_1 E_1} = \frac{\alpha}{\alpha_1}$$

et

$$\frac{C}{C_1} = \frac{\alpha}{\alpha_1} \times \frac{E_1}{E}\ (^1).$$

Description.

Cette expérience se dispose comme il suit : le condensateur est en C (*fig.* 67), la pile en P et le balistique en G; la

Fig. 67.

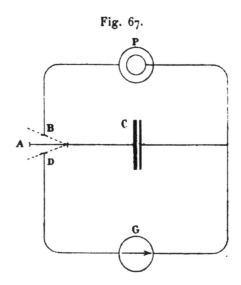

clef A étant appuyée sur le contact B, on charge le conden-

(¹) Il semble qu'on pourrait encore shunter le galvanomètre dans le but d'égaliser, à volonté, les élongations; mais les courants ne so partagent suivant la loi connue des courants dérivés que si l'aiguille reste rigoureusement immobile pendant toute la durée de la décharge. Aussi, les physiciens renoncent-ils, dans les balistiques, au shuntage, parce qu'il peut entraîner des erreurs graves.

sateur; pour le décharger dans le balistique, on pousse la clef contre D. L'étalon se met ensuite à la place de C.

Pour qu'un galvanomètre puisse servir de balistique, il faut et il suffit : 1° que la durée de la décharge qui le traverse soit très faible par rapport à la durée des oscillations de l'équipage mobile, de telle sorte que le courant ait passé avant que cet équipage se soit écarté d'un angle notable de sa position d'équilibre; 2° que l'amortissement soit nul ou du moins négligeable. L'élongation observée est alors proportionnelle à la quantité totale d'électricité écoulée.

Il semble que, pour réaliser la première condition, on doive augmenter indéfiniment le moment d'inertie de l'équipage; ce serait une erreur, car on sacrifierait la sensibilité à la précision. L'expérience montre, au contraire, qu'il y a intérêt à réduire les dimensions et la masse des aiguilles mobiles tout en augmentant la constante galvanométrique du cadre; quand c'est le cadre qui est mobile, on l'allège par une diminution du nombre des spires, en même temps qu'on·le soumet à l'action d'un aimant plus puissant.

L'amortissement, qu'on cherche à amplifier dans les galvanomètres servant à mesurer les courants constants pour permettre des mesures rapides, doit être au contraire nul ou du moins minimum dans les balistiques : on le réduit en supprimant, autant que possible, la résistance de l'air, et en évitant, par des dispositifs appropriés, les courants induits dans les masses métalliques environnantes et dans les circuits eux-mêmes; ainsi, les cadres en cuivre entourant l'aiguille et les disques de cuivre placés sous l'aiguille nuisent à la sensibilité d'un galvanomètre balistique, de même que, en général, tout ce qui tend à rendre les galvanomètres apériodiques.

On dispose rarement, dans les laboratoires, de galvanomètres spécialement destinés à fonctionner en balistique; ils ont presque tous un certain amortissement.

Le Deprez-d'Arsonval, le Wiedemann-d'Arsonval, le Thomson périodique, le Weston, etc., peuvent cependant très bien être employés en balistique; M. Carpentier construit d'ailleurs un Deprez-d'Arsonval plus particulièrement approprié à la mesure des courants instantanés; MM. Ayrton et Perry ont aussi imaginé un dispositif de balistique dans lequel un faisceau de petites aiguilles est renfermé dans une sphère creuse de plomb, de manière à supprimer tout amortissement. Dans ce dernier instrument, le rapport de la seconde élongation à la première est égal à 0,86.

Quand les décharges ne sont pas instantanées, on est bien obligé d'augmenter le moment d'inertie du système mobile pour allonger la durée de l'oscillation : c'est alors une condition subie et non cherchée.

Les condensateurs étalons peuvent être ceux de Cavendish, constitués par des carreaux de Franklin, à grandes lames de verre et feuilles d'étain; on peut calculer leur capacité par la surface S des armatures, l'épaisseur e du verre et son coefficient d'induction spécifique, en tenant compte toutefois de l'influence perturbatrice des bords : on sait que le microfarad vaut $\dfrac{1}{9 \times 10^5}$ unités C.G.S. électrostatiques. Malheureusement, la capacité de ces appareils est très faible.

Il est préférable d'employer des boîtes graduées de capacités analogues aux boîtes de résistance.

La *fig.* 68 montre comment ces boîtes sont disposées : les

Fig. 68.

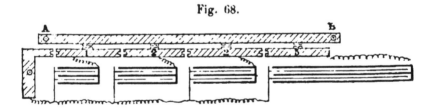

condensateurs divisionnaires ont une paire d'armatures reliée à la Terre, et l'autre à des plots de cuivre isolés, reliés par des fiches à la barre AB. Une fiche placée sur une borne introduit une capacité correspondante au nombre inscrit sur le plot correspondant. Généralement, les armatures sont en étain, et le diélectrique est du mica; mais M. Carpentier construit des étalons en mica argenté qui sont plus compacts attendu qu'un microfarad-étalon est renfermé dans une boîte plate carrée de 144^{cq} de surface et de 3^{cm} d'épaisseur.

Certaines boîtes sont montées en cascade; dans ce cas,

l'inverse de la capacité du condensateur est égal à la somme des inverses des capacités constituant la cascade.

La pile à employer sera formée d'un ou deux daniells.

La clef à adopter dans cette expérience est la clef de Lam-

Fig. 69.

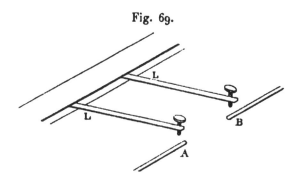

bert (*fig.* 69); elle se compose de deux leviers L que l'on abaisse à l'aide de touches sur les contacts A et B.

Manuel opératoire.

1° Le condensateur à étudier étant placé en C, on constate d'abord que la charge et la décharge donnent des élongations égales; s'il était mal isolé, le courant de perte s'ajouterait au courant de charge et se retrancherait du courant de décharge et l'on aurait, dans le premier cas, une déviation trop grande et une déviation trop faible dans le second cas.

2° On constate, d'autre part, que les conditions expérimentales du balistique sont bonnes, en s'assurant qu'une variation de la résistance du circuit du galvanomètre ne change pas la déviation observée en décharge.

3° On compare les élongations obtenues en décharge avec le condensateur proposé et l'étalon, en faisant le nécessaire pour avoir des valeurs de α et de α_1 aussi voisines que possible.

On en déduit $\dfrac{C}{C_1}$.

Résultats.

M. Bouty a étudié des condensateurs constitués par des lames de mica argentées par le procédé Martin; on enlevait l'argent sur les bords à l'aide de l'acide azotique et, par des lavages et des dessiccations répétées, on débarrassait le plus possible la surface, mise à nu, de toute trace d'électrolyte : on finissait par un vernissage des bords à la gomme laque et un passage à l'étuve à 140° [1].

La fermeture étant établie pendant une seconde, on obtient les résultats suivants :

Charge par un élément Daniell.

Épaisseur du mica........... $5o^\mu,75 = o^{cm},oo5o75$
Surface armée .... $66^{cq},41$
Capacité.................... $o^{mf},oo917$

La capacité électrostatique est donc égale à

$$C = o,oo917 \times 9 \times 10^5 = 8,253 \times 10^3.$$

Par application de la formule $C = \dfrac{KS}{4\pi e}$, on déduit de cette valeur la constante diélectrique K,

$$K = \frac{12,566 \times 8,253 \times 10^3 \times o,oo5o75}{66,41} = 7,91.$$

Le mica auquel se rapporte cet essai est une muscovite incolore et transparente fournie par M. Carpentier à M. Bouty.

Remarquons que le nombre ainsi trouvé est plus de trois fois supérieur au carré de l'indice moyen du mica, ce qui semble mettre en échec la loi de Maxwell $K = n^2$.

M. Bouty a démontré que, par suite des charges résiduelles, les subdivisions d'un étalon gradué ne sont proportionnelles à leurs valeurs nominales que pour une seule durée de charge.

Des expériences de M. Jenkin, effectuées avec un thomson astatique à longue durée d'oscillation de 20 secondes, avaient déjà fait ressortir l'influence de la durée de la décharge.

Voici ces résultats :

---

[1] *Bulletin de la Société de Physique*, p. 246; 1891.

Charge par 20 *éléments Daniell.*

(Durée de la charge : 1 minute).

Durée de la décharge.	Déviation de l'aiguille.	
Fraction de seconde......	156 divisions	
1ˢ,7........................	161	»
3ˢ,4........................	164	»
5ˢ,0.............	166	ʼʼ
Contact permanent...........	166	ʼʼ

XLIIᵉ MANIPULATION.

MESURE DE LA DÉCLINAISON MAGNÉTIQUE.

Les expériences de magnétisme ne peuvent réussir que dans des laboratoires spéciaux d'où le fer soit rigoureusement exclu : toutes les serrures, ainsi que les garnitures métalliques des fenêtres et des portes, doivent être construites en cuivre rouge ou en laiton, et il est nécessaire de soumettre les murs eux-mêmes à un rigoureux examen, car les architectes encastrent souvent des barreaux de fer ou des ancres en fonte massive dans les maçonneries.

L'opérateur enfin est tenu de déposer à la porte tous les objets magnétiques qu'il porte sur lui : un trousseau de clefs, un binocle, quelquefois même des boutons métalliques peuvent faire dévier les boussoles et provoquer d'interminables oscillations des aiguilles, et, par suite, des erreurs d'autant plus graves que la cause n'en est pas soupçonnée.

Les observatoires magnétiques sont généralement installés dans des pavillons à rez-de-chaussée, isolés au milieu de vastes jardins : il est peu de Facultés qui ne puissent réaliser une semblable disposition, indispensable au succès des manipulations qui suivent.

Théorie.

La déclinaison est l'angle que fait le méridien magnétique avec le méridien astronomique.

On la compte à partir du nord astronomique en allant vers le nord magnétique. Elle est orientale ou occidentale, selon que le pôle nord de l'aiguille est à l'est ou à l'ouest du méridien astronomique.

La mesure de la déclinaison comprend deux opérations distinctes :

1° La détermination de l'angle que fait l'axe magnétique d'un barreau aimanté avec une ligne de foi du plan horizontal prise pour origine ;

2° Celle de l'angle que fait cette ligne origine avec la méridienne du lieu : cette dernière mesure est purement astronomique.

La première de ces opérations se fait aujourd'hui dans les observatoires à l'aide du magnétomètre de Gauss, installé à demeure et généralement disposé pour relever les variations de la déclinaison : mais les boussoles de Gambey et de Brunner sont restées les instruments classiques des laboratoires d'enseignement, et nous consacrerons cette Manipulation à leur maniement.

Une seule mesure ne peut donner correctement la valeur de la déclinaison : il est nécessaire de combiner plusieurs lectures, pour deux motifs. Et d'abord l'axe magnétique d'un barreau n'est pas une ligne matérielle qu'on puisse prendre pour repère, et il ne coïncide jamais rigoureusement avec l'axe géométrique de ce barreau ; deuxièmement, la boussole peut présenter une excentricité relative du centre d'oscillation de l'aiguille et du cercle répétiteur. On s'affranchit de cette double cause d'erreur par la méthode du retournement et par une observation simultanée des positions occupées par les deux extrémités du barreau : il y a donc quatre observations à faire, deux avant et deux après le retournement, en supposant même que l'aiguille aimantée soit immobile dans le méridien magnétique. Or il est toujours long, quelquefois impossible et souvent inexact d'attendre que cette aiguille ait pris une position stable, et l'on préfère relever les positions extrêmes de l'aiguille dans son mouvement oscillatoire, ce qui double le nombre des valeurs à noter dans cette expérience et les porte à huit et même à seize lorsqu'on mesure les angles par deux verniers.

La détermination du méridien astronomique se fait très correctement par le procédé suivant, dit des *hauteurs correspondantes*. On observe le Soleil quelque temps après son lever à l'aide de la boussole de Gambey ([1]), faisant office de théodolite : l'image de l'astre sera, par exemple, tangente, à gauche et au-dessous, aux deux fils du réticule, ainsi qu'on le voit (*fig.* 70). Puis on renouvelle cette même observation

Fig. 70.

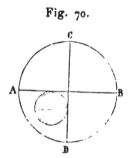

dans l'après-midi, sans déplacer la lunette, en faisant simplement tourner la boussole autour de son axe vertical; on fixe l'instrument au moment précis où le Soleil repasse à la même hauteur au-dessus de l'horizon que le matin, son image étant tangente à droite et au-dessous aux deux fils du réticule, et l'on prend la bissectrice de l'angle formé par les deux plans verticaux ainsi déterminés : c'est la direction du méridien.

Cette manière d'opérer est très correcte à l'approche des solstices, mais il est nécessaire de corriger le résultat de l'observation si l'on opère à tout autre moment de l'année. Appelant ε la variation de la déclinaison du Soleil par jour, δ cette déclinaison et λ la latitude du lieu, ce terme de correction est égal à

$$0,16\varepsilon\,(\tan g\,\lambda - \tan g\,\delta);$$

au printemps, le méridien vrai est à l'ouest; en automne, il est à l'est du méridien observé : l'écart peut dépasser 8′.

([1]) Il est indispensable de recouvrir l'oculaire de la lunette d'un verre noir ou fortement enfumé.

La méthode que nous venons de décrire exige deux observations : on peut se contenter d'en faire une seule, si l'on y
joint la détermination de l'heure vraie correspondante ([1]). En
effet, le temps vrai étant H, le Soleil se trouve à ce moment
dans un plan horaire faisant avec le méridien un angle
$\alpha = 15H''$; on en déduit l'angle du vertical de l'astre avec le
méridien, en résolvant un triangle sphérique dont les sommets
sont le zénith, le pôle et l'astre. Les Tables donnent la distance zénithale du pôle et la distance polaire du Soleil.

Cette détermination n'est du reste à faire qu'une fois : car
le méridien peut être tracé sur les murs du laboratoire par des
marques immuables auxquelles on rapportera toutes les expériences ultérieures. Dans les villes, on prend souvent pour
repère la pointe d'un paratonnerre éloigné, la flèche ou la
croix d'un clocher, voire même l'arête verticale d'un édifice
élevé.

Description.

La boussole de Gambey (*fig.* 71) se compose d'un cercle
azimutal fixe AB, monté sur un trépied à vis calantes : le barreau aimanté est suspendu par un paquet de fils de cocon qui
s'enroule sur le treuil H. Deux colonnes en cuivre CD et C'D
soutiennent une lunette EF mobile dans un plan vertical :
grâce à un double système de lentilles et d'écrans représentés
à gauche de la figure, cette lunette peut faire fonction de microscope et de télescope, à la volonté de l'opérateur. Toute la
partie supérieure de l'appareil est portée par un axe vertical
autour duquel on peut la faire tourner : deux verniers opposés permettent de relever les angles.

Le cercle horizontal est généralement divisé en 360°, chaque
degré en 6 parties, et les verniers en 60 parties, ce qui permet
des appréciations à 10'' près ([2]).

([1]) Voir, pour la détermination de l'heure vraie, la XXXIe Manipulation de
notre *Cours élémentaire* p. 172.

([2]) Si le cercle est divisé en demi-degrés, et que le vernier soit au $\frac{1}{15}$, c'est-
à-dire formé de 29 demi-degrés partagés en 30 parties égales, on peut évaluer
la minute. La division étant au $\frac{1}{3}$ de degré, le vernier au $\frac{1}{11}$ (59 sixièmes de
degré partagés en 60 parties) donnera le $\frac{1}{6}$ de minute; avec une division au $\frac{1}{12}$

Le barreau a o^m,5oo de long, o^m,o15 de haut et o^m,oo3 d'épaisseur : à chacune de ses extrémités se trouve un anneau muni de fils en croix, dont l'intersection coïncide sensible- ment avec l'axe géométrique. L'aiguille repose dans un étrier

Fig. 71.

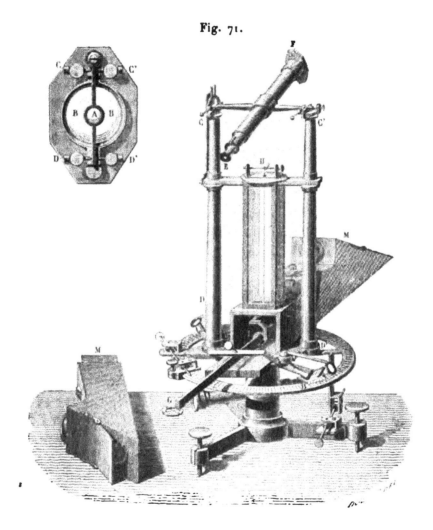

qui permet le retournement. Avant de suspendre l'aimant, on glisse dans cet étrier une masse de cuivre rouge de même poids et on la laisse tourner sur elle-même sous l'influence de

de degré, le même vernier au $\frac{1}{15}$ fournira le $\frac{1}{11}$ de minute. Il est difficile d'aller au delà et ce n'est qu'avec des cercles admirablement construits qu'on peut répondre d'une mesure à 5 secondes près.

la torsion jusqu'à ce que cette torsion ait disparu. La masse est alors enlevée et remplacée par l'aimant : pendant cette opération, on a soin de tenir l'étrier pour l'empêcher de tourner.

Une boîte d'acajou, fermée à sa partie supérieure par des glaces bien pures et à faces parallèles, préserve l'aiguille des agitations de l'air.

La boussole de MM. Brunner est plus fréquemment employée aujourd'hui ; elle constitue un véritable théodolite, pourvu d'une lunette pour les visées lointaines et d'un microscope pour l'observation des repères du barreau : l'appareil optique à double fonction de Gambey est donc dédoublé, et l'instrument y gagne en précision.

La lunette FF' et le microscope (*fig.* 72) sont montés sur un même axe horizontal et dirigés parallèlement l'un à l'autre : cet axe passe par le centre du cercle vertical DD, qui est lui-même mobile autour d'un axe vertical passant par le centre du cercle horizontal AB.

L'aiguille est suspendue dans une enveloppe cylindrique G en bronze, fermée par des glaces amovibles : le fil est accroché au tambour à treuil I, qui surmonte le tube en verre II. Cette pièce peut tourner sur elle-même ; de plus, on en effectue le centrage à l'aide de trois vis. On peut donc relever l'aiguille, la centrer par rapport au limbe horizontal et détendre le fil de suspension.

Le barreau d'acier est prismatique : il porte sur ses extrémités de petits disques polis, en argent ou en laiton doré, placés verticalement et présentant un trait de repère. Ce trait doit lui-même être rigoureusement vertical.

L'appareil est muni de deux niveaux N et N' à bulle d'air : il est monté sur un solide trépied à vis calantes ou mieux encore sur un massif en maçonnerie, parfaitement stable et indépendant des planchers.

Manuel opératoire.

Quelle que soit la boussole employée, il importe avant tout de s'assurer que le fil de suspension de l'aiguille ne présente aucune torsion préalable. Ce fil est formé de quelques brins de soie, pris à un cocon, disposés parallèlement, enduits de suif et en nombre minimum, de façon que le couple de torsion soit très faible. On y suspend d'abord un barreau de

Fig. 72.

cuivre de même poids que le barreau aimanté et l'on tourne le treuil jusqu'à ce que l'axe du barreau soit parallèle à l'axe de l'enveloppe cylindrique.

Voici la suite des opérations à effectuer avec une boussole de Gambey :

1º On règle la verticalité de l'axe, en agissant sur les vis calantes ;

2º On couvre d'abord la partie centrale de l'objectif et l'on vise les mires avant et arrière qui définissent la méridienne ;

on détermine ainsi l'angle du méridien astronomique avec la ligne origine.

3° La partie annulaire B de l'objectif étant ensuite couverte par un écran, l'opérateur vise l'extrémité de l'aiguille en faisant tourner l'instrument autour de son axe vertical, puis il retourne la lunette et vise l'autre extrémité. Chaque lecture est effectuée à l'aide des deux verniers.

On note la moyenne des quatre observations : il y en aurait huit à faire si l'aiguille n'était pas entièrement immobile, parce qu'il faudrait relever les excursions de l'aiguille à droite et à gauche de sa position d'équilibre.

4° Le barreau est retourné sur lui-même de manière à diriger vers la terre la face qui regardait le ciel, et l'on répète les lectures comme ci-dessus. La moyenne est inscrite et combinée avec la précédente. En résumé, seize lectures font connaître l'angle de l'axe magnétique du barreau avec la ligne 0-180 du cercle azimutal.

5° Couvrant alors de nouveau la partie centrale de l'objectif, on vise une seconde fois les mires dans le but de s'assurer que l'instrument n'a subi aucun déplacement.

La déclinaison est la somme algébrique des deux angles formés par le méridien astronomique et par l'axe magnétique du barreau avec la ligne origine.

Résultats.

D'après la carte de Lamont, la déclinaison était occidentale et elle avait les valeurs suivantes en 1850 dans les principales villes de l'Europe dont les noms suivent :

Paris........................ 20.35,8 O.
Greenwich.................... 22.29,5
Bruxelles.................... 20.40,7
Vienne...................... 13.33,5
Leipzig..................... 15.43,8

En janvier 1875, la déclinaison était

A Montsouris, de................ 17.26,2
A Lille, de.................... 17.22,0

En janvier 1896, elle était

A Paris (parc Saint-Maur)....... ..   15°.6′,8

XLIII° MANIPULATION.

MESURE DE L'INCLINAISON MAGNÉTIQUE.

Théorie.

L'inclinaison magnétique est l'angle que fait avec l'horizon l'axe polaire d'une aiguille aimantée mobile autour de son centre de gravité, dans le méridien magnétique.

Deux méthodes sont en usage pour mesurer l'inclinaison : la première consiste simplement à diriger l'aiguille dans le plan du méridien et à lire l'angle qu'elle fait avec l'horizontale; la seconde, dite *des azimuts rectangulaires,* n'exige pas la connaissance du méridien, car i' et i'' étant les inclinaisons observées dans deux plans rectangulaires quelconques, l'inclinaison vraie i est donnée par la formule

$$\cot^2 i = \cot^2 i' + \cot^2 i'' ;$$

c'est la seconde méthode que nous emploierons.

Voici les conditions requises par la théorie pour faire une observation correcte à l'aide de la boussole d'inclinaison :

1° La ligne 0-180 du limbe gradué doit être horizontale.

2° L'axe de figure de l'aiguille doit coïncider avec la ligne des pôles.

3° Enfin, le centre de gravité et l'axe de suspension doivent être confondus.

En réalité, aucune de ces conditions n'est rigoureusement remplie. On corrige les défauts de construction de l'instrument en tournant le limbe de 180°, en retournant l'aiguille sur elle-même et en changeant l'aimantation de signe, triple opération qui nécessite seize lectures dans chaque plan, attendu qu'on relève chaque fois la position des deux extré-

mités de l'aiguille pour éliminer les erreurs de division du
limbe gradué.

Il y a donc trente-deux lectures à faire pour mesurer l'inclinaison.

Description.

La boussole classique d'inclinaison (*fig.* 73) est un véritable théodolite, dont on a remplacé la lunette par une aiguille
aimantée; nous y trouvons donc le cercle azimutal immobile
CD et le limbe vertical FE qui peut être amené dans toutes
les directions.

Fig. 73.

L'appareil est recouvert d'une cage de verre qui a été
supprimée sur le dessin pour laisser voir toutes les parties
dont il se compose.

Les pivots cylindriques de l'aiguille reposent sur deux
plaques d'agate ou de cristal de roche. Pendant l'observation,
ces pivots roulent sur leurs supports; mais deux fourchettes
de métal qu'on peut élever et abaisser à volonté permettent
de ramener l'axe au centre du limbe. En tournant, il sort de
cette position; mais, après l'avoir soulevé plusieurs fois, il
finit par tomber à sa place exacte pendant qu'il est dans la
direction exacte.

Le cercle azimutal est divisé en demi-degrés, mais on obtient la minute au moyen d'un vernier au $\frac{1}{30}$; le limbe vertical marque les dix minutes. Il faut renoncer à déterminer l'inclinaison avec une approximation supérieure à 10' ou 15'. Le cercle de Barrow, qu'on emploie dans les observatoires, donne au contraire la minute : mais cet instrument est trop coûteux pour qu'on puisse le mettre entre les mains des élèves.

Fig. 74.

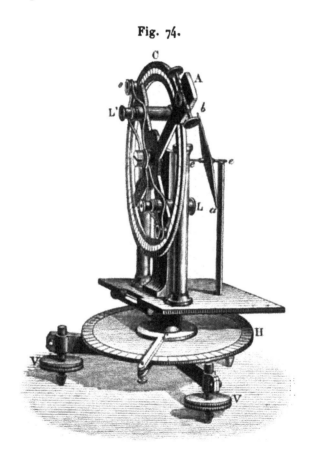

Toutefois le principe de cet appareil se retrouve dans quelques boussoles plus modernes, qu'on rencontre aujourd'hui dans les laboratoires de création récente. L'aiguille n'oscille plus dans le plan du limbe gradué, mais elle est placée en arrière ; on en vise les pointes à l'aide de deux microscopes, montés sur une alidade, à vernier, mobile sur un cercle vertical, et on lit les angles sur sa graduation. Tel est l'instrument représenté par la *fig*. 74 : la boussole de Brunner est du même genre.

Manuel opératoire.

1° Avant de commencer l'observation, on doit d'abord mettre l'instrument exactement vertical au moyen de ses vis calantes.

2° On fait une première mesure dans un plan quelconque, à 45° environ du méridien, en prenant soin de relever la position des deux extrémités de l'aiguille : on trouve généralement une différence sensible entre les deux valeurs observées; notons-les toutes deux.

Il est prudent de recommencer plusieurs fois ces lectures, en soulevant l'aiguille à l'aide de son étrier et en la faisant redescendre doucement sur les plaques d'agate : prenons-en la moyenne.

3° On tourne le cercle vertical de 180°, lus au cercle horizontal, en sorte que, si l'instrument faisait d'abord face à l'est, il fasse maintenant face à l'ouest, et l'on répète les deux lectures : nous retenons donc quatre angles.

L'aimant est alors enlevé de ses supports et retourné de façon que le bout de son pivot, qui se dirigeait sur le devant, soit tourné vers le fond de l'instrument, et l'on refait les quatre déterminations précédemment indiquées : cela fait huit.

4° On répète ces diverses opérations dans un azimut rectangulaire du premier : voilà seize lectures.

5° On retire enfin l'aimant et l'on intervertit ses pôles : seize nouvelles lectures sont faites dans ces nouvelles conditions.

Pour désaimanter l'aiguille et renverser ses pôles, on la couche sur une pièce de bois présentant une cavité ayant un peu plus de profondeur que la lame d'acier n'a d'épaisseur, et on l'y assujettit au moyen d'une pince de laiton ; puis on promène sur elle, du centre vers les bouts, deux barreaux aimantés que l'on tient dans chaque main, par leurs pôles contraires, suivant le procédé de Duhamel, dit *de la touche séparée*. L'opérateur écarte à la fois les deux aimants et les fait glisser en sens inverse l'un de l'autre, du milieu aux extrémités correspondantes. Cette opération étant répétée un certain nombre de fois, l'aiguille devient un aimant plus ou moins puissant dont le pôle austral se trouve du côté sur lequel a passé le pôle boréal du barreau dont on se servait. L'intensité de l'aimantation n'influe pas sur la détermination de l'inclinaison. Il est à remarquer que les aimants ne frottent pas sur l'aiguille, grâce à la cavité du support ; un contact direct pourrait détériorer l'aiguille.

Résultats.

D'après Lamont, l'inclinaison avait, en 1850, les valeurs ci-dessous, dans les villes dont les noms suivent :

$$
\begin{array}{ll}
\text{Paris} & 65.42,2 \\
\text{Greenwich} & 68.48,0 \\
\text{Bruxelles} & 67.54,8 \\
\text{Vienne} & 64.22,0 \\
\text{Leipzig} & 67.\ 5,0
\end{array}
$$

A Paris, M. Moureaux a trouvé, au parc Monceaux :

En janvier 1896 . . . .   65°.'2,4

XLIVᵉ MANIPULATION.

DÉTERMINATION DU MOMENT MAGNÉTIQUE D'UN BARREAU AIMANTÉ.

Théorie.

Considérons un aimant d'une longueur $2l$, mobile, dans le plan horizontal, autour d'un axe vertical ; il est soumis à l'action de la composante horizontale du magnétisme terrestre. Cette action se réduit à un couple dont le moment est égal à $2mlH$, si nous appelons H la force horizontale exercée par la Terre sur l'unité de magnétisme et m la quantité de ma-

gnétisme concentrée aux pôles dont la distance est supposée
égale à 2 l.

On représente ce moment par le produit $\mathfrak{M} H$, en posant
$\mathfrak{M} = 2ml$, et on l'appelle le *moment magnétique* du barreau
aimanté.

Il suffit de faire osciller le barreau pour déterminer son
moment magnétique en valeur absolue : en effet, on a

$$t = \pi \sqrt{\frac{\mathrm{I}}{\mathfrak{M} H}},$$

d'où

$$\mathfrak{M} H = \pi^2 \frac{\mathrm{I}}{t^2},$$

en appelant I le moment d'inertie de ce pendule et t la durée
de l'oscillation simple.

Pour un barreau mince, d'une longueur 2 l et d'une section
partout égale et très faible, de masse M, on a

$$\mathrm{I} = \mathrm{M} \frac{l^2}{3}.$$

Dans un parallélépipède rectangle de longueur 2 l, de largeur a, le moment est égal à

$$\mathrm{I} = \mathrm{M} \frac{a^2 + 4 l^2}{12}.$$

Mais I se détermine mieux par l'expérience que par le
calcul, car un barreau ne présente pas de forme suffisamment
régulière pour qu'on puisse admettre qu'il oscille rigoureusement autour de son centre de gravité ; du reste, il est toujours nécessaire de surcharger une de ses extrémités par un
léger contrepoids pour le maintenir horizontal, ce qui détruit
la symétrie par rapport à l'axe. Gauss employait donc le procédé suivant ([1]) : il fixait sur des goupilles implantées vers

---

([1]) *Intensitas vis magneticæ terrestris ad mensuram absolutam revocata*
(*Carl Friedrich Gauss Werke*, V. Band, p. 74). « Suppositionem gratuitam massæ
perfecte homogenæ formæque perfecte regularis ægre admitteremus, et pro
experimentis nostris rem per talem calculum expedire omnino impossibile est. »

les extrémités du barreau deux poids cylindriques en cuivre de masse totale μ, de rayon ρ, à une même distance λ de l'axe de suspension, et il observait la durée τ d'une oscillation; dans ces conditions, on peut écrire, en appelant I' le moment d'inertie des deux masses auxiliaires non magnétiques,

$$I = I' \frac{t^2}{\tau^2 - t^2}$$

et

$$I' = \mu (\lambda^2 + \tfrac{1}{2}\rho^2),$$

en admettant que les axes des masses μ soient bien parallèles au fil de suspension et rigoureusement placés à la distance λ de cet axe.

Quelques corrections sont nécessaires : et d'abord la durée t de l'oscillation observée doit être divisée par $\left(1 + \frac{1}{4}\sin^2\frac{\alpha}{4}\right)$ pour une amplitude α; de plus, il faut tenir compte de la force de torsion du fil de cocon auquel le barreau est suspendu, car elle diminue sensiblement la durée des oscillations. Cette correction se fait sans peine ; il suffit en effet de tourner successivement la tête du fil de 360° dans les deux sens et de prendre la moyenne u des déviations correspondantes de l'aimant. Si φ est la force de torsion, on aura

$$(360 - u)\,\varphi = \mathfrak{M}\,H \sin u = \mathfrak{M}\,H\,u$$

et

$$\frac{\varphi}{\mathfrak{M}\,H} = \frac{u}{360 - u} = \theta,$$

d'où

$$\mathfrak{M}\,H = \frac{\pi^2 I}{t^2(1 + \theta)}.$$

Description.

La boussole d'intensité de Gambey, dont on se sert pour ces expériences, se compose d'une caisse ronde de bois AA (*fig.* 75), percée de deux ouvertures diamétralement opposées : un arc gradué que parcourt l'extrémité de l'aiguille mesure les amplitudes et la manière dont elles décroissent. Le microscope MM sert à compter les oscillations quand elles deviennent très petites.

L'aimant, de 10ᶜᵐ à 15ᶜᵐ de longueur, est suspendu par un faisceau de fils de soie de cocon à une tête de torsion et à un treuil T au moyen duquel on peut l'élever ou l'abaisser :

Fig. 75.

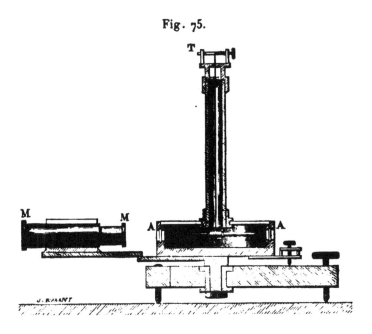

on l'engage dans une chape de papier ou mieux encore dans un étrier de cuivre dont la période d'oscillation doit être égale à celle de l'aiguille.

La longueur des fils de cocon sera d'au moins 0ᵐ,50 de manière à réduire au minimum le moment de torsion du faisceau; d'autre part, on formera le paquet du minimum de brins en faisant porter à chacun d'eux 30ᵍʳ environ.

Pour empêcher l'enchevêtrement des fils, on les tend d'abord chacun par un poids distinct, après les avoir traités par l'eau de savon bouillante, puis on les assemble en faisceau en les disposant parallèlement les uns à côté des autres : le tout est finalement enduit de suif. Ces fils, ainsi préparés et chargés de leur équipage dans lequel une masse de cuivre remplace l'aimant, mettent un certain temps à prendre leur équilibre définitif; on n'introduit le barreau dans sa monture qu'après avoir constaté une position stable.

Quand le barreau pèse plus de 500^{gr}, on substitue avantageusement aux fils de cocon un fil d'argent ou de laiton de $\frac{1}{10}$ à $\frac{3}{10}$ de millimètre de diamètre.

Un aimant de la dimension usuelle effectue une oscillation en six ou huit secondes; pour mesurer cette durée on ne peut évidemment se contenter d'une seule observation, mais on en fait une centaine au moins : voici comment on procède le plus communément.

Assis en face de la boussole, l'opérateur suit les mouvements du barreau et, au moment précis de son passage devant un repère tracé sur la cage de verre, il met en marche une montre à secondes qu'il arrête par exemple au 200e passage; l'intervalle de temps T relevé au chronomètre, divisé par 200, donne au $\frac{1}{100}$ de seconde près la valeur de t à introduire dans les formules établies ci-dessus.

Mais il est souverainement fastidieux de compter 200 oscillations de suite; la méthode suivante épargne cet ennui à l'observateur.

Il note d'abord les temps auxquels correspondent six passages successifs de l'aiguille au repère, et il prend la moyenne des temps auxquels ont eu lieu le premier et le sixième, le deuxième et le cinquième, le troisième et le quatrième passage; en calculant la moyenne de ces moyennes, il établit le moment exact du passage de l'aiguille à sa position d'équilibre stable entre le troisième et le quatrième passage : c'est le temps initial de l'expérience. L'opérateur peut s'éloigner dès lors de l'aimant; il lui suffira de répéter la même opération un quart d'heure après pour déterminer par le même procédé le temps final : l'expérience aura duré par exemple N secondes. Faisant alors la moyenne du premier et du second, du cinquième et du sixième passage, et divisant la différence par 4, il déterminera une durée approchée de l'oscillation au début de l'observation. L'intervalle de temps N, pendant lequel l'aimant a oscillé, étant divisé par cette durée, donne un nombre qui doit être très voisin d'un nombre entier; divisant l'intervalle par le nombre entier, on en déduit t.

Un exemple de calcul qu'on trouvera aux *Résultats* ne laissera subsister aucune incertitude sur les détails de cette méthode ([1]).

Notons qu'un aimant peut osciller plus d'une heure entre les temps où les amplitudes des oscillations sont trop grandes pour se prêter au calcul et trop petites pour qu'on les observe.

Manuel opératoire.

1° L'aiguille est d'abord convenablement suspendue et rendue bien horizontale; puis on l'écarte de quelques degrés de sa position d'équilibre stable ([2]).

2° L'oscillation étant devenue bien régulière, on en détermine, comme il a été dit ci-dessus, la durée t.

3° La même opération est répétée après avoir chargé l'aiguille des poids supplémentaires; la durée τ des oscillations permet de calculer I' et par suite le moment I.

Pour éliminer l'erreur qui résulterait d'une faible excentricité des masses cylindriques, on peut faire deux observations en vue de déterminer τ, la seconde ayant lieu après retournement des cylindres de 180°, de telle sorte que la partie tournée d'abord vers l'axe de suspension soit ensuite dirigée vers l'extérieur.

Résultats.

Dimensions de l'aimant oscillant :

Longueur......................	15^{cm}
Section.......................	$0^{cm},8$ sur $0^{cm},8$
Poids.........................	$73^{gr},810$

([1]) *Anleitung zur Bestimmung der Schwingungsdauer einer Magnetnadel* (*Carl Friedrich Gauss Werke*, V. Band, p. 374 et s.). La méthode a été un peu simplifiée.

([2]) C'est par erreur que plusieurs auteurs indiquent une amplitude d'oscillation de 30°; voici ce que dit Gauss à propos d'une de ses meilleures observations: « In experimento amplitudo oscillationum acus fuit initio 1° 10′ 21″; post 177 oscillationes, 0° 45′ 35″; post 677 oscillationes, 0° 6′ 44″. »

1° **Détermination de la durée t de l'oscillation simple :**

Nᵒˢ	PREMIÈRE OBSERVATION.		DEUXIÈME OBSERVATION.	
	Temps des passages.	Moyennes.	Temps des passages.	Moyennes.
	min. sec.		min. sec.	
1.........	0. 0,0		15. 3,2	
2.........	8,4	3 et 4... 20,3	11,2	3 et 4... 22,6
3.........	16,0		18,6	
4........	24,3	2 et 5... 20,1	26,6	2 et 5... 22,6
5.........	31,8		33,9	
6........	40,0	1 et 6... 20,0	41,8	1 et 6... 22,5
	Moyenne.... $0^{min} 20^{sec},1$		Moyenne... $15^{min} 22^{sec},6$	

	sec
Différence...........................	902,5
Moyenne 1 et 2......................	4,2
» 5 et 6	35,9
Différence...........................	31,7

$$\text{Durée approchée d'une oscillation} = \frac{31^{sec},7}{4} = 7^{sec},9,$$

$$\text{Nombre d'oscillations}........ \quad \frac{902,5}{7,9} = 114,1$$

$$\text{Durée exacte d'une oscillation} = \frac{902,5}{114} = 7^{sec},917.$$

2° **Détermination de I.**

Somme des poids auxiliaires en cuivre...	$\mu = 29^{gr},420$
Bras de levier........................	$\lambda = 7^{cm}$
Rayon des masses.....................	$\rho = 1^{cm},0$
I'......................................	1456,29
τ.	$11^{sec}203$
I....................................	1453,94

3° **Détermination de θ.**

$$\theta = \frac{1,2}{360 - 1,2} = 0,0033$$

4° Calcul de $\mathfrak{M}\mathrm{H}$.

$$\mathfrak{M}\mathrm{H} = \frac{\overline{3,1416}^2.1453,94}{\overline{7,917}^2.1,0033} = 228,19 \text{ C.G.S.}$$

XLVᵉ MANIPULATION.

DÉTERMINATION DE LA COMPOSANTE HORIZONTALE DU MAGNÉTISME TERRESTRE.

Théorie.

L'équation de Coulomb, déduite de la théorie du pendule magnétique, nous a donné $\mathfrak{M}\mathrm{H}$; en étudiant l'action réciproque de deux aimants placés à une grande distance par rapport à leur longueur, Gauss a réussi à calculer $\dfrac{\mathfrak{M}}{\mathrm{H}}$. Ces deux équations permettent de déterminer $\mathfrak{M}$ et H, à condition d'employer comme aimant déviant le barreau que nous avons fait osciller dans la précédente manipulation.

On a en effet

$$\mathfrak{M}\mathrm{H} = \mathrm{A}$$

et

$$\frac{\mathfrak{M}}{\mathrm{H}} = \mathrm{B},$$

d'où

$$\mathrm{H} = \sqrt{\frac{\mathrm{A}}{\mathrm{B}}}.$$

L'aiguille NS (*fig.* 73) étant d'abord en équilibre dans le méridien magnétique, on la soumet à l'action du barreau que l'on dispose horizontalement dans le même plan en A, A′, B, B′, C, C′, D et D′ : à chacune de ces positions correspond une déviation de l'aiguille. Nous aurons par exemple $\pm\varphi$, quand le barreau sera en A ou B; $\pm\varphi'$ en A′ ou B′; $\pm\varphi_1$ en C ou D; enfin $\pm\varphi'_1$ en C′ ou D′. Appelant R, R′, R₁ et R′₁ les distances du centre O de l'aiguille au centre du barreau, nous pourrons écrire (¹)

$$\frac{\mathfrak{M}}{H} = \frac{1}{2} \frac{R^3 \tang\varphi - R'^3 \tang\varphi'}{R^2 - R'^2} \text{ sur } xx',$$

et

$$\frac{\mathfrak{M}}{H} = \frac{R_1^3 \tang\varphi_1 - R_1'^3 \tang\varphi_1'}{R_1^2 - R_1'^2} \text{ sur } yy',$$

suivant les positions de l'aimant.

Il importe de répéter ces observations dans les conditions les plus diverses pour se mettre à l'abri des erreurs accidentelles ; généralement on fait occuper à l'aimant les huit positions de la *fig.* 73, et l'on calcule la moyenne des angles correspondant à des positions symétriques.

Il est bon de faire remarquer que la température de l'aimant déviant doit rester constante pendant toute la durée de l'expérience, car son intensité décroîtrait rapidement à mesure que sa température s'élèverait. Quant à l'intensité de l'aimant suspendu, elle n'intervient pas dans le calcul, et il n'y a pas lieu de s'occuper de ses variations.

La déviation de l'aiguille se mesure par la méthode de Poggendorff : un petit miroir plan vertical est attaché au fil de suspension, et l'on y observe, à l'aide d'une lunette, l'image d'une règle, fixée sur son pied et vue par réflexion.

Il faut observer que, pour une même valeur de R, on trouve une déviation φ, dans la première position A double de la déviation φ_1 qu'on observe en C.

(¹) Le calcul classique de Gauss conduit à la relation

$$R^3 \tang\varphi = 2 \frac{\mathfrak{M}}{H} \left(1 + \frac{x}{R^2} \right),$$

dans laquelle x est une constante de l'aimant; on a de même, pour une distance R',

$$R'^3 \tang\varphi' = 2 \frac{\mathfrak{M}}{H} \left(1 + \frac{x}{R'^2} \right).$$

On en déduit sans peine

$$R^3 \tang\varphi - R'^3 \tang\varphi' = 2 \frac{\mathfrak{M}}{H} (R^2 - R'^2).$$

Description.

Le magnétomètre unifilaire de Gauss, qu'on emploie pour déterminer $\dfrac{\mathfrak{M}}{T}$, se compose essentiellement d'une aiguille suspendue par des fils de cocon dans une cage de verre (*fig.* 76).

Fig. 76.

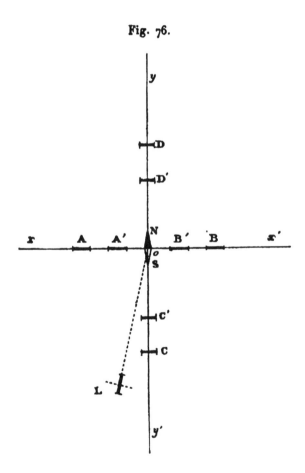

Un petit miroir argenté est attaché solidement à l'extrémité ou sur l'axe de rotation de l'aiguille, dans une position telle qu'il soit sensiblement normal à l'axe magnétique.

La lunette par laquelle on mesure les déviations est représentée *fig.* 77 ; ce modèle, construit par MM. Ducretet et Cⁱᵉ, se prête à un réglage très rapide, grâce à la mobilité relative de toutes les pièces dont il se compose.

Les vis V et V′ gouvernent la lunette et un dispositif ingénieux permet de déplacer l'échelle E en tous sens. Cette

Fig. 77.

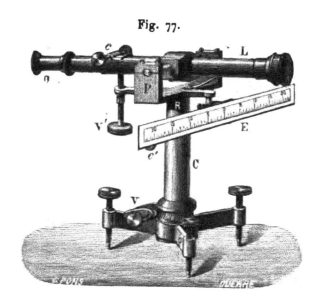

échelle, sur laquelle les chiffres sont renversés (*fig.* 78), doit être disposée normalement à l'axe optique du viseur.

Fig. 78.

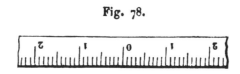

L'aiguille, qui est très mobile, n'arrive jamais au repos, et l'observateur est obligé de noter ses positions successives extrêmes, maximum et minimum, et d'en prendre la moyenne ; lorsque les oscillations ont une grande amplitude, il peut même devenir nécessaire de calculer une moyenne de trois ou de cinq valeurs, comme nous l'avons fait pour les balances de précision.

Le barreau déviant est posé sur un chariot de laiton, qui glisse sur quatre règles graduées placées parallèlement et perpendiculairement au méridien suivant xx' et yy' (*fig.* 69).

Le plan de ces règles doit être parfaitement horizontal et contenir l'aiguille; on leur donne 1ᵐ de longueur environ à partir de l'axe d'oscillation de l'aiguille.

La distance du barreau à l'aiguille ne peut pas être inférieure à six fois sa longueur; de plus, on a reconnu qu'il est avantageux de faire varier R et R', dans les deux opérations successives, dans le rapport de trois à quatre; on fera, par exemple, R et R' égal à 40ᶜᵐ et à 30ᶜᵐ avec une aiguille de 6ᶜᵐ.

Quand l'opérateur déplace le barreau, il doit avoir soin de le porter verticalement, le centre restant dans le plan des règles et de l'aiguille : de la sorte son action est nulle sur cette aiguille, et l'on évite les grandes oscillations et les mouvements rapides qui s'opposent aux lectures.

Manuel opératoire.

1° On observe l'azimut de l'aiguille avant d'en approcher le barreau et l'on dispose la lunette L de manière à pouvoir mesurer un angle de 24° environ de déviation : c'est la plus forte que Weber ait pu produire dans le cours de ses nombreuses recherches.

2° Le barreau est placé en A, le pôle nord à l'ouest, par exemple, et l'on note la position de l'aiguille; puis on le retourne, en conservant son centre au même point, mais en dirigeant le pôle nord à l'est. La déviation observée est *égale* à 2 φ. La distance du centre du barreau au centre de l'aiguille se lit au millimètre près sur la règle graduée : la valeur de l'angle s'en déduit par le calcul connu.

3° En B, l'expérience doit fournir la même valeur de φ.

On retient la moyenne des deux valeurs observées.

4° En A' et B', on détermine φ'.

5° Enfin on répète les mêmes mesures en plaçant le centre du barreau dans le méridien et l'on évalue les angles φ₁ et φ'₁.

Résultats.

Voici les résultats d'une expérience faite à Lille, en 1882, dans des conditions peu favorables; je ne donnerai que les valeurs relatives aux positions A et A′; cela suffit pour indiquer la suite des calculs à effectuer.

$$\varphi = 10° 18' \quad \varphi' = 21° 30',$$
$$R = 40^{cm}, \quad R' = 30^{cm};$$

$$\frac{\mathfrak{M}}{H} = \frac{1}{2} \frac{\overline{40}^5 \tan 10° 18' - \overline{30}^5 \tan 21° 30'}{\overline{40}^2 - \overline{30}^2} = 6230,87.$$

Tenant compte de la valeur $\mathfrak{M}H$ trouvée précédemment, nous calculons H :

$$H = \sqrt{\frac{228,19}{6230,87}} = 0,191 \text{ C.G.S}.$$

Cette valeur n'était pas fort éloignée de la vérité : la valeur de la composante horizontale est en effet à peine supérieure à Lille de quelques millièmes à ce qu'elle est à Paris.

Or, voici les valeurs trouvées dans les observatoires de la capitale. Nous y ajoutons les éléments relevés à Perpignan :

Éléments magnétiques terrestres au 1er janvier 1896

(d'après M. Moureaux) [1].

Paris, au parc Saint-Maur. $\left\{ \begin{array}{l} 0° \ 9'23'' \text{ longitude est,} \\ 48°48'34'' \text{ latitude nord.} \end{array} \right.$

		Variation séculaire en 1895.
Déclinaison................	15°6′,8	−5′,9
Inclinaison	65°2′,4	−2′,9
Composante horizontale.....	0,19676	+0,00035
» verticale.......	0,42272	—0,00005
Force totale.............	0,46627	+0,00010

Perpignan, observatoire. $\left\{ \begin{array}{l} 0°32'45'' \text{ longitude est,} \\ 42°42' \ 8'' \text{ latitude nord.} \end{array} \right.$

---

[1] *Comptes rendus de l'Académie des Sciences*, t. CXXII, p. 31; 6 janvier 1896.

Déclinaison................	13°57′,3	—6′,1
Inclinaison	60°6′,9	—3′,0
Composante horizontale.....	0,22382	+0,00037
» verticale.......	0,38946	—0,00015
Force totale..............	0,44920	+0,0006

XLVI· MANIPULATION.

ÉTUDE DE LA DISTRIBUTION DU MAGNÉTISME
DANS LES AIMANTS.

Théorie.

Coulomb déterminait le magnétisme en chaque point d'un aimant de faible section en le disposant en face de l'aiguille de sa balance, à une très petite distance, et en mesurant les torsions qui équilibraient la répulsion ou l'attraction magnétique : les angles étaient proportionnels au carré de l'intensité d'aimantation sur la section étudiée.

Jamin [1] a heureusement modifié cette opération en plaçant l'aimant sur un chariot horizontal et en amenant le point que l'on veut examiner sous un petit contact d'épreuve qui est attiré; on mesure ensuite la force d'arrachement P et l'on admet, avec Coulomb, que $\sqrt{P}$ mesure l'intensité au point touché.

En effet, ce contact, qui est formé par une longue aiguille de fer, attire au-dessous de lui sur l'aimant une quantité de magnétisme $ms\mathfrak{Z}$, proportionnelle à sa section s et à l'intensité d'aimantation $\mathfrak{Z}$ au point touché.

La quantité attirée par unité de surface sera $m\mathfrak{Z}$ et, comme une égale quantité de magnétisme contraire sera attirée par influence sur chaque unité de surface du contact, l'attraction sera $m^2\mathfrak{Z}^2$ par unité de surface, et $m^2\mathfrak{Z}^2s$ pour la totalité. C'est

---

[1] *Journal de Physique*, t. V, p. 41 et 73, et *Comptes rendus hebdomadaires de l'Académie des Sciences*, p. 75 et 76; 1874.

ainsi que Jamin a démontré que l'attraction en chaque point doit être proportionnelle à la section s des fils de fer employés.

Cette proportionnalité cesserait d'être admissible, si l'on augmentait outre mesure les dimensions du contact, parce qu'il exercerait une réaction sensible sur l'aimantation des points voisins.

Description.

On emploie pour contact un fil de fer terminé par une petite sphère : dans le but de rendre toutes les mesures comparables, on détermine une fois pour toutes le facteur par lequel il faut multiplier les forces d'arrachement de ce *clou d'épreuve* pour les ramener à celles qu'on observerait avec un contact de fer cylindrique de 15ᶜᵐ de longueur et de 0ᶜᵐ, 1 de diamètre.

M. Blondlot prend pour contact une petite boule confectionnée avec du fer réduit et de la térébenthine de Venise : cette sphère, très peu magnétique, ne peut modifier l'intensité au point touché et elle agit comme si elle était infiniment petite.

M. Duter emploie des cylindres de fer doux, qu'il a réduits à un très petit volume en les attaquant par de l'acide sulfurique, et qu'il a introduits dans un tube capillaire de verre.

Pour mesurer la force d'arrachement P, Jamin a indiqué d'attacher le clou d'épreuve A (*fig.* 79) au plateau B d'une balance, et de relier l'autre plateau à un ressort spiral en cuivre DE; il est prolongé par un fil de soie EF qui s'enroule sur un treuil et sert à tendre le ressort. L'allongement de celui-ci se mesure par le raccourcissement du fil : à cet effet, le treuil porte une vis à tête graduée K qui s'enfonce dans un écrou fixe; la longueur du fil qu'on enroule est mesurée par le développement correspondant au nombre fractionnaire n des tours ou par $2\pi r n$. D'autre part, on admet que la loi de l'allongement de ce ressort est celle de l'élasticité de traction; on a donc, pour l'allongement e,

$$e = 2\pi r n = \mathrm{KLP},$$

L étant la longueur du ressort; d'où

$$\mathrm{P} = \frac{2\pi r}{\mathrm{KL}} n = \mathrm{R}n.$$

La constante R s'évalue directement en mettant en B un poids connu et en comptant le nombre de tours nécessaires pour l'équilibre.

Fig. 79.

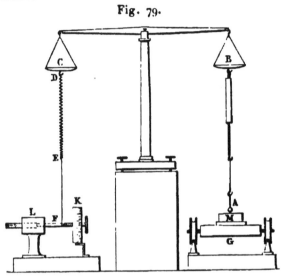

A défaut de ce dispositif spécial, on peut employer celui de M. Duter, représenté par la *fig.* 80. Le contact est placé

Fig. 80.

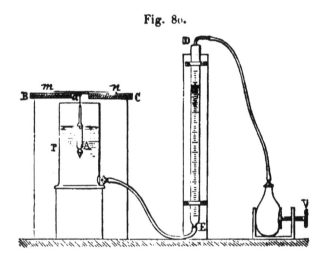

dans le tube capillaire qui termine un aréomètre cylindrique A, flottant sur l'eau : le barreau à étudier *mn*, est couché sur le vase P qui renferme l'eau, et il importe qu'il soit bien horizontal.

Ce vase communique par un tuyau de caoutchouc avec l'extrémité inférieure d'un tube gradué DE, dont l'extrémité supérieure est reliée elle-même par un tuyau avec une poire de caoutchouc, pressée par une vis V. C'est à l'aide de cette vis qu'on détermine la pression nécessaire pour faire monter le niveau de l'eau dans le vase P, et pour amener le contact a contre le barreau. L'adhérence étant établie, on détourne la vis V, et l'on observe la variation de niveau nécessaire pour décoller le contact de l'aimant.

La sensibilité de cette méthode est telle qu'elle permet d'apprécier le milligramme.

Manuel opératoire.

I. *Balance de Jamin.*

1º Après avoir constaté que le clou d'épreuve est dans un état parfait de propreté et de poli, on amène le point de l'aimant que l'on veut étudier dans la verticale et on établit l'adhérence; puis, allongeant le ressort jusqu'à l'arrachement, on lit le nombre n. L'opération doit être faite lentement et surtout régulièrement.

2º On agit de même aux divers points de l'aimant : il est commode de tracer à l'avance sur sa surface, à des distances connues, des lignes perpendiculaires à son axe géométrique. Après avoir déterminé $\sqrt{P}$ en ces points, on construira la courbe des intensités en portant ces valeurs en ordonnée, et en abscisse les distances des sections étudiées à la section moyenne.

II. *Aréomètre de M. Duter.*

1º On dispose d'abord le vase P de telle façon que le plan supérieur MN soit rigoureusement horizontal : puis on y place une règle de cuivre.

2º Exerçant alors sur la poire de caoutchouc une pression croissante, en tournant lentement la vis V, on fait remonter le niveau de l'eau dans le vase jusqu'à ce que le contact arrive, sans vitesse acquise, dans le plan MN. On note le niveau de l'eau dans le tube ED à ce moment, et on le prend pour zéro.

3° On remplace la règle de cuivre par le barreau à étudier.

4° On détourne la vis V; le niveau de l'eau baisse en P, monte en ED; pour une dénivellation déterminée, le contact se détache. L'élévation du niveau de l'eau dans le tube ED mesure la force d'arrachement.

On peut calculer cette force en valeur absolue; en effet, si la section de ED est le centième de la section de P, une ascension de 10^{cm} en ED correspond à un abaissement de 1^{mm} en P. La section du corps cylindrique de l'aréomètre étant connue d'autre part, il est aisé de calculer le poids de l'eau déplacée.

Résultats.

Cette méthode permet, suivant l'expression pittoresque de Jamin, de disséquer un aimant et de découvrir les détails de sa distribution.

Nous nous bornerons à établir la loi suivant laquelle les intensités varient avec les distances aux extrémités. Biot avait indiqué la formule

$$y = A(K^{-x} - K^{(2l-x)}),$$

en prenant l'origine à une extrémité et appelant 2 l la longueur du barreau; chaque branche répond à la formule

$$y = AK^{-x}.$$

Si donc, dans un cylindre indéfini, l'intensité magnétique en un point est égale à A, elle est connue et égale à y à une distance x de ce point.

Cette formule se vérifie sans peine; voici les résultats des expériences faites par Jamin sur une lame mince de 0^{cm},1 d'épaisseur dont la largeur était de 3^{cm} et la longueur de 100^{cm}:

x.	0.	1	2.	3.	4.	5.	6.	7.	8.
y.....	6,35	5,10	4,64	3,71	2,92	2,27	1,70	1,28	0,95
K.....	»	1,21	1,11	1,29	1,26	1,70	1,33	1,29	1,28

On construit la courbe des quantités de magnétisme en élevant, en chaque point d'une ligne droite représentant l'axe du barreau, des ordonnées proportionnelles aux valeurs de

$\sqrt{P}$ mesurées en ces points; c'est ainsi qu'a été obtenue la courbe de la *fig.* 80*ᵇⁱˢ*.

Fig. 80*ᵇⁱˢ*.

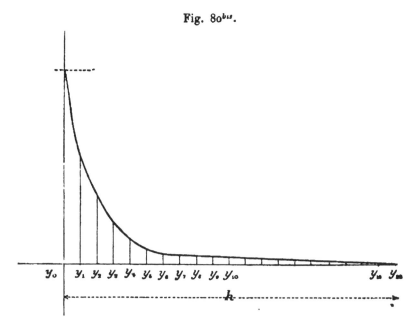

Le pôle du barreau est le point d'application de la résultante des actions magnétiques terrestres sur les régions nord et sud. C'est la projection sur l'axe du centre de gravité de l'aire de la courbe : on démontre sans difficulté que cette projection se fait au point de l'axe qui est coupé par la tangente à l'extrémité de la courbe de distribution.

L'intensité totale du magnétisme de l'aimant se calcule en évaluant l'aire de la courbe : la formule de Thomas Simpson s'y prête sans difficulté. « L'aire de la courbe a pour valeur le tiers de l'intervalle de deux ordonnées consécutives, multiplié par la somme des ordonnées extrêmes, plus quatre fois la somme des ordonnées d'indice impair, plus deux fois la somme des ordonnées d'indice pair. »

Le résultat du calcul s'approche d'autant plus de la vérité que le nombre des ordonnées est plus considérable.

Nous aurons, pour un aimant dont la courbe des intensités est celle de la *fig.* 80*ᵇⁱˢ*,

$$S = \tfrac{1}{3}\frac{h}{n}[y_0 + y_n + 4(y_1 + y_3 + \ldots) + 2(y_2 + y_4 + \ldots)],$$

en supposant que *n* soit le numéro d'ordre de la dernière ordonnée, la première étant marquée de l'indice zéro; il est à remarquer que *n* doit être un nombre pair. Sur notre figure, *n* est égal à 20.

On arriverait mieux encore au résultat cherché en employant le planimètre d'Amsler, bien connu des ingénieurs, mais dont nous croyons la description déplacée dans cet Ouvrage.

Jamin a démontré cette importante proposition, dont les élèves pourront vérifier l'exactitude :

« Deux armatures appliquées à un aimant tout formé changent la distribution, mais non la somme du magnétisme. »

L'effet de la trempe ou du recuit d'un acier ne modifie pas le paramètre A de la formule, mais il fait varier K. Pour des barreaux de grande longueur, faits d'un même acier, l'ordonnée extrême est donc constante.

M. Duter a étudié la distribution du magnétisme libre sur des disques circulaires, aimantés dans une bobine plate, où le champ est uniforme, et il a établi cette loi intéressante :

« Les quantités totales de magnétisme répandues sur des disques circulaires de même épaisseur, formés de même acier, sont proportionnelles à leurs surfaces. »

Faisons remarquer en terminant que les résultats obtenus par la méthode du clou d'arrachement peuvent être contrôlés par une méthode d'induction, reposant sur l'emploi d'une bobine plate et d'un balistique; on déplace la bobine le long du barreau par saccades; les impulsions observées au galvanomètre donnent les ordonnées de la courbe, alors que les positions successives de la bobine sont reportées en abscisse.

XLVIIe MANIPULATION.

MESURE DE L'INTENSITÉ D'UN CHAMP MAGNÉTIQUE.

Théorie.

Verdet mesurait l'intensité des champs en y faisant tourner rapidement autour de son diamètre, d'un angle de 180°, un

petit toron de fil dont le plan avait été placé d'abord normalement aux lignes de force : le courant induit était lancé dans
un galvanomètre balistique à faible amortissement. Appelant R la résistance du circuit, n le nombre des spires du toron
et s la surface moyenne de ses spires, on sait que la quantité q
d'électricité induite est donnée par la formule

$$q = \frac{2 H s n}{R},$$

d'où l'on peut tirer H :

$$H = \frac{R q}{2 s n}.$$

On mesure donc H en déterminant q.

Quand on opère sur un champ très resserré, tel que celui
de l'entrefer d'une dynamo, on emploie une bobine plate
qu'on retire vivement hors du champ, de manière que le flux
qui la traverse soit négligeable dans sa nouvelle position.

M. Rowland a proposé d'induire un courant dans le toron
par renversement du champ, mais ce procédé est moins
exact que le précédent, par suite de la durée considérable
du renversement, qui peut dépasser 30 secondes avec certains électros; l'équipage mobile du balistique devrait donc
avoir une période d'oscillation de plusieurs minutes.

Pour déduire q de l'élongation δ de l'aiguille du balistique,
il faut d'abord déterminer la constante de cet instrument.

Il n'y a pas lieu de donner ici la théorie des balistiques,
mais nous rappellerons que, si un courant permanent d'intensité I produit dans le galvanomètre une déviation α, on
pourra écrire

$$q = 2 \frac{T}{\pi} \frac{I}{\tang \alpha} e^{\frac{\lambda}{\pi} \text{ arc tang } \frac{\pi}{\lambda}} \sin \frac{\delta}{2},$$

en appelant T la durée d'une oscillation simple et λ le décrément logarithmique des oscillations ([1]).

([1]) Ce décrément est égal au logarithme népérien du rapport des amplitudes
de deux oscillations consécutives :

$$\lambda = \text{Log} \frac{\alpha_i}{\alpha_i}.$$

Si l'amortissement est réellement faible, on se contente
généralement de la relation approchée

$$q = 2\,\frac{T}{\pi}\,\frac{I}{\tang\alpha}\,\sin\frac{\partial}{2} = \frac{T}{\pi}\,\frac{I}{\alpha}\,\sin\partial = K\,\partial\,(^1).$$

Description.

Verdet (^{1}) employait un toron formé de 2300^{cm} de fil de
cuivre, guipé en soie, de 0^{cm},05 de diamètre; ce fil était enroulé de manière à former une bobine plate de 2^{cm},8 de diamètre extérieur, 1^{cm},2 de diamètre intérieur et 1^{cm},5 de
hauteur. Pour calculer le diamètre moyen des spires d'un
toron, il n'y a qu'à compter le nombre n de tours; on aura,
en appelant l la longueur totale de fil enroulé,

$$l = \pi D n,$$

d'où

$$D = \frac{l}{\pi n} \qquad \text{et} \qquad s = \frac{\pi D^2}{4} = \frac{l^2}{4\pi n^2};$$

par suite

$$sn = \frac{l^2}{4\pi n}.$$

La formule donnée ci-dessus devient donc

$$H = \frac{2\pi n q R}{l^2}.$$

On monte une semblable bobine sur un support de cuivre:

(^{1}) Cette équation s'écrit aussi $q = 2\,\frac{T}{\pi}\,\frac{H}{G}\,\sin\frac{\delta}{2}$; H est dans cette formule la
composante horizontale du magnétisme terrestre et G représente la constante gal-
vanométrique de l'instrument qui dépend des dimensions du cadre. Ce quotient
$\frac{H}{G}$ est appelé quelquefois le facteur de réduction du galvanomètre; il est évident
que l'on a $\frac{I}{2} = \frac{H}{G}$, car $I = \frac{H}{G}\tang\alpha$ dans une boussole des tangentes et l'on
convient d'admettre, pour n'importe quel appareil, l'exactitude de l'équation
$I = \frac{H}{G}\alpha$.

(^{2}) VERDET, *Notes et Mémoires*, p. 129. Paris, 1872.

un bouton moleté de fort diamètre permet de faire tourner rapidement à la main la bobine sur elle-même et des arrêts convenablement disposés limitent exactement à 180° la rotation effectuée.

Quand on opère par extraction hors du champ, on compose une bobine de spires circulaires agglutinées par de la gomme laque et renfermées entre deux lames de mica, pour éviter l'érosion de l'isolant par le frottement; on peut aussi retirer cette bobine à la main, et l'on obtient ainsi des résultats satisfaisants; mais il est quelquefois plus sûr de monter la bobine sur un coulisseau glissant le long de guides parallèles, car on réalise de la sorte un déplacement absolument rectiligne et fort rapide, et l'on n'a pas à craindre de heurter contre un obstacle.

Nous n'avons pas à revenir sur ce qui a été dit ci-dessus des qualités et de l'installation d'un balistique ([1]).

L'observation des déviations se fait par la méthode de Poggendorff, en employant une mire transparente, sur laquelle se forme l'image réfléchie par le miroir.

Manuel opératoire.

I. *Détermination de la constante balistique.*

Nous avons à déterminer la durée T d'une oscillation simple de l'équipage, le rapport $\dfrac{I}{\alpha} = \dfrac{H}{G}$ et le décrément λ.

Pour estimer T, on lance dans le galvanomètre la décharge d'un condensateur et l'on met en marche un compteur à secondes lors du premier passage de l'image réfléchie par le miroir sur un repère déterminé : il faut observer au moins 50 oscillations. On obtient ainsi la valeur de T à $\frac{1}{50}$ de seconde près, si l'on opère avec méthode.

On détermine $\dfrac{I}{\alpha}$ à l'aide d'une pile Daniell bien constante et d'une bonne boite de résistances donnant quelques milliers d'ohms, de telle sorte qu'on puisse négliger les résistances

---

([1]) *Vide supra*, XLIe Manipulation, p. 227.

des conducteurs, de l'élément et du galvanomètre; l'élément
établit sa différence de potentiel connue et égale à **E** entre
les extrémités d'un circuit renfermant la boîte et le galvanomètre; I est dès lors égal au quotient de **E** par la résistance *r* de la boîte. Pour avoir α en mesure circulaire, on
divisera la déviation relevée sur l'échelle par le double de sa
distance au miroir mobile. Comme I est à exprimer en
unités C.G.S., on multipliera les ohms de la résistance *r*
par 10⁹.

Pour obtenir le décrément logarithmique, on note les élongations correspondantes à des séries de 5, 10, 20 oscillations
complètes, et l'on divise par le nombre d'oscillations le logarithme népérien du rapport des élongations extrêmes.

On en prend d'abord le logarithme vulgaire et on le multiplie par le module égal à 2,3026.

Faisons observer maintenant que la durée T de la formule
se rapporte au cas où il n'y a pas d'amortissement, tandis
que la durée observée, que nous appellerons T', est celle de
l'oscillation amortie. Mais on déduit aisément T de T' par la
formule classique

$$T = \frac{T'}{\sqrt{1 + \dfrac{\lambda^2}{\pi^2}}}.$$

Nous connaissons donc la valeur de $K = \dfrac{T}{\pi}\dfrac{I}{\alpha}$; on pourra contrôler ce résultat en envoyant dans le balistique la décharge
d'un condensateur de capacité connue, chargé par une pile
étalon dont la force électromotrice soit parfaitement connue
aussi; on déduit alors la constante de la valeur de *q*.

M. Ledeboer a démontré (¹) que l'on peut employer très
avantageusement pour balistique le galvanomètre apériodique
Deprez-d'Arsonval et que, dans ce cas, il n'y a qu'à multiplier
la constante $\dfrac{T}{\pi}\dfrac{I}{\alpha}$ par $e = 2,72$. L'emploi de cet appareil à
amortissement permet de faire des mesures correctes sans
avoir trop à s'éloigner de l'appareil créant le champ à étudier.

(¹) *Journal de Physique*, 2ᵉ série, t. VI, p. 62; 1887.

II. *Mesure du champ.*

La résistance R est déterminée d'abord; elle comprend la résistance du toron et du galvanomètre.

Le balistique doit être installé sur un pilier parfaitement stable, à une distance suffisante des pôles; on introduit la bobine dans le champ avant de la relier à l'instrument. L'image réfléchie de la mire étant immobile, on procède à la rotation de la bobine ou à l'extraction du champ.

Il importe de faire remarquer que la résistance R et la quantité q doivent être exprimées en unités C.G.S.; on multiplie donc les ohms par 10^9 et les coulombs par 10^{-1}; si R était exprimé en ohms, on aurait par conséquent à écrire

$$q = \frac{2\,\mathrm{H}\,sn}{10^8\,\mathrm{R}}.$$

On pourrait éviter la mesure de R et la détermination de la constante balistique en employant une méthode de comparaison du champ étudié avec celui que produit un courant d'intensité i dans l'intérieur d'une longue bobine. Ce champ a une intensité $\mathrm{H}_1 = 4\pi n_1 i$, si n_1 désigne le nombre de tours de fil par centimètre de longueur de la bobine. Le toron mobile est disposé au centre de la bobine, perpendiculairement à l'axe, et on lui fait faire un demi-tour sur son diamètre. On a

$$q_1 = \frac{2\,\mathrm{H}_1\,sn}{\mathrm{R}} = \mathrm{K}\delta_1,$$

et l'on en déduit

$$\frac{\mathrm{H}}{\mathrm{H}_1} = \frac{\delta}{\delta_1},$$

et, enfin,

$$\mathrm{H} = 4\pi n_1 i \frac{\delta}{\delta_1}.$$

Cette méthode constitue un contrôle excellent de la première.

Résultats.

D'une remarquable étude faite par M. Leduc, nous extrayons les chiffres suivants, qu'on pourra se proposer de contrôler par la méthode que nous venons de décrire ([1]).

M. Leduc a opéré sur un électro-aimant de Faraday dont les noyaux avaient 16^{cm} de diamètre extérieur et 28^{cm} de longueur; ces noyaux étaient recouverts de vingt-sept tours de fil par centimètre de longueur; le fil avait une âme en cuivre de 3^{cm} de diamètre. On adaptait à cet appareil des pièces polaires de masse et de forme variées. Les expériences les plus complètes ont été faites entre des armatures cylindriques de 7^{cm} de diamètre et 23^{cm} d'épaisseur. Voici les intensités de champ trouvées pour des intensités de courant croissantes, avec une distance de 2^{cm} entre les surfaces polaires :

	Intensité
du courant.	du champ.
1,55 ampères	1082 C.G.S.
2,38	1665
2,87	2070
3,95	2840
4,32	3015
6,28	4110
8,05	4806
12,70	6570
16,90	7590
30,00	10570

La distance des surfaces polaires a varié de 2^{cm} à 8^{cm}. On constate que, si le champ ne dépasse pas 5000 C.G.S., sa valeur est à peu près en raison inverse de la distance des surfaces polaires.

La formule connue de Fröhlich, $H = \dfrac{mI}{1 + \mu I}$, ne convient qu'aux intensités de courant inférieures à 35 ampères et à des distances polaires moindres que 1^{cm}.

([1]) *Journal de Physique*, 2ᵉ série, t. VI, p. 238; 1887. M. Leduc s'est servi du galvanomètre à mercure de M. Lippmann.

XLVIII° MANIPULATION.

MESURE DE LA PERMÉABILITÉ ET DE LA SUSCEPTIBILITÉ MAGNÉTIQUE D'UN BARREAU.

Théorie.

Dans un champ uniforme d'intensité H introduisons un noyau de fer doux, dont l'axe sera parallèle à la direction du champ : soit S sa section. Le flux qui s'échappe de l'aimant ainsi formé s'ajoute à celui du champ, et l'on a, en appelant $\mathfrak{I}$ l'intensité d'aimantation développée, un flux total égal à

$$\Phi = HS + 4\pi\mathfrak{I}S = (H + 4\pi\mathfrak{I})\,S = \mathfrak{B}S.$$

$\mathfrak{B}$ est l'induction magnétique ; le rapport $\dfrac{\mathfrak{B}}{H}$ entre l'induction magnétique et l'intensité du champ est le *coefficient de perméabilité* du noyau de fer ; on le représente par le symbole μ et l'on a

$$\mathfrak{B} = \mu H$$

et

$$\Phi = \mu HS.$$

Le champ uniforme peut être créé par une bobine à enroulement régulier, comprenant n_1 spires par unité de longueur ; on sait alors que le champ développé a, pour un courant d'intensité I, une valeur

$$H = 4\pi n_1 I\,;$$

d'où

$$\Phi = 4\pi n_1 \mu IS.$$

Or, une bague auxiliaire A (*fig.* 81), entourant la bobine magnétisante, peut être reliée à un galvanomètre balistique ; qu'on la fasse glisser rapidement le long de l'axe de manière à lui faire couper tout le flux s'échappant d'un pôle, et il en résultera dans le balistique un flux électrique donné par l'équation

$$q = \frac{4\pi n_1 \mu IS}{R}.$$

R est la résistance totale du circuit du galvanomètre et de la bague : on a finalement

$$\mu = \frac{qR}{4\pi n_1 IS}.$$

Le balistique étant préalablement gradué (*voir* manipulation précédente), on a, pour une déviation δ,

$$q = K \sin\delta.$$

I est mesuré par un ampèremètre intercalé dans le circuit: R, S et n_1 sont des données de l'expérience à déterminer à part.

Fig. 81.

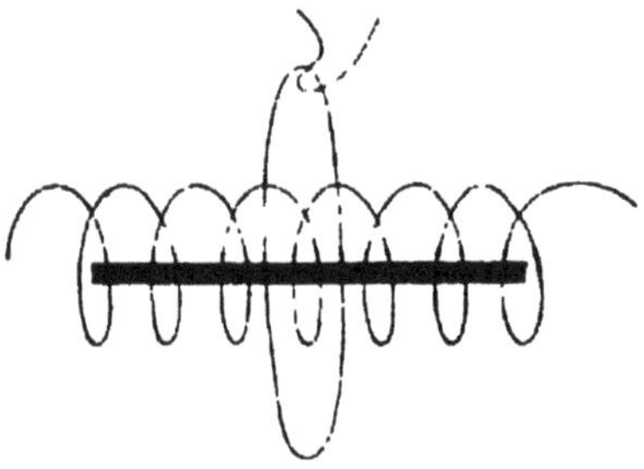

Le résultat est indépendant de la forme et de la grandeur de la bague, pourvu qu'elle embrasse tout le flux.

Au lieu de faire glisser la bague A, on aurait pu supprimer le courant, mais on aurait alors une quantité d'électricité q' différente de la première et correspondante à la différence entre le flux magnétique total et le flux rémanent.

L'aimantation acquise par le noyau de fer a une intensité d'autant plus grande que l'échantillon employé a une *susceptibilité* plus grande.

La susceptibilité est le rapport de l'intensité d'aimantation à l'intensité du champ magnétisant : on l'écrit ×

$$\varkappa = \frac{\mathfrak{J}}{H}.$$

D'autre part, rappelons que

$$\mu = 1 + 4\pi\varkappa.$$

μ et × sont des coefficients numériques, qui n'ont dès lors pas de dimensions.

.
Description.

Afin de pouvoir considérer comme uniforme l'aimantation produite dans la région moyenne du barreau, il importe qu'il ait une longueur au moins égale à 200 diamètres; prenons donc un barreau cylindrique de 0ᶜᵐ,5 de diamètre et de 100ᶜᵐ de longueur, renfermons-le dans un tube en carton mince et enroulons sur ce cylindre les spires de la bobine magnétisante : on emploiera un fil d'au moins 0ᶜᵐ,1 de diamètre, pour qu'il ne s'échauffe pas sensiblement par le passage du courant; ce fil doit être isolé par un guipage bien régulier de soie ou de coton.

Cette bobine sera enfoncée dans un tube de verre sur lequel glissera l'anneau : celui-ci, en cuivre épais, sera relié au balistique par des fils souples.

Pour qu'on soit autorisé à admettre l'égalité des sections du barreau et de la bobine, il est nécessaire de condenser le plus possible les dimensions transversales de cet appareil : nous reconnaissons d'ailleurs qu'en supposant dans le calcul une seule valeur de S, on sacrifie la rigueur de l'opération à la simplification de l'exposé. Mais cette approximation peut être considérée comme satisfaisante et elle est admise par tous les électriciens.

La résistance R devra être relativement assez grande pour éviter que le balistique devienne apériodique, ce qui est surtout à craindre avec un Deprez-d'Arsonval.

Le courant de la bobine magnétisante doit être parfaitement constant; on l'empruntera à une batterie d'accumulateurs.

Comme ampèremètre, on peut prendre un appareil Deprez-Carpentier donnant le dixième d'ampère.

La valeur de n_1 se détermine en mesurant exactement la longueur totale de la bobine et en comptant soigneusement le nombre des spires; il n'y aura plus qu'une division à effectuer.

Pour S, on prendra le diamètre extérieur du tube de carton, que nous supposons exactement ajusté sur le noyau de fer.

En attachant un fil de soie à l'anneau, on le fera glisser aisément sur le tube de verre : cette besogne sera abandonnée à un aide, l'opérateur se réservant les lectures au balistique.

Un rhéostat pourra être placé dans le circuit magnétisant, afin de faire varier à volonté la valeur de l'intensité I du courant et par suite l'intensité de la force magnétisante ([1]).

Manuel opératoire.

1° Les constantes R, n_1, S et K exprimées en C. G. S. sont inscrites sur le carnet de l'observateur.

2° Il relève l'intensité du courant I.

3° Ayant concentré son attention sur le balistique, il donne un signal à son aide, lequel fait glisser l'anneau hors du tube de verre, en évitant de secouer l'instrument : la rapidité est conciliable avec la douceur des mouvements. Il note δ.

Le calcul donne μ et $\varkappa$.

4° On répète cette expérience pour différentes valeurs de l'intensité I.

5° On opère par interruption du courant, sans faire mouvoir la bague, pour apprécier l'induction rémanente dans le fer.

([1]) Il existe d'autres méthodes de détermination des constantes d'un aimant, mais elles sont moins générales que celle que nous exposons et elles exigent des appareils spéciaux, que l'on trouve rarement dans les laboratoires d'enseignement. Telles sont les méthodes de Rowland, d'Ewing, de Hopkinson, de Kœpsel et Konnely, de Bruger, etc. Elles sont décrites dans l'excellent Ouvrage de M. Eric Gérard, *Les Mesures électriques*, Paris, 1896.

Résultats.

Les coefficients μ et K subissent des variations notables quand la force magnétisante change; ils décroissent tous deux alors que l'intensité du champ et l'intensité d'aimantation augmentent. Le Tableau ci-dessous, extrait des travaux de M. Hopkinson ([1]), donne une série de valeurs de μ et de $\mathfrak{B}$ ($\mathfrak{B} = \mu H$) en fonction de H.

Fer forgé recuit (Hopkinson).

H.	μ.	$\mathfrak{B}$.
1,66	3000	5000
4	2250	9080
5	2000	10000
6,5	1692	11000
8,5	1412	12000
12	1083	13000
17	823	14000
28,5	526	15000
50	320	16000
105	161	17000
200	90	18000
350	54	19000
666	30	20000

M. Shelford-Bidwell a obtenu les résultats suivants avec un fer très doux :

H.	K.	μ.	$\mathfrak{B}$.
3,9	151,0	1899,1	7390
5,7	128,9	1621,3	9240
10,3	89,1	1121,4	11550
17,7	61,2	770,2	13630
40,0	30,7	386,4	15460
78,0	17,1	216,5	16880

([1]) *Philosophical Transactions*, t. II, p. 455, 1885, cité par M. Sylvanus Thompson, *Traité théorique et pratique des machines dynamo-électriques*, traduction Boistel, p. 137. Paris, 1894.

M. Ewing a trouvé pour le fer de Suède une valeur de ᵂᵇ égale à 41140 dans un champ de 19880 unités. L'induction augmente donc graduellement avec la force magnétisante, ainsi qu'on le voit sur la courbe ci-contre : la courbe A est relative au fer forgé et B à la fonte.

Fig. 82.

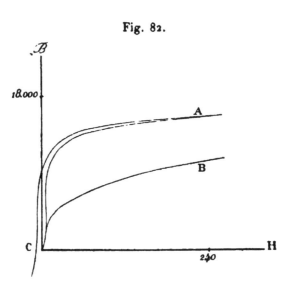

Si, après avoir fait augmenter H, on le ramène graduellement à zéro, on constate que la courbe descendante ne coïncide pas avec la courbe ascendante et que ᵂᵇ ne revient pas à zéro : la courbe coupe l'axe des H en un point C situé à gauche de l'origine. Il reste donc un certain magnétisme résiduel après que la force magnétisante a cessé d'agir.

M. Ewing a appelé *hystérésis* ce phénomène de retard des effets sur la cause; ce n'est pas un retard dans le temps, c'est un retard en phase. On le met en évidence en soumettant un échantillon de fer vierge de toute action magnétique à un cycle complet de forces magnétiques, d'une valeur + H à une valeur − H, et en revenant de nouveau à + H : la série fermée des valeurs de ᵂᵇ est indiquée par la *fig.* 83, sur laquelle nous avons reproduit une courbe relative à un fil d'acier recuit : les valeurs de ᵂᵇ sont portées en ordonnée et celles de H en abscisse.

On voit donc que l'aimantation d'un barreau peut affecter des valeurs très différentes pour une même force magnéti-

sante; ces valeurs ne dépendent pas seulement de la force
magnétisante actuelle, mais encore des états magnétiques
traversés antérieurement.

Fig. 83.

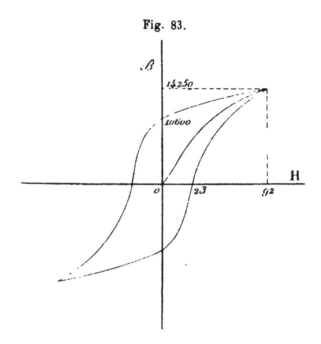

La surface fermée de la courbe mesure le travail dépensé
pour faire parcourir au fer le cycle complet d'aimantation en
partant de $\mathfrak{B}$ et en revenant à $\mathfrak{B}$. M. Ewing a démontré en

effet que $\dfrac{1}{4\pi}\displaystyle\int_{\mathfrak{B}}^{\mathfrak{B}} H.d\mathfrak{B}$ exprime le travail dépensé pour faire

parcourir à un centimètre cube du fer considéré le cycle correspondant. Ce travail se traduit par un échauffement du
métal : c'est la mesure de la perte due à l'hystérésis.

Comme la force magnétisante et l'induction magnétique
sont exprimées en unités C.G.S., l'aire de la courbe, évaluée
en centimètres carrés et divisée par 4π, donne en ergs le
travail transformé en chaleur; divisant ces ergs par $4,17 \times 10^7$,
on connait le nombre de calories produites dans le phénomène.

XLIX⁰ MANIPULATION.

MESURE D'UN COEFFICIENT DE SELF-INDUCTION.

Théorie.

Le coefficient de self-induction L d'un circuit de résistance R, dans lequel agit une force électromotrice E, est défini par l'équation

$$ i = \frac{E - \dfrac{Li}{dt}}{R}. $$

Le flux d'induction traversant le circuit donne donc naissance à une force contre-électromotrice.

Le coefficient L de self-induction est le rapport du flux de force magnétique produit par le circuit à l'intensité du courant qui y circule; c'est une grandeur homogène à une longueur.

On peut comparer le coefficient de self-induction d'une bobine ou d'un conducteur quelconque avec un autre coefficient de self-induction, ou bien avec un coefficient d'induction mutuelle, ou bien avec une capacité électrostatique; mais la difficulté de trouver des étalons de comparaison exacts constitue un obstacle sérieux à l'emploi de ces méthodes.

Tenant compte de ce que l'effet de la self-induction est le même que celui d'une résistance, lord Rayleigh a proposé de compenser la self-induction par la résistance d'un conducteur, ce qui est facile par le pont de Wheatstone; c'est la méthode que nous appliquerons.

Introduisant donc la bobine dont on veut déterminer le coefficient de self-induction dans une branche d'un pont, muni d'un balistique, renfermant des conducteurs sans réactance dans ses trois autres branches, on ajuste les résistances de ces conducteurs de manière à obtenir l'équilibre en régime permanent; qu'on interrompe alors brusquement le courant dans le circuit principal, on observera une élongation δ de l'aiguille du galvanomètre. Elle est due à la force électromotrice Li développée dans la branche renfermant la bobine à étudier. Rétablissant ensuite le courant permanent, on ajoute à la branche même qui renferme la bobine une légère résistance additionnelle r, laquelle détruira l'équilibre et produira une déviation permanente δ'. Le courant traversant le galvanomètre est alors approximativement le même que si une force électromotrice ri' agissait dans la branche qui renferme r. Si le galvanomètre est suffisamment sensible, r pourra être très petit et l'intensité du courant dans la branche aura une valeur très voisine de la précédente; on pourra admettre sans erreur notable que la chute de potentiel ri' le long de cette résistance r est égale à ri. Comparant dès lors ces deux forces électromotrices Li et ri, on aura

$$\frac{\mathrm{L}i}{ri} = \frac{\mathrm{L}}{r} = \frac{\dfrac{\mathrm{T}}{\pi}\dfrac{\mathrm{H}}{\mathrm{G}}\delta}{\dfrac{\mathrm{H}}{\mathrm{G}}\delta'} = \frac{\mathrm{T}}{\pi}\frac{\delta}{\delta'}.$$

Nous avions supposé que l'amortissement était nul, dans le premier cas, alors que le galvanomètre fonctionnait en balistique. Il suffit donc de connaître la durée d'une oscillation simple de l'équipage mobile pour calculer L par r :

$$\mathrm{L} = r\,\frac{\mathrm{T}}{\pi}\,\frac{\delta}{\delta'}.$$

Description.

Nous n'avons pas à insister longuement sur la description des instruments employés dans cet exercice, car le galvanomètre balistique et le pont de Wheatstone ont précédemment arrêté déjà notre attention : on utilisera le pont ordinaire en forme de losange ou bien la boîte en forme de pont.

La résistance additionnelle r est disposée à la suite de la bobine dans une branche quelconque du pont : cette résistance doit être faible. On la donnera par un rhéostat gradué ou bien par une boîte de résistances.

Il importe que la pile employée donne un courant constant :

la pile de Daniell répond suffisamment bien à cette condition. Un interrupteur à mercure servira à couper le courant.

Manuel opératoire.

1° On réalise l'équilibre du pont en courant permanent par les procédés ordinaires, la résistance r étant égale à zéro.

2° Une interruption brusque du courant détermine dans le galvanomètre une déviation δ : une fermeture brusque donnerait une élongation égale, mais de sens contraire.

3° On rétablit l'état permanent; puis on introduit lentement la résistance additionnelle, en la faisant croître graduellement jusqu'à ce que la déviation constante observée ait pris une valeur δ' voisine de δ.

T ayant été déterminé préalablement, on calcule L par r.

MM. Ayrton et Perry ont modifié la méthode en intercalant dans le circuit de la pile un commutateur donnant n interruptions par seconde; le courant sera donc n fois ouvert et fermé dans une seconde. Si le galvanomètre se trouve mis automatiquement en court circuit pendant chaque ouverture, l'effet de la force électromotrice Li sera répété n fois et l'on observera une déviation fixe δ_n. L'expérience s'achève comme il est exposé ci-dessus. On aura dès lors :

$$\frac{L}{r} = \frac{\delta_n}{n\delta'}.$$

Mais il faut que n soit constant et connu.

D'autre part il ne faudrait pas que n fût trop grand et que le régime variable ne puisse s'achever avant la commutation.

Résultats.

La valeur de L est rapportée au temps T, qui est évalué en secondes, et à la résistance r estimée en unités électromagnétiques; on multipliera donc les ohms par 10^9, et le coefficient sera évalué en centimètres; on sait en effet que L a les dimensions d'une longueur.

L'unité pratique est égale à 10^9 centimètres et porte le nom de *henry*.

M. Ledeboer ([1]) a étudié la self-induction de deux petits électros dont on pouvait aisément enlever le noyau de fer doux : l'un d'eux portait un fil de $0^{cm},2$ de diamètre, l'autre un fil de $0^{cm},08$:

L.

Bobine à gros fil ..... $0,00085 \times 10^9$ centimètres $= 0,00085$ henrys.
»   fil fin ...... $0,0225$ » $= 0,0225$ »

Ayant mesuré leur résistance ρ, il a trouvé

$$\frac{L}{\rho}.$$

Bobine à gros fil................. $\dfrac{0,00085}{0,234} = 0,00363$

„   fil fin.... .... $\dfrac{0,0225}{0,70} = 0,00330$

M. Brillouin avait donc raison de dire que le rapport du coefficient de self-induction d'une bobine à sa résistance est constant, pour même forme et mêmes dimensions extérieures : la faible différence relevée dans la valeur du rapport doit être attribuée aux irrégularités de l'enroulement.

Ces mêmes bobines, munies de leurs noyaux de fer doux, avaient des valeurs décuples de L.

Mais l'augmentation est beaucoup moindre quand le fer approche de la saturation; on devrait donc pouvoir supprimer l'influence du fer par une aimantation à saturation.

Pour l'induit d'une machine de Gramme, on voit en effet que le coefficient diminue lorsque les électros sont excités, ce qui est conforme à la théorie.

Pour un courant de 20 ampères, dans l'anneau, on trouve

$L = 0,0287 \times 10^9$ centimètres sans excitation,
$L = 0,0152 \times 10^9$ »   avec excitation.

D'après M. Sumpner, la valeur de L change dans un anneau Gramme avec l'excitation des inducteurs, de la manière suivante :

([1]) *Journal de Physique*, 2⁰ série, t. VI, p. 53 et 320; 1887.

amp   L.

Inducteur excité par 0,0... 0,0210 × 10⁹ centimètres

»   6,1... 0,0179   »

24,0... 0,0122

L· MANIPULATION.

MESURE D'UN COEFFICIENT D'INDUCTION MUTUELLE EN FONCTION D'UN COEFFICIENT DE SELF-INDUCTION.

Théorie.

Maxwell a indiqué une méthode permettant la comparaison du coefficient d'induction mutuelle M de deux bobines avec le coefficient de self-induction L de l'une d'elles par l'emploi du pont de Wheatstone; mais ce procédé avait le défaut d'entraîner de longs tâtonnements, attendu qu'il fallait à chaque essai dérégler l'équilibre du pont obtenu en régime permanent pour réaliser l'équilibre en régime variable.

M. Brillouin (¹), puis M. Brunhes (²), ont suggéré d'heureuses modifications de ce procédé qui en facilitent l'application.

La théorie de l'opération est la suivante :

Soit un pont de Wheatstone, ADBC (*fig.* 84), alimenté par la pile P : dans la branche DB du point est intercalée la bobine *b* dont on connaît la self-induction L et la résistance R : des résistances R', R″ et R‴ sont placées dans les autres branches.

Le courant de la pile passant continûment dans le réseau des conducteurs, on a, en régime permanent, la relation classique de proportionnalité :

$$\frac{R}{R'} = \frac{R''}{R'''}.$$

Cet équilibre n'est pas troublé par l'introduction d'une dé-

(¹) *Annales de l'École Normale*, 2ᵉ série, t. XI, p. 356; 1882.

(²) *Bulletin des Sciences physiques*, 4ᵉ année, p. 173; 1892.

rivation CED de résistance ρ, établie sur les sommets C et D.

Or, le circuit principal CPD renferme une bobine b', enveloppant la bobine b; c'est le coefficient d'induction mutuelle M de ces bobines b et b' que nous nous proposons de déterminer.

Appelons I le courant principal en CPD, et i le courant qui traverse DB; à l'ouverture ou à la fermeture du circuit CPD, il se produit en ABDA une force électromotrice d'induction égale à la variation du champ électromagnétique; sa valeur est $Li + MI$.

Fig. 84.

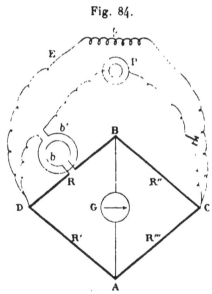

Mais, si l'on fait varier la résistance ρ de la dérivation CED de telle manière que l'aiguille du galvanomètre G reste au zéro, à l'ouverture du circuit ou à sa fermeture, nous aurons

$$Li + MI = 0,$$

d'où

$$\frac{M}{L} = -\frac{i}{I}.$$

Ce rapport $\frac{i}{I}$ est connu par les équations relatives au régime permanent; on a, en effet,

$$I = i + i' + j,$$

en appelant i' le courant en AD, et j celui qui parcourt la dérivation CED.

De plus, désignant par i', i'' et i''' les autres courants, nous avons dans le circuit CBDEC, par suite de l'égalité de i et de i'',

$$\mathrm{R}\,i + \mathrm{R}''i - \rho j = 0 \qquad \text{et} \qquad j = \frac{\mathrm{R} + \mathrm{R}'}{\rho}\,i.$$

D'autre part,

$$\frac{i}{i'} = \frac{\mathrm{R}'}{\mathrm{R}} \qquad \text{et} \qquad i' = i\,\frac{\mathrm{R}}{\mathrm{R}'}.$$

Il vient donc

$$-\frac{\mathrm{M}}{\mathrm{L}} = \frac{i}{\mathrm{I}} = \frac{1}{1 + \dfrac{\mathrm{R}}{\mathrm{R}'} + \dfrac{\mathrm{R} + \mathrm{R}''}{\rho}}.$$

De cette équation ressortent deux conditions :

1° M doit être négatif si L est positif, c'est-à-dire que les courants doivent parcourir en sens inverse des bobines dont les spires sont parallèles;

2° Il faut que M soit plus petit que L en valeur absolue.

Remarquant que $\dfrac{\mathrm{R}}{\mathrm{R}'} = \dfrac{\mathrm{R}''}{\mathrm{R}'''} = \dfrac{\mathrm{R} + \mathrm{R}''}{\mathrm{R}' + \mathrm{R}'''}$, on peut écrire l'équation que nous venons d'établir sous la forme suivante :

$$-\frac{\mathrm{M}}{\mathrm{L}} = \frac{1}{1 + \dfrac{\mathrm{R}''}{\mathrm{R}'''} + \dfrac{\mathrm{R}''}{\mathrm{R}''}\dfrac{\mathrm{R}' + \mathrm{R}''}{\rho}}.$$

On voit que, pour satisfaire à cette relation, on a toujours la ressource de modifier $\mathrm{R}' + \mathrm{R}''$, ce qui peut se faire sans dérégler le pont, si l'on change en même temps la valeur du rapport $\dfrac{\mathrm{R}''}{\mathrm{R}'''}$.

Description.

Il faut, pour effectuer cette manipulation, une boîte en forme de pont (*voir* XXXVII° manipulation) et une boîte ordinaire de résistances, cette dernière servant à constituer la résistance ρ. Les connexions s'établissent suivant le schéma de la *fig.* 85 ; nous représentons par des solénoïdes les bobines *b* et *b'* dont nous cherchons l'induction mutuelle.

La boîte à décades de Carpentier, montée en forme de

Fig. 85.

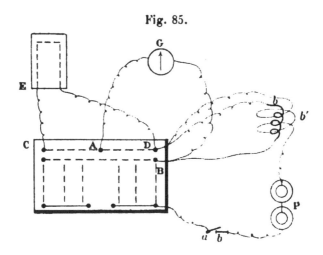

pont, est celle que nous supposerons employée ici ; elle est représentée par la *fig.* 86. C'est entre ses bornes A et B que nous placerons le galvanomètre G.

Fig. 86.

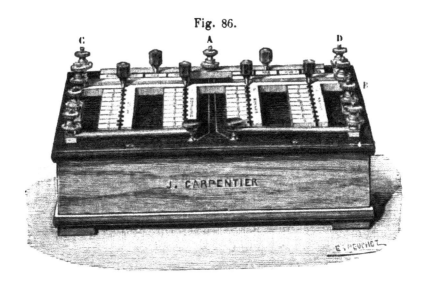

E est une boîte quelconque de résistances.

Il serait utile qu'elle possédât une cheville donnant une résistance infinie, mais ce n'est pas absolument indispensable, car on peut arriver au même résultat par une interruption de circuit. La somme des résistances de cette boîte atteint généralement 1110 ohms.

Toutes les résistances du pont et les autres doivent être sans réactance : on peut admettre qu'il en est toujours ainsi pour les boîtes des bons constructeurs, mais dans la présente Manipulation il est particulièrement nécessaire de s'en assurer par une épreuve directe ([1]).

Le galvanomètre doit être très sensible et parfaitement apériodique : un Deprez-d'Arsonval conviendrait bien, ou un Thomson; M. Brillouin se servait d'un instrument ayant 7000 ohms de résistance, et il observait par la méthode de Poggendorff.

Une clef d'interruption est placée sur la boîte en forme de pont de Carpentier; mais un interrupteur quelconque, placé dans le circuit de la pile, rendrait le même service. Le meilleur contact est réalisé par un conducteur de cuivre plongeant dans du mercure propre; le mercure est renfermé dans de petits godets a et b placés l'un contre l'autre, et un fil de cuivre nickelé, de 5^{mm} de diamètre, deux fois recourbé à angle droit, forme la jonction entre les godets, par-dessus leurs bords. Ces appareils conviennent aussi bien qu'une clef pour frapper un courant instantané, et l'on est sûr du moins d'avoir un bon contact.

La pile pourra être formée de plusieurs éléments Daniell ou bien de deux accumulateurs.

Manuel opératoire.

1° On commence par régler l'équilibre du pont en régime permanent, le courant étant constant et continu : pour cela, on donne à la boîte E une résistance infinie, et l'on cherche quelle résistance R'' il faut introduire dans le pont pour

---

([1]) Le double enroulement généralement usité a pour inconvénient de rapprocher des spires à potentiels très différents et d'augmenter la capacité du fil : M. Chaperon préfère, pour ce motif, les bobines formées par couches successives, mais avec enroulement en sens inverse : il sépare les couches par de la soie imprégnée d'un vernis isolant.

amener l'aiguille au zéro avec une valeur déterminée du rapport $\dfrac{R'}{R''}$.

Il est bon de s'assurer que le courant traverse les bobines b et b' en sens contraire, si leurs spires sont parallèles; nous avons dit que c'est essentiel pour l'expérience.

2° Opérons maintenant en régime variable, et pour cela fermons instantanément le circuit de la pile : nous observons une impulsion vers la droite, par exemple, de l'aiguille du galvanomètre : à la rupture, la déviation est égale, mais de sens contraire; dans l'intervalle, l'aiguille était revenue au zéro, puisque le pont était réglé.

Or, répétons le même essai en donnant à la boîte E une résistance ρ égale à zéro. On devra observer des déviations inverses de celles qu'on avait notées précédemment, à droite pour une fermeture, à gauche pour une rupture du courant.

Si cette inversion est réalisée, il n'y a qu'à faire croître méthodiquement la résistance ρ jusqu'à ce que la fermeture et la rupture du courant ne produisent plus aucune impulsion de l'aiguille. On ne touche pas aux résistances des ponts, on n'agit que sur la boîte E.

3° Il eût pu arriver que la fermeture donnât même sens d'impulsion pour ρ infini et pour ρ égal à zéro : dans ce cas, il aurait fallu régler autrement l'équilibre du pont en modifiant $(R' + R'')$ sans changer $\dfrac{R''}{R''}$: on y arrive généralement, mais il faut savoir néanmoins que ce n'est pas toujours possible avec les résistances dont on dispose.

Résultats.

Comme il est possible de construire deux bobines dont le coefficient d'induction mutuelle soit théoriquement calculable ([1]), il y aura plus souvent intérêt à faire l'expérience décrite ci-dessus dans le but de déduire la valeur de L d'une

---

([1]) On peut calculer le coefficient M avec une grande précision quand la distance minimum des fils, d'une bobine à l'autre, est très supérieure au diamètre de ces fils.

valeur calculée de **M** : toutefois, on peut aussi avoir à déduire M de la valeur mesurée de L.

M. Brillouin a opéré sur deux bobines présentant les dimensions suivantes :

	Diamètre moyen.	Longueur des bobines.	Nombre des spires.
Grande bobine I.....	$10^{cm},9$	$48^{cm},5$	3263
Petite bobine II......	$4^{cm},98$	$48^{cm},5$	3272

Leur coefficient d'induction mutuelle **M** est égal à 0,479 henrys, d'après la formule de Maxwell; d'autre part, $L = 0,2273$ henrys.

La valeur théorique du rapport était donc égale à 0,2110.
Or, l'expérience a donné les résultats ci-dessous :

R".	R"'.	R'.	p.	$\frac{M}{L}$.
1000	10000	1173,9	367,0	0,2157
»	»	1168,0	364,5	0,2154
		1174,0	366,7	0,2156

LIᵉ MANIPULATION.

DÉTERMINATION DU RAPPORT v ENTRE LES UNITÉS ÉLECTROSTATIQUES ET ÉLECTROMAGNÉTIQUES.

Théorie.

A la suite de Weber et de Kohlrausch, dont le procédé avait été modifié déjà par MM. Ayrton et Perry, M. Stoletow a procédé à la détermination du rapport v en mesurant la capacité d'un condensateur dans les deux systèmes d'unités[1]. Il s'est servi d'un appareil de forme géométrique dont la capacité c pouvait être calculée en unités électrostatiques : la capacité électromagnétique C se déduisait ensuite expérimentalement de la décharge opérée dans un galvanomètre balistique.

[1] Le savant professeur de Moscou a communiqué ses recherches à la Société française de Physique le 23 septembre 1881; *voir* le *Bulletin* de cette Société, page 193.

Les armatures ayant une surface S, on a, pour un écartement e,

$$c = \frac{S}{4\pi e}.$$

Pour faciliter la mesure de C, M. Stoletow faisait fonctionner périodiquement le condensateur; il le chargeait donc et le déchargeait une cen‘aine de fois par seconde à l'aide d'un rhéotome tournant, de manière à avoir une déviation permanente δ au galvanomètre. Il comparait cette déviation à celle qui se produisait quand on fermait sur une résistance comme le courant de la même pile de charge.

On a d'abord, pour n décharges par seconde, E étant la force électromotrice de la pile et δ la déviation observée au galvanomètre,

$$n\,EC = K\delta.$$

D'autre part, δ' étant la déviation obtenue dans le galvanomètre de résistance g, shunté par une résistance s, introduit dans un circuit principal de résistance R, on peut écrire

$$\frac{E s}{R s + R g + g s} = K\delta'.$$

On en déduit

$$C = \frac{s}{R s + R g + g s}\,\frac{\delta}{n\,\delta'}.$$

On calcule finalement ε, par la relation connue

$$\varepsilon^2 = \frac{c}{C}.$$

Cette méthode donne de bons résultats. Elle a été reprise récemment par M. Abraham; mais, au lieu d'observer séparément les déviations δ et δ', ce physicien a fait passer simultanément les deux courants dans les fils d'un galvanomètre différentiel; il a donc procédé ainsi par réduction au zéro [1].

---

[1] *Annales de Chimie et de Physique*, 6ᵉ série, t. XXVII, p. 433; 1892.

Description.

Le condensateur est à plateau circulaire avec anneau de garde, du système de Lord Kelvin : MM. Stoletow et Abraham se sont servis d'instruments de haute précision, construits spécialement en vue de leurs importantes recherches, qu'on ne trouve pas dans les laboratoires d'enseignement; on y suppléera en employant un condensateur ordinaire dont l'espacement des armatures sera déterminé par l'épaisseur des cales de verre qui les maintiennent. L'exiguïté des dimensions de ces cales permettra de négliger leur influence. La surface de l'armature doit être d'au moins 350^{cm}q; la distance e ne dépassera pas 0^{cm},1. Les disques seront parfaitement plans.

Le commutateur ou rhéotome tournant pourra être constitué par deux bagues métalliques échancrées, montées avec

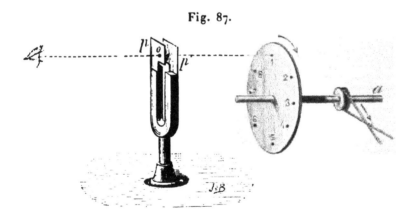

Fig. 87.

un léger relief sur un cylindre d'ébonite et tournant entre des balais frotteurs en laiton. Les phases à réaliser sont les suivantes : appelons A l'inducteur et B le collecteur :

1° A communique avec la pile; B communique avec le sol:

2° A est mis au sol; B est relié au galvanomètre qui communique lui-même au sol; le collecteur B se décharge donc dans le galvanomètre ;

3° A est remis en communication avec la pile et B est de nouveau rattaché au sol.

Le schéma ci-dessous fait voir comment M. Abraham opère les connexions des balais de son rhéotome :

$$\text{Inducteur A} \quad \text{Première bague.} \begin{cases} \text{— Pile.} \\ \text{— Sol.} \end{cases}$$

$$\begin{matrix} \text{Galvanomètre —} \\ \text{Sol —} \end{matrix} \Big\} \text{ Seconde bague.} \quad \text{— Collecteur B.}$$

On actionne le rhéotome par un petit moteur électrique; le nombre n de révolutions se mesure par une méthode stroboscopique, par exemple à l'aide d'un disque blanc et d'un diapason, disposés comme on le voit sur la *fig.* 87. Le disque porte huit marques noires équidistantes et le diapason est muni, sur chacune de ses branches, d'une plaque percée d'un trou o : le diapason étant au repos, ces trous sont en face l'un de l'autre et ils permettent de viser la marque 1. Quand le diapason vibre et que le disque tourne, l'observateur croira voir une marque immobile si la durée de rotation du disque est un multiple exact de la durée d'une vibration simple du diapason; pour la moindre variation de vitesse, la marque paraîtrait animée d'un mouvement lent dans un sens ou dans l'autre.

M. Stoletow a employé comme source un seul élément de Latimer Clarke, et pour galvanomètre un Thomson.

Manuel opératoire.

1° On mesure d'abord exactement le diamètre du disque du condensateur et celui de l'ouverture de l'anneau de garde, et l'on calcule la surface moyenne correspondante : le disque étant tourné et l'anneau alésé, cette détermination peut être faite avec une grande précision.

Les épaisseurs des cales de verre se mesurent au sphéromètre; elles ne doivent pas différer sensiblement; on prend pour e leur valeur moyenne.

2° On met le rhéotome en marche et l'on mesure le nombre n de révolutions qu'il effectue par seconde en le déduisant d'abord du nombre de tours faits par le moteur électrique; le rapport des diamètres des poulies de transmission, déterminé préalablement avec le plus grand soin, donne la valeur du coefficient de multiplication à appliquer. On réalise ainsi une première approximation que l'observation stroboscopique complétera, puisque n est un multiple exact du nombre des vibrations du diapason.

La vitesse étant parfaitement uniforme, on note δ et n.

3° On ferme ensuite le courant de la même pile sur les résistances connues R, S et g et l'on relève δ'.

Résultats.

La détermination de v constitue une des opérations les plus délicates de la Physique ; depuis 1856, plus de vingt Mémoires importants ont été publiés, assignant à ce rapport des valeurs comprises entre $271,4 \times 10^8$ et 322×10^8 : la valeur la plus exacte semble être $299,2 \times 10^8$.

Le résultat obtenu par des élèves, dans une manipulation rapide, pourra s'écarter beaucoup de ce chiffre ; mais cet exercice ne sera pas sans profit pour eux, car ils auront appliqué une méthode ingénieuse et fait usage de procédés très intéressants.

LIIᵉ MANIPULATION.

INSCRIPTION ÉLECTROCHIMIQUE D'UN COURANT ALTERNATIF ET ÉTUDE D'UN ALTERNATEUR.

Théorie.

M. Paul Janet fait ressortir dans les termes suivants l'intérêt et l'objet d'une étude expérimentale des courants alternatifs. « Tandis que pour caractériser entièrement un courant continu il suffit de connaître son intensité, pour caractériser un courant alternatif il faut connaître non seulement son intensité efficace, mais encore sa fréquence et sa forme en fonction du temps, forme qui s'écarte toujours plus ou moins d'une sinusoïde ; tandis que pour comparer deux courants continus, il suffit de connaître le rapport de leurs intensités, pour comparer deux courants alternatifs, il faut

connaître non seulement le rapport de leurs intensités effi-
caces, mais leur différence de phase; enfin, tandis que, dans
un courant continu, la force électromotrice est simplement
proportionnelle à l'intensité du courant qu'elle produit, dans
un courant alternatif, cette force électromotrice est souvent
décalée d'une quantité inconnue sur le courant. » ([1])

C'est la mesure des fréquences et celle des différences de
phase qui s'impose le plus souvent : M. Janet y procède par
l'emploi d'un enregistreur électrochimique, qui marque un
trait sur un cylindre tournant chaque fois qu'un maximum
périodique de différence de potentiel s'établit entre deux points
déterminés : le nombre de traits imprimés par seconde donne
la fréquence et leur position relative donne les différences de
phases de deux courants alternatifs proposés.

On peut étudier par ce procédé les courants fournis par
n'importe quels alternateurs, Siemens, Zipernowski, Thomson-
Houston, Ferranti, Patin ou autres, auto-excitateurs ou à
excitation séparée.

La force électromotrice aux bornes pourra être déterminée
par un voltmètre Cardew en dérivation qui donne la racine
carrée de la moyenne des carrés de la force électromotrice;
c'est ce qu'on appelle la *force électromotrice efficace*.

Un électrodynamomètre Siemens, placé dans le circuit, fera
connaître aussi l'*intensité efficace*, par une formule de la forme

$$i_{\text{eff.}} = \frac{1}{K} \sqrt{\delta}.$$

Si l'alternateur alimente des lampes, l'angle de décalage
entre le courant extérieur et la force électromotrice qui se
produit est faible et la puissance extérieure est égale en
watts au produit de la force électromotrice efficace.

Description.

Décrivons d'abord l'enregistreur Janet.

Sur un cylindre métallique enroulons une feuille de papier
imbibée de la solution de ferrocyanure de potassium et d'azo-

---

([1]) *Bulletin de la Société internationale des Électriciens*, janvier 1895.

tate d'ammoniaque de Bain, composée de parties égales des deux solutions saturées, étendues de six parties d'eau. On emploiera un papier assez fort, ayant trempé quelques heures dans le liquide; il faut l'appliquer avec soin sur le cylindre, puis on épongera l'excès du réactif à l'aide d'un rouleau de papier buvard. M. Janet recommande que la surface du papier soit mate, sans être trop sèche.

Sur la surface du cylindre appuie un style en fer ou en acier, dont la pointe est légèrement émoussée, pour ne pas entamer le grain du papier.

Ce style, constitué par une aiguille à tricoter, est engagé à frottement dur dans un tube mince en métal, mobile autour de son centre et monté sur un bloc d'ébonite, lequel est embroché sur un axe de laiton, le traversant de part en part; un ressort à boudin, attaché d'une part au bloc, d'autre part à l'axe, détermine une légère pression du style sur le cylindre contre lequel il vient appuyer.

Le bloc d'ébonite peut recevoir trois ou quatre styles, suivant le besoin de l'expérience.

Le cylindre enregistreur est relié par son tourillon à un point du circuit traversé par le courant alternatif à analyser; les styles sont mis en communication électrique avec d'autres points du circuit par des fils.

Le cylindre enregistreur est animé d'un mouvement de rotation uniforme; un filetage hélicoïdal pratiqué sur son axe détermine un mouvement de progression accompagnant son mouvement de rotation.

Pour une différence de potentiel déterminée entre les points reliés au cylindre et aux styles, ceux-ci tracent un trait bleu sur le papier; cette inscription faite, on détache le papier en le coupant sur une génératrice et on le lave à grande eau avant de le sécher.

Le voltmètre Cardew est un instrument à dilatation, constitué par un fil de platine-argent; sa faible réactance permet de l'employer pour les courants alternatifs.

L'électrodynamomètre Siemens se compose d'une bobine mobile à une seule spire, suspendue par un fil de cocon et orientée par un ressort à boudin, dans un champ créé par un cadre fixe.

On mesure la torsion du fil sur un limbe gradué supérieur.

Manuel opératoire.

L'action de la Terre est nulle sur l'électrodynamomètre quand le plan de la bobine mobile est normal au méridien. L'appareil étant placé horizontalement par ses vis calantes, on fait passer le courant. On tourne le bouton de la vis de torsion jusqu'à ce que l'index de la bobine mobile revienne à zéro : on relève l'angle de torsion δ. La valeur de $\frac{1}{K}$ est généralement marquée sur l'instrument.

1° *Mesure des fréquences.*

Soit à mesurer la fréquence de la différence de potentiel périodique existant entre deux points M et N du circuit; ces points seront, par exemple, deux bornes d'une lampe à incandescence prise dans une série de trois lampes de 40 volts alimentées par un alternateur distribuant un courant alternatif à 120 volts.

Le point M sera relié électriquement au cylindre.

On montera deux styles sur le bloc, l'un d'eux devra être mis en communication avec le point N.

Le second style permettra de mesurer le temps; à cet effet, on le relie au pôle positif d'une pile dont le pôle négatif communique avec le cylindre par l'intermédiaire d'un pendule battant la seconde et fermant le circuit à chaque oscillation.

Le premier style marquera une trace bleue chaque fois que l'excès de potentiel de N sur M passera par un maximum positif; on obtient donc un trait discontinu dont chaque segment correspond à une période de la force électromotrice étudiée. Le nombre de traces inscrites par le second style donne le nombre de secondes.

Il faut une différence de potentiel minimum de 20 à 30 volts pour avoir une bonne inscription.

2° *Mesure des différences de phases.*

Soit à mesurer la différence de phase entre deux forces électromotrices périodiques décalées l'une par rapport à l'autre d'une quantité que l'on veut mesurer; on inscrit ces deux forces électromotrices l'une à côté de l'autre et l'on obtient ainsi deux lignes discontinues, dont l'une est déplacée par rapport à l'autre d'une certaine quantité, comme le montre la *fig.* 88; le rapport suivant lequel un maximum d'une de

Fig. 88.

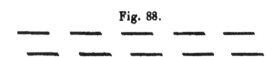

ces lignes divise l'intervalle laissé entre deux maximum consécutifs de l'autre donne, en fraction de période, la différence de phase cherchée.

On réalisera cette expérience en prenant trois points sur le circuit alternatif; le point moyen sera relié au cylindre et les points extrêmes aux deux styles.

Résultats.

M. Janet a appliqué sa méthode aux trois cas suivants :

1° Trois points M, N et P disposés en série sur un circuit alternatif sont séparés par des résistances non inductives, des lampes à incandescence par exemple. Les points extrêmes M et P sont en communication avec deux styles, et le point moyen N est relié au cylindre. Les excès de potentiel de M et P sur N sont décalés l'un par rapport à l'autre d'une demi-période.

2° Le courant alternatif se bifurque entre deux branches, dont l'une contient une bobine tandis que l'autre ne présente

Fig. 89.

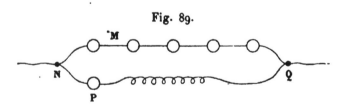

au contraire pas de self-induction. Plaçons, par exemple, cinq lampes de 20 volts dans la première dérivation et une lampe et la bobine dans la seconde (*fig.* 89). On rattachera le cylindre au point de bifurcation N et les deux styles à M et à P.

On constate que le courant de NPQ est en retard sur l'autre.

3° On dispose en série sur un circuit alternatif une lampe et une bobine; M et P sont reliés à deux styles (*fig.* 90), et

Fig. 90.

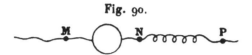

N au cylindre. Si la résistance NP n'était pas inductive, nous aurions une différence de phase d'une demi-période; mais on observe une différence plus grande, comme la théorie l'exige.

Ce procédé ingénieux permet aussi d'inscrire des forces électromotrices triphasées, en reliant, par exemple, le centre de l'étoile au cylindre et les sommets à trois styles : on relève ainsi trois séries de traits déplacés l'une par rapport à l'autre d'un tiers de période.

Ajoutons enfin qu'on peut même étudier la forme d'un courant périodique en multipliant les styles; mais cette détermination, quoique fort curieuse, semble dépasser les conditions pratiques d'un exercice didactique.

LIII· MANIPULATION.

ÉTUDE D'UNE GÉNÉRATRICE MAGNÉTO OU DYNAMO.

Théorie.

Une génératrice d'électricité se compose de deux organes essentiels : l'inducteur, formé d'aimants ou d'électro-aimants fixes, détermine un champ magnétique constant; l'induit, constitué par un anneau de fer doux, autour duquel est enroulée une hélice de fil de cuivre, tourne sur lui-même dans le champ.

L'hélice est le siège de courants induits que l'on recueille par un certain nombre de collecteurs, sur lesquels appuient deux balais flexibles. Ces balais ne doivent pas toucher des points situés exactement dans le plan de symétrie perpendiculaire aux lignes du champ, mais on les avance d'un angle ϑ qu'on appelle *angle de calage*. Cet angle est pratiquement déterminé par la condition de supprimer les étincelles.

Il y a à considérer dans une génératrice l'intensité du champ, la vitesse de rotation et les résistances intérieure et extérieure : son action est définie par sa force électromotrice et l'intensité du courant.

On démontre que la force électromotrice est proportionnelle, toutes choses égales d'ailleurs, à l'intensité magnétique du champ dans lequel a lieu le mouvement de l'anneau; d'autre part, elle est proportionnelle à la vitesse, en dessous d'une limite déterminée, et indépendante de la résistance extérieure.

Nous nous proposons de demander à l'expérience la confirmation de ces lois, formulées par la théorie.

Les essais qu'on peut poursuivre sur une dynamo comportent aussi la recherche de la répartition des potentiels au collecteur, et l'évaluation des pertes intérieures par effet de Joule, hystérésis et courants de Foucault.

Description.

La *fig.* 91 représente une machine Gramme de laboratoire à aimant Jamin. Elle se meut à la main : on obtient facilement une rotation très rapide, de 600 tours à la minute, à l'aide d'un jeu de roues dentées de diamètres très différents. Mais une poulie peut être montée sur l'axe et, quand on veut procéder à des essais, le mouvement est donné par transmission mécanique.

On trouve aussi dans les laboratoires la machine dynamo-électrique de Gramme, dans laquelle on a substitué à l'aimant fixe un système d'électro-aimants alimentés par le courant de la machine elle-même. La *fig.* 92 représente un type très répandu dans lequel l'inducteur est constitué par le bâti et comporte deux électros montés en face l'un de l'autre. L'anneau construit à la manière ordinaire tourne entre les plaques polaires de fer doux et reçoit son mouvement par une courroie de transmission passant sur une poulie portée par l'axe de l'anneau.

Fig. 91.

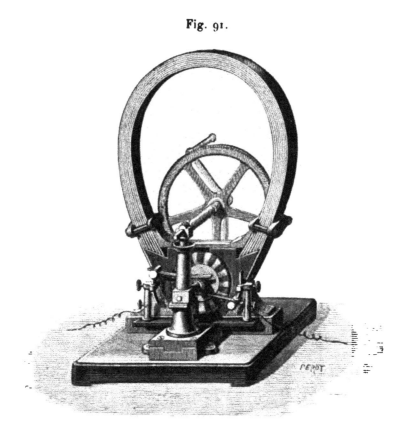

Certains instituts de Physique mieux montés possèdent des dynamos Schuckert, Manchester, Phénix ou autres, que nous ne décrirons pas.

Ces dynamos sont en série, en dérivation, ou bien elles sont compound; pour une étude de laboratoire, il convient de disposer d'une machine à excitation séparée.

Nous ne voulons parler ici que des petites machines en usage dans les services de Physique comme appareils d'enseignement. Les magnétos usuelles ont une force électromotrice qui ne dépasse guère 15 volts. Les dynamos ont souvent une force électromotrice beaucoup plus considérable, d'environ 110 volts : leur puissance est de plusieurs kilowatts. Il est peu de laboratoires de Facultés qui ne disposent pas aujourd'hui d'un moteur à gaz de cette force.

Pour procéder à l'essai de ces machines, il faut installer la transmission de manière à pouvoir déterminer exactement le nombre de tours de l'anneau induit. On peut le calculer,

Fig. 92.

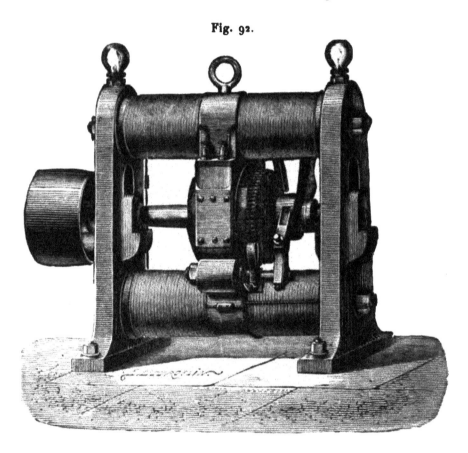

car il est fonction du nombre de tours du moteur : mais il est préférable de le mesurer directement, attendu que le glisse-ment des courroies introduit une cause d'erreur très grave.

La meilleure méthode consiste à employer un compteur de tours dont on appuie la pointe sur un axe, dans lequel on a pratiqué un coup de pointeau.

Quand on se sert d'un banc intermédiaire actionné à la main, la détermination de la vitesse de rotation devient fort indécise : le mieux est alors de mesurer la durée de 20 tours de la manivelle, en admettant que le mouvement soit uniforme.

L'intensité du courant fourni par la génératrice peut se mesurer par une boussole des tangentes, ou mieux encore par celle des cosinus connue sous le nom d'Obach (*fig.* 93), véritable boussole des tangentes dont le cadre vertical est mobile autour de son diamètre horizontal et peut s'incliner plus ou moins sur le plan de l'aiguille. La déviation pour une intensité donnée est proportionnelle au cosinus de l'angle du cadre

Fig. 93.

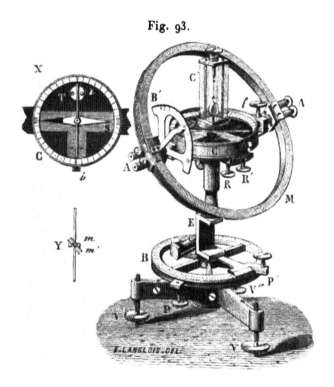

avec la verticale et, par suite, diminue quand cet angle croît. MM. Ducretet et Lejeune construisent cet instrument sur le modèle de la figure ci-dessus; le cercle gradué B' permet d'évaluer l'inclinaison du cercle M, et de rendre comparables les mesures faites avec des inclinaisons différentes. La gorge du multiplicateur contient deux fils parallèles et de plus une large bande de cuivre rouge épais qui peut sans danger être ouverte au courant le plus intense; on peut mesurer des courants de près de 100 ampères.

En appelant θ l'inclinaison du circuit sur le plan d'oscillation de l'aiguille et φ la déviation, l'intensité du courant est donnée en ampères par la formule

$$i = \mathrm{A}\, \frac{\operatorname{tang}\varphi}{\cos\theta},$$

dans laquelle A est un paramètre variable avec le circuit, égal à 14,15 ou 1,127, suivant que le courant traverse la bande ou le multiplicateur.

On peut aussi employer très avantageusement le galvanomètre à arête de M. Marcel Deprez : c'est un *mesureur de courant* tout à fait pratique, composé d'un aimant en fer à cheval et de 18 petites aiguilles en fer doux, qui sautent brusquement à leur position d'équilibre aussitôt que le courant passe ; on étalonne cet instrument par comparaison avec un instrument absolu.

Mais on se servira plus commodément encore de l'ampèremètre de Lord Kelvin, ou bien de celui de MM. Deprez et Carpentier ou de tout autre analogue, dont on peut contrôler la justesse et qui présentent une sensibilité suffisante pour ces expériences.

Quel que soit le galvanomètre employé, il faut avoir soin de l'éloigner le plus possible de la machine, afin de le soustraire à l'action énergique des aimants qui le composent : le mieux est d'installer l'instrument de mesure dans une salle voisine de celle où fonctionne la génératrice.

Deux procédés permettent de mesurer la force électromotrice d'une dynamo.

Le premier consiste à employer simplement un voltmètre, à grande résistance, qu'on placera en dérivation sur les points du circuit dont on veut mesurer la différence de potentiel.

Si l'on voulait faire un essai plus minutieux, on pourrait opérer par compensation, ainsi qu'il suit.

Dans le circuit MAEGBM de la machine (*fig.* 94), on introduit un ou plusieurs éléments E et un galvanomètre G, puis, entre les points A et B, on jette un pont dont on modifie la résistance jusqu'à ce que le galvanomètre soit réduit au zéro. Appelant R la résistance du circuit AMB, λ celle du pont, E la force électromotrice de la pile auxiliaire et x la force électromotrice cherchée de la machine, on peut écrire, par application des lois de Kirchhoff, en désignant par I l'intensité du courant principal ([1]),

$$x = (R + \lambda)1 \quad \text{et} \quad E = \lambda I,$$

d'où

$$x = \left(1 + \frac{R}{\lambda}\right) E.$$

On diminue d'une façon continue la résistance λ du pont au fur et à mesure que, la vitesse croissant, la force électro-

Fig. 94.

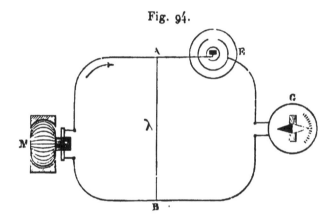

motrice varie, et l'on parvient rapidement à dresser un Tableau des forces électromotrices en fonction des vitesses de rotation.

En supprimant successivement quelques lames d'acier de l'aimant des magnétos, ou bien en diminuant le courant d'excitation des dynamos, on modifie l'intensité du champ, et l'on détermine son influence sur la différence de potentiel aux bornes de la génératrice.

Manuel opératoire.

Les détails qui précèdent sont assez précis pour nous dispenser de décrire les diverses opérations que nécessite l'essai d'une machine de Gramme; on peut du reste les varier à

([1]) *Journal de Physique*, t. VII, p. 79 et 363; 1878.

l'infini, ainsi qu'il ressort de l'exposé des résultats obtenus par les habiles physiciens qui se sont occupés de la question.

Résultats.

MM. Mascart et Angot ont publié dans le *Journal de Physique* ([1]) une série de recherches expérimentales sur les machines magnéto-électriques : nous leur empruntons les chiffres qui suivent.

Machine de Gramme à aimant Jamin.

Nombre de tours de l'anneau par seconde, n.	Nombre d'éléments Daniell en opposition, p.	Rapport $\dfrac{p}{n}$
10,2	3	0,294
14,0	4	0,286
17,8	5	0,231
22,2	6	0,270
25,5	7	0,275
29,5	8	0,272
Moyenne		0,270 daniell.
»		0,292 volt.

Ces résultats sont assez concordants pour avoir suggéré l'idée d'employer une magnéto Gramme pour déterminer la force électromotrice d'une pile par opposition : il n'y au rait qu'à compter le nombre de tours effectués par seconde.

Voici, pour une autre machine, la force électromotrice par tour d'anneau par seconde, pour des vitesses, des résistances et des intensités variables :

([1]) *Journal de Physique,* t. IV, p. 363 ; 1878.

VITESSE.		RÉSISTANCE.		INTENSITÉ.	
Tours de l'anneau par seconde.	Force électromotr. en volts.	Résistance extérieure en ohms.	Force électromotr. en volts.	Intensité en ampères.	Force électromotr. en volts.
3,1	0,79	15	0,78	0,00025	0,74
3,6	0,82	44	0,82	0,00181	0,74
6,7	0,77	100	0,79	0,0230	0,77
9,1	0,77	200	0,77	0,056	0,81
15,4	0,75	1000	0,78	0,262	0,78
28,6	0,75	5000	0,74	0,742	0,78
43,5	0,74	10000	0,74		
5o,0	0,75	20000	0,74		

MM. Mascart et Angot en ont conclu que la force électro-motrice est proportionnelle à la vitesse, tant que celle-ci ne dépasse pas 5o tours de l'anneau par seconde et tant que l'intensité du courant reste inférieure à 0^{amp},8, quelle que soit la résistance extérieure.

En faisant varier le nombre des lames de l'aimant, les mêmes physiciens ont trouvé les forces électromotrices sui-vantes, pour un même nombre de tours :

Force électromotrice
en volts.

23 lames.... 0,260

15 lames........ 0,165

8 lames...... 0,0767

Les forces électromotrices sont sensiblement proportion-nelles au nombre de lames; elles sont, en général, rigou-reusement proportionnelles aux intensités du champ.

MM. Mascart et Angot ont constaté que l'intensité croît moins vite que la vitesse de rotation : ce résultat pouvait être prévu par la théorie. Les différences restent légères avec une machine de Gramme, mais, avec une machine de Clarke ou de l'Alliance, il est aisé de constater un maximum d'inten-sité pour une vitesse donnée; le courant diminue rapide-ment à partir de ce maximum, change même de signe et passe de nouveau par un maximum du côté négatif. On attribuait ce curieux effet à un retard dans l'aimantation.

D'après MM. Meyer et Auerbach (¹), ces variations sont beaucoup moins marquées dans les machines dynamos. Le Tableau suivant résume une série d'expériences très soignées, entreprises par ces savants sur une dynamo Gramme, construite à Paris par MM. Mignon et Rouart sur le modèle courant : n est le nombre de tours par minute et i l'intensité mesurée par une boussole des tangentes; on a fait simplement

$$i = \tang \varphi.$$

$n.$	$i.$
21	0,0061
42	0,0131
63	0,0224
83	0,0321
122	0,0585
166	0,121
236	0,584
342	1,66
557	3,15
642	3,56
876	4,50

Ces chiffres montrent que l'intensité i croît d'abord proportionnellement à n, puis un peu moins vite; pour des valeurs de n comprises entre 200 et 300, i redevient proportionnel, puis il croît de nouveau un peu moins vite; enfin, pour les grandes vitesses, n est encore proportionnel à i. La théorie rend compte aujourd'hui de ces curieuses alternatives par la réaction de l'induit.

Ces phénomènes singuliers ne se produisent pas du reste dans toutes les machines, ainsi qu'il ressort des essais faits par M. Marcel Deprez sur une machine Gramme, du type A, sur une machine Von Hefner-Alteneck et sur une machine à haute tension dont l'induit contenait 3200ᵐ de fil. Voici les chiffres obtenus en opérant sur la machine Gramme, à cou-

---

(¹) *Annales de Wiedemann*, t. VIII, p. 494; 1879.

rant constant; on réalisait cette constance en intercalant dans le circuit des résistances variables.

Vitesse en nombre de tours v.	Intensité I en ampères.	Résistance totale R.	Valeur de $\frac{RI}{v}$.
270	8,16	2,15	0,06494
526	8,16	4,15	6437
608	8,13	5,00	6718
742	8,40	6,00	6792
944	8,23	7,70	6713
1004	8,23	8,3o	68o3
1160	8,23	9,45	6704
1460	8,23	11,95	6736

Les différences constatées entre les valeurs de $\frac{RI}{v}$ sont de l'ordre des erreurs que l'on ne peut éviter dans ce genre d'expériences [1].

La *fig.* 95 reproduit la caractéristique d'une magnéto de

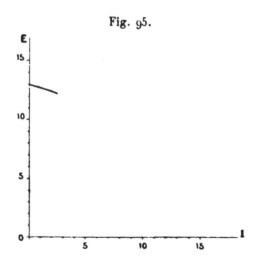

Fig. 95.

laboratoire à anneau Gramme, donnant 13 volts, à circuit ouvert, par 1400 tours à la minute. Cette petite machine présente la particularité que la différence de potentiel entre les bornes

---

[1] L'*Électricien*, t. V, p. 128; 1883.

tombe à 12,4 volts quand elle débite 1,8 ampère, et à 9,2 volts
pour 6,1 ampères. Ces conditions de fonctionnement défec-
tueuses contribuent à augmenter l'intérêt de la caractéristique obtenue. Elle s'abaisse rapidement, alors qu'elle aurait
dû rester parallèle à l'axe des intensités, s'il n'y avait pas eu
une réaction sensible de l'induit (¹).

On peut constater que la tendance démagnétisante du courant d'induit augmente avec le décalage des balais.

On obtiendrait une caractéristique de même allure avec
une machine à excitation indépendante ; cette courbe plongera
d'autant plus que les inducteurs seront plus faiblement excités.

_____

(¹) Cette observation est empruntée au Traité déjà cité de M. Silvanus
Thompson, traduction Boistel, p. 223; Paris, 1894.

CHAPITRE III.

OPTIQUE PHYSIQUE.

LIVe MANIPULATION.

ÉTUDE GÉNÉRALE DES PHÉNOMÈNES D'INTERFÉRENCE ET DE DIFFRACTION.

Je considère cette manipulation comme une introduction nécessaire à la haute Optique : avant de faire exécuter par des élèves les mesures délicates des longueurs d'onde, le professeur sent le besoin de les familiariser d'abord avec les phénomènes, nouveaux pour eux, des interférences et de la diffraction ; en répétant eux-mêmes les plus belles expériences du cours, ils peuvent en étudier à loisir les diverses apparences et comparer les résultats variés qu'on obtient en superposant des ondes de phase, de période et de nature différentes.

Description.

L'étude des phénomènes d'interférence et de diffraction s'effectue généralement avec le banc d'optique de Fresnel, qui se compose essentiellement d'un long bâti de fonte, monté sur vis calantes, et portant une règle méplate sur laquelle glissent les supports des porte-fiches. Ces supports sont constitués par un patin avec colonne à tourillon. Les porte-fiches peuvent être orientés à la main, ou par des vis tangentielles, qui les font tourner autour d'un axe vertical ou horizontal ; une vis micrométrique permet aussi de les déplacer perpendiculairement au banc.

Foucault, Jamin, et plusieurs autres physiciens ont perfectionné les détails du banc d'optique dont les bons constructeurs possèdent aujourd'hui d'excellents modèles.

Mais l'instrument qui présente le plus de ressources et permet de mieux varier les expériences est, d'après M. Mascart, le spectroscope; ce savant l'a prouvé surabondamment dans un travail auquel nous ferons de nombreux emprunts ([1]).

Il suffit qu'on puisse disposer, entre le collimateur et la lunette, à la place du prisme, les biprismes de Fresnel ou de Mascart et les fiches qui se placent sur le banc d'optique pour observer les franges d'interférence et de diffraction; il est même possible d'en mesurer l'écartement au $\frac{1}{100}$ de millimètre à l'aide d'un micromètre oculaire.

Comme toute la lumière qui sort du collimateur est concentrée par la lunette dans le voisinage des points où se produisent les phénomènes que l'on veut observer, on peut utiliser des sources de lumière très faibles et une bougie suffirait au besoin; cependant il sera préférable de se servir d'une lampe à pétrole, d'un papillon de gaz, dont la flamme sera vue par la tranche, ou encore d'un bec Auer.

Pour les expériences que je viens d'énumérer, il faut enlever le prisme de sa plate-forme; mais les interférences à grandes différences de marche s'étudient dans le spectre, par le procédé de MM. Fizeau et Foucault, et le même instrument se prête à une étude très complète et très intéressante de ces curieux phénomènes.

En disposant en avant du spectroscope un collimateur à fente et une lunette sans oculaire, on reproduit le phénomène des lames mixtes de Yung. Enfin il est facile de fixer en avant de la fente et devant l'oculaire un polariseur et un analyseur; on étudie ainsi les franges produites dans le spectre par la double réfraction et la polarisation rotatoire.

Bref, l'adjonction au spectroscope de quelques accessoires peu dispendieux permet de répéter les expériences les plus célèbres de l'Optique physique ([2]).

([1]) *Journal de Physique*, t. I, p. 17 et 177, 1872; t. II, p. 153; 1873.

([2]) Notre laboratoire de la Faculté libre de Lille possède un spectroscope.

Manuel opératoire.

I. *Sans prisme :*

1° Le biprisme de Fresnel ou de Pouillet étant disposé sur la plate-forme, de telle sorte que son arête soit bien parallèle à la fente, on observe de belles franges, par suite de la dispersion; les franges violettes sont un peu plus larges que lorsqu'on opère avec les miroirs de Fresnel. Le phénomène est plus brillant, quand la lumière qui sort du collimateur est fortement convergente : la fente sera donc placée au delà du foyer principal de la lentille.

En installant le biprisme entre l'œil et l'oculaire de la lentille, on obtient aussi des franges.

On observe encore très nettement ce phénomène, en ôtant l'objectif de la lunette ou celui du collimateur.

2° M. Mascart a accolé deux prismes par leurs arêtes, au lieu de le faire par leurs bases; les franges produites de la sorte sont extrêmement fines. Pour les voir, il faut supprimer le verre de champ de la lunette et fixer l'oculaire sur un support séparé, à 300^{mm} environ de l'objectif; on peut employer à cet effet un simple tube de carton, entrant à frottement dur dans le tube de la lunette.

3° Jamin a indiqué une disposition qui peut suppléer aux miroirs et aux biprismes; elle se compose de deux lames de verre d'égale épaisseur, inclinées l'une sur l'autre; si l'angle que forment ces lames est tourné vers la lumière, on obtiendra les mêmes effets qu'avec le biprisme; sont-elles, au contraire, disposées en sens inverse, elles se comporteront comme deux miroirs faisant un angle plus grand que deux droits. La distance des deux sources de lumière réelles ou virtuelles fournies par les deux lames dépend de l'angle qu'elles font entre elles. Il faut observer que, par suite de l'intervention des lames, cette distance dépend de la longueur d'onde de la lumière; aussi les franges sont-elles colorées comme celles du biprisme.

---

disposé par M. Laurent, pour l'étude des interférences : cet instrument permet de réaliser toutes les expériences qui suivent.

4° Les deux trous du P. Grimaldi donnent au Soleil des franges verticales, qu'on voit bien dans la lumière rouge; on les fait disparaître en masquant une des ouvertures par une lamelle de mica.

5° Le bord d'un écran fait naître des franges extrêmement fines, difficiles à saisir; il convient d'éloigner le plus possible l'oculaire de l'objectif; ces franges ne sont pas équidistantes.

6° Deux fentes parallèles produisent de larges bandes colorées, qui se déplacent quand on recouvre une des fentes par une lamelle de mica.

7° Dans l'ombre d'un gros fil se voient deux franges très noires; quand le fil est fin, il faut sortir l'oculaire le plus possible, et alors l'image est bordée de raies violettes et rouges, le violet en dedans. L'ombre d'un clou effilé est intéressante à étudier.

8° Avec un réseau, on peut observer, de chaque côté de l'image de la fente, trois et même quatre spectres très nets, dont nous ferons dans la suite une étude plus complète.

9° Le même réseau donne, par réflexion, les irrisations chatoyantes de la nacre de perle; le bouton de Barthon jette des feux colorés très vifs.

10° Un verre saupoudré de lycopode montre des couronnes qui présentent encore le violet en dedans; c'est la manière la plus simple de construire le stéphanoscope de Delezenne et de reproduire les apparences des cercles, qui encadrent quelquefois le disque du Soleil. Les anneaux, qu'on voit le matin en se levant, autour d'une vive lumière, ont la même origine; ils sont dus aux globules de sang dont la conjonctive s'est injectée durant le sommeil.

11° Les deux expériences qui suivent se réaliseraient mal sur le spectroscope, et il convient d'employer des porte-fiches montés sur des pieds, qu'on disposera à son gré sur une longue table. Une lentille convergente à long foyer étant coupée en deux, et ses deux moitiés étant raccordées de manière que leurs centres optiques respectifs soient distincts, mais légèrement séparés, on obtient de belles franges, ainsi que Billet l'a démontré il y a longtemps déjà; en effet, les rayons issus d'un point suffisamment éloigné formeront, au delà de ces demi-lentilles, deux faisceaux convergents qui se résumeront en deux points distincts, dont l'écartement peut être poussé jusqu'à quelques millimètres. On commence par rendre parallèles les deux images de la fente ; les franges sont à chercher dans la partie commune des deux faisceaux. La largeur des franges est inversement proportionnelle à l'écart des demi-lentilles et il faut les observer à une assez grande distance. L'écartement des rayons interférents au point où ils convergent est assez grand pour qu'on puisse les faire passer par des lames et étudier le transport des franges.

12° Une brillante expérience, peu connue, permet d'illustrer le principe des ondes enveloppes d'Huygens : qu'on dispose devant la fente une lentille pour projeter son image sur un grand écran blanc, placé à quelques mètres; sur le chemin des rayons, entre la lentille et l'écran, installons un petit écran opaque noir, muni de rebords et présentant exactement la largeur de l'image lumineuse de la fente qui s'y produit, de telle sorte qu'elle y paraisse emprisonnée. Puis introduisons, entre la fente et la lentille, un cadre sur lequel on a tendu de l'étamine, de la gaze ou du tulle noir : aussitôt apparaît sur le grand écran blanc du fond une image très nette des brins croisés du tissu, formée par des rayons diffractés qui ont contourné le petit écran noir et placée dans l'ombre même de cet écran opaque qui semblait devoir les emprisonner. Cette expérience ne réussit qu'au Soleil, comme celle du P. Grimaldi; il convient de laisser passer la lumière par une large fente. On peut remplacer le cadre d'étamine par un réseau à traits verticaux, qui donne des spectres de la même manière.

II. *Avec le prisme :*

1° L'appareil de de Wrede (*fig.* 96) permet très simplement d'observer les interférences produites par réflexion sur les lames minces; il se compose d'un petit cylindre vertical de laiton de 8^{mm} de diamètre, percé d'une fenêtre fermée par une lame courbe de mica sur laquelle on dirige un faisceau de lumière. La fente du collimateur étant éclairée par les rayons réfléchis sur cette lame, on voit le spectre sillonné de bandes noires et brillantes dont l'écartement augmente, en allant du rouge au violet; en versant dans le cylindre un liquide pos sédant le même indice de réfraction que le mica (1,53) tel que l'essence de cassia, on fait disparaître les franges, ce qui prouve que le phénomène était dû à l'interférence des rayons réfléchis sur les deux faces du mica.

Dans les laboratoires où l'on manquerait de l'appareil de de Wrede, on pourrait disposer une lame de mica oblique-ment derrière l'oculaire, et observer l'image du spectre qu'elle réfléchit; mais l'expérience est moins belle.

Fig. 96.

L'épaisseur maximum de la lame sera de $\frac{1}{100}$ à $\frac{2}{100}$ de milli-mètre.

Des lamelles de verre de $\frac{1}{10}$ de millimètre donnent les mêmes apparences, à condition toutefois que leurs faces soient bien parallèles.

2° En interceptant le faisceau lumineux par une lame mince de mica ou de verre appliquée derrière l'oculaire, de manière à couvrir entièrement la pupille, on observe un spectre à bandes qui correspond aux anneaux transmis de Newton. Les bandes sombres que l'on aperçoit ne sont plus noires comme précédemment, mais simplement ombrées. Cette expérience, imaginée par Ermann, présente de curieuses analogies avec celle des anneaux.

3° Lorsque les deux faisceaux interférents traversent des

épaisseurs égales de deux milieux inégalement réfringents, on observe encore des spectres à bandes; ils correspondent au phénomène des lames mixtes de Yung.

La disposition de cette expérience est présentée par la *fig.* 97.

En avant de la fente du spectroscope, on dispose un collimateur à fente et une lunette sans oculaire et l'on fait tomber l'image linéaire de la première fente sur la seconde.

Fig. 97.

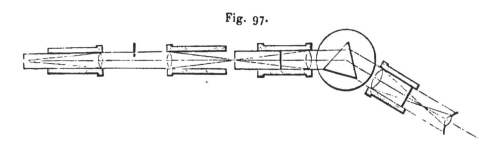

Pour produire les franges d'interférence dans le spectre, il n'y a qu'à interposer sur le chemin des rayons une lame de verre d'environ ¼ de millimètre d'épaisseur.

4° En remplaçant le prisme de verre du spectroscope par un prisme à liquide dans lequel on introduit une lame réfringente, on voit encore le spectre sillonné de bandes : c'est l'expérience de Baden-Powell.

5° Talbot et après lui Esselbach glissaient une lamelle de verre entre l'œil et l'oculaire, de manière à couvrir la moitié de la pupille, du côté violet : les franges qui se forment dans le spectre leur permettaient de mesurer la longueur d'onde des radiations extrêmes. Ces franges, connues sous le nom de Talbot, ne se produiraient pas si l'on interceptait les radiations du côté du rouge.

III. *En lumière polarisée :*

1° Si l'on dispose un prisme de Nicol devant la fente du spectroscope, puis, derrière le collimateur, une lame biréfringente taillée parallèlement à l'axe, et enfin devant l'oculaire un analyseur, on reproduit une des plus belles expériences de MM. Fizeau et Foucault ([1]).

([1]) *Annales de Chimie et de Physique,* 3° série, t. XXVI, p. 145.

Le spectre présente un grand nombre de bandes qui sont absolument noires, si les sections principales du polariseur et de l'analyseur sont parallèles et si la section principale de la lame est inclinée à 45°. Un morceau de quartz à faces parallèles de 54^{mm},6 d'épaisseur fait voir plus de 600 bandes et l'on peut en compter 89 entre les raies E et F. Une lame de spath de 4^{mm},79 en produit au moins 1000, dont 155 entre les mêmes raies E et F. Une feuille de gypse clivé donne aussi de beaux résultats.

M. Macé de Lépinay a publié ([2]) un remarquable travail sur ces franges du quartz : la méthode employée par lui consistait à mesurer à l'aide d'un réseau de Brunner au $\frac{1}{200}$ de millimètre les longueurs d'onde correspondant aux centres des franges. On sait que si λ représente l'une des longueurs d'onde mesurées, e l'épaisseur de la lame biréfringente et p le numéro d'ordre de la frange, la différence $n' - n$ des indices ordinaire et extraordinaire pour la radiation λ est donnée par l'équation

$$(n' - n)\, e = p\, \frac{\lambda}{2} ;$$

p est un nombre entier impair quand les sections principales du polariseur et de l'analyseur sont parallèles.

2° Reproduisons l'expérience de Fizeau et Foucault, mais analysons le spectre en faisant tourner le nicol analyseur : nous verrons l'intensité relative des bandes subir de grandes modifications, attendu que les rayons sont polarisés rectilignement, circulairement ou elliptiquement.

3° En remplaçant la lame cristalline par un quartz de 0^m,040 à 0^m,050 d'épaisseur, taillé perpendiculairement à l'axe, on observe de larges bandes d'extinction qui sont dues à la polarisation rotatoire.

En faisant tourner l'analyseur comme ci-dessus, on voit encore ces bandes se déplacer. Le quartz est dextro ou lévogyre, suivant qu'il faut tourner l'analyseur à droite ou à gauche pour faire marcher les franges vers le violet du spectre.

([1]) *Journal de Physique*, 2ᵉ série, t. IV, p. 159; 1885.

⋋ LVe MANIPULATION.

VÉRIFICATION EXPÉRIMENTALE DES LOIS DES ANNEAUX COLORÉS DE NEWTON.

―――――

Théorie.

Ne nous occupons que des anneaux réfléchis; les lois du phénomène sont les suivantes :

1° En lumière homogène et sous une incidence normale, les carrés des diamètres des anneaux noirs successifs sont entre eux comme la série des nombres pairs.

2° Sous une incidence oblique, les carrés des diamètres qui correspondent à un anneau d'un ordre déterminé sont proportionnels à la sécante de l'angle que fait le rayon avec la normale dans la lame mince.

De plus, les carrés des diamètres varient en raison inverse de l'indice de la lame dans laquelle ils se forment.

Newton mesurait les anneaux à l'aide d'un compas, non sans difficulté(¹); Babinet traçait une division sur l'une des surfaces limitant la lame mince; mais ces procédés étaient imparfaits et il fallait en corriger les résultats pour tenir compte de la réfraction subie par les rayons au passage de la lentille supérieure. De la Provostaye et Desains imaginèrent une méthode, aussi simple que rigoureuse, par laquelle ils purent vérifier l'exactitude des lois théoriques jusqu'au 67° anneau, pour des incidences de 86°, en éliminant toute correction.

Le travail de ces savants physiciens a une grande importance historique; car, en établissant l'accord entre les résultats de l'expérience et du calcul, ils donnèrent une réponse péremptoire à une grave objection soulevée par Herschel contre la théorie des ondes : Fresnel ne l'avait écartée qu'en mettant en doute l'exactitude de la loi.

―――――――――――――――――――――   ――――――――――――

(¹) « Res admodum difficilis est multæque diligentiæ hujusmodi mensuras accurate et sine errore colligere. » (*Optique.*)

Description.

Les anneaux sont formés à l'ordinaire entre une lame de verre plane et une lentille plan-convexe ([1]). Ce système est monté sur le chariot de la machine à diviser; en face on dispose, sur un support fixe, un théodolite dont le cercle vertical est perpendiculaire à l'axe de la vis micrométrique. La lunette étant inclinée de façon que le fil horizontal de son ré-

Fig. 98.

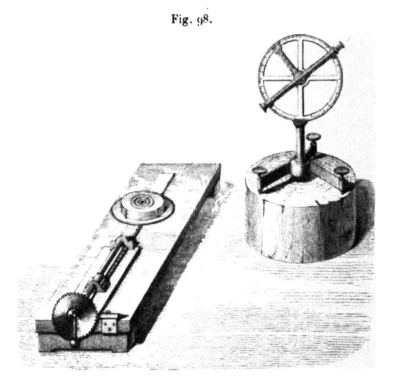

ticule passe par le centre des anneaux, il suffit de faire tourner la vis de la machine pour que ceux-ci viennent successivement toucher le second fil aux points où ils sont coupés par le premier. En notant exactement la position de la tête du micromètre chaque fois que l'un de ces contacts a lieu, on peut, par de simples soustractions, mesurer les diamètres correspondants des anneaux.

Cette disposition est représentée par la *fig.* 98. Le dessi-

([1]) *Annales de Chimie et de Physique*, 3ᵉ série, XXVII, p. 423; 1849

nateur n'a pas indiqué la source de lumière employée pour
éclairer la lentille.

De la Provostaye et Desains se servaient d'une lampe à
alcool salé à double courant, sans cheminée de verre : les
rayons étaient transmis et diffusés à travers une feuille de
papier huilé ou un verre dépoli dressé verticalement devant

Fig. 99.

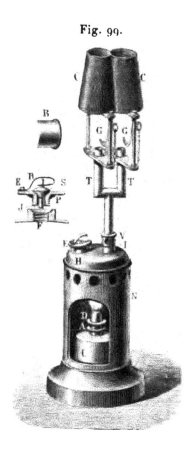

la lampe. On obtient une flamme très pure en remplaçant
l'alcool par un mélange de quatre parties d'esprit de bois et
d'une partie d'alcool absolu.

L'éolipyle Laurent donne une lumière jaune plus intense :
c'est un excellent appareil, assez peu employé aujourd'hui,
qui mérite néanmoins une description spéciale. Il se compose
essentiellement d'une lampe L (*fig.* 99), d'une chaudière **H**
en cuivre rouge et de deux brûleurs **T** surmontés d'une cheminée : le sel est introduit dans la flamme à l'aide des cuil-

lers G en platine. E est une soupape de sûreté dont on voit les détails sur la droite du dessin.

L'éolipyle peut être chargé d'alcool ou d'esprit de bois : on enlève la soupape pour verser le liquide. Il est prudent de s'assurer que cette soupape n'est pas collée sur son siège et que l'orifice V par lequel s'écoule la vapeur d'alcool est libre : on le débouchera au besoin à l'aide d'une aiguille fine en dévissant le tube T ; ces précautions ne sont pas inutiles. On n'enflamme la vapeur qu'au moment où se fait entendre un léger crépitement produit par la sortie du jet, trois ou quatre minutes après avoir allumé la lampe L. S'il est trop tôt, la flamme descend dans les tubes T : il suffit alors, pour éteindre, de fermer les trous d'air en tournant la virole I. Lorsque la pression est suffisante, les flammes brûlent avec un petit cône intérieur violet : en marche régulière, on entend un bruit saccadé, assez rapproché et très régulier, qui témoigne d'un bon fonctionnement et sert de contrôle.

Un appareil à gaz est souvent préférable aux appareils précédents, à condition toutefois que le bec brûle tranquillement et qu'on dispose d'une pression suffisante d'au moins 30^{mm} d'eau : on emploie alors un brûleur de Bunsen dont on rendra d'abord la flamme parfaitement incolore. Un fil de platine ou une petite corbeille permet d'introduire une perle de chlorure de sodium, ou mieux encore le bromure, dans le bord de la flamme du côté de l'observateur.

On fait les perles en mouillant un peu l'extrémité recourbée du fil de platine et en le trempant dans le sel qu'on fond ensuite à la flamme. On répétera plusieurs fois cette opération, de manière à obtenir une perle de belle grosseur : elle servira longtemps, à condition de la retirer de la flamme dès qu'on aura fini l'observation et de la conserver dans une boîte sèche.

M. Laurent construit aussi un excellent brûleur à gaz, qui peut fonctionner avec la pression la plus faible : une virole permet de régler l'admission de l'air proportionnellement à la tension du gaz d'éclairage. Une corbeille de platine reçoit le chlorure de sodium préalablement fondu en plaques ou en grains (¹). Pour obtenir le maximum d'effet il faut toujours

---

(¹) On vend dans le commerce du sel fondu en plaques que l'on casse en petits morceaux : il doit être conservé dans un lieu bien sec.

que la cuiller soit, non pas au milieu de la flamme, mais bien sur le côté, dans la partie violacée. On évitera avec soin que le sel en fondant ne vienne à tomber sur l'orifice du gaz et l'obstruer.

Terquem avait réalisé un bon brûleur à gaz en cloisonnant l'orifice de sortie du gaz et en plaçant au centre du tube une petite plaque pour former un jet annulaire (¹).

Manuel opératoire.

1° Le théodolite est d'abord solidement installé : son axe doit être vertical et le plan du limbe perpendiculaire à l'axe de la machine. On le laisse fixe pendant toute la durée des expériences ; lorsqu'on veut changer l'inclinaison, on déplace la machine à diviser en la transportant parallèlement à elle-même.

2° La surface supérieure des verres, entre lesquels se développent les anneaux, doit être horizontale. Le plan inférieur est d'abord réglé par les vis calantes de son support ; puis on y superpose la lentille en la frottant légèrement sur le plan, et l'on s'assure qu'en faisant tourner le système des deux verres le diamètre d'un anneau particulièrement visé n'éprouve aucune variation. L'exacte horizontalité de la face supérieure est dès lors assurée.

Un centre noir apparaît alors au milieu des anneaux ; une certaine friction est nécessaire pour réaliser cette condition, mais il ne faut point qu'elle soit trop forte, sinon on pourrait déformer les surfaces en contact.

3° On mesure les diamètres sous une incidence voisine de la normale en amenant sous le fil les parties les plus sombres de chaque bande obscure. La tache centrale compte comme premier anneau. Il est essentiel de tourner toujours la manivelle de la machine à diviser dans le même sens, pour éviter les erreurs dues au temps perdu de la vis. On supprime l'incertitude de visée qui résulte de la largeur des premiers anneaux en n'observant que des anneaux assez éloignés du centre.

(¹) *Journal de Physique*, t. X, p. 119 ; 1881.

Il y a avantage à éclairer le réticule en pratiquant une petite ouverture dans l'oculaire en face des fils : la lumière d'une bougie assez éloignée suffit pour les rendre apparents.

4° On fait varier l'inclinaison de la lunette pour vérifier la loi des sécantes.

Dans les cas de grandes inclinaisons, les anneaux sont noyés dans une forte proportion de lumière réfléchie à la première surface du verre supérieur. Il est nécessaire d'arrêter cette lumière étrangère : on y parvient en plaçant contre les verres une petite bande verticale de papier dont le bord inférieur horizontal limite à volonté la largeur du faisceau lumineux incident.

On peut rendre ainsi complètement sombre une partie plus ou moins grande de la surface des verres et c'est ordinairement quand la ligne de séparation d'ombre et de lumière passe par leur centre que l'on voit apparaître les anneaux.

5° On place entre la lentille et le plan de verre une goutte d'eau, de manière que la moitié seulement du champ soit recouverte par la lame d'eau; on constate que le troisième anneau sombre dans l'air coïncide avec le quatrième dans l'eau.

Résultats.

Le Tableau suivant, emprunté au remarquable travail que je viens d'analyser, vérifie complètement la loi des diamètres des anneaux :

Inclinaison de la lunette............ $17°37'$
Diamètre de courbure de la lentille... 38^m

Ordre de l'anneau.	Diamètre observé.	Diamètre calculé.
	mm	mm
Deuxième....................	9,40	9,56
Troisième...................	13,42	13,49
Quatrième...................	16,53	16,52
Cinquième..................	19,17	19,06
Sixième....................	21,37	21,33
Septième...................	23,51	23,36
Dixième....................	28,80	28,62
Quarante-troisième..........	61,53	61,82

Les diamètres théoriques ont été calculés par la formule

$$d^2 = 2\,(m-1)\,D\lambda\,\mathrm{séc}\,i\,(^1),$$

dans laquelle m est l'ordre de l'anneau obscur considéré en prenant la tache centrale pour le premier, D le diamètre de courbure de la lentille sphérique, λ la longueur d'onde de la lumière employée et i l'angle d'inclinaison.

Voici les diamètres d'anneaux observés sous des inclinaisons différentes avec une lentille de 13ᵐ,29 de rayon : les nombres sont relatifs au 4ᵉ anneau.

Inclinaison	Diamètre observé.	Diamètre calculé.
° ′	mm	mm
7.55............	9,715	9,619
37.36............	10,78	10,755
61.37............	13,865	13,885
74.17............	18,36	18,39
85.21............	33,79	33,625

L'expérience ne peut guère être poursuivie au delà de 86° : pour 90°, d'après Newton, les diamètres seraient trois fois et demi plus grands que sous l'incidence normale.

Signalons, avant de finir cette Manipulation, une curieuse expérience due à M. Stefan. Quand on observe l'espace incolore, au delà des derniers anneaux visibles en lumière blanche, et qu'on recouvre la moitié de la pupille avec une lamelle de mica, on voit apparaître un nouveau système d'anneaux qu'on désigne sous le nom d'*anneaux supplémentaires de Stefan*. Ils sont produits par le nouveau retard que subissent, au passage du mica, les rayons interférents auxquels l'appareil a déjà communiqué une différence de marche.

D'après M. Bouty on peut encore produire les anneaux supplémentaires avec la lumière qui a traversé un vase rempli de vapeur d'acide hypoazotique, ou une cuve contenant une solution faible de sulfate de didyme dans l'eau ou de permanganate de potasse dans l'huile d'olives.

(^{1}) En effet, $l = \dfrac{d^2}{D} = 2\,(m-1)\,\lambda\,\mathrm{séc}\,i$.

LVIe MANIPULATION.

MESURE DES LONGUEURS D'ONDE PAR LES MIROIRS DE FRESNEL.

Théorie.

Le phénomène des interférences peut servir à mesurer les longueurs d'onde d'une radiation : supposons en effet que nous produisions des franges en lumière homogène, à l'aide des miroirs de Fresnel, et soit l la distance de la $n^{ième}$ frange lumineuse à la frange centrale; appelons φ l'angle sous lequel, de cette frange centrale, on voit les deux images du point lumineux fournies par les deux miroirs; la longueur d'onde λ de la radiation est donnée par la relation

$$\lambda = \frac{l \tan g \varphi}{n}.$$

l se mesure par le micromètre de Fresnel; quant à l'angle φ on l'évalue avec une grande précision en installant en face des miroirs un théodolite dont l'axe coïncide avec la frange centrale.

Description.

A l'aide d'un héliostat, on dirige horizontalement les rayons solaires, à travers une fente verticale, sur une lentille cylindrique biconvexe à très court foyer, dont l'axe est parallèle à la fente : la lentille réunit la lumière incidente en une ligne focale, qui constitue une source lumineuse de grande intensité; les rayons qui en émanent tombent sur les deux miroirs plans en verre noir dont l'intersection doit être rigoureusement parallèle à la fente.

La *fig.* 100 représente les miroirs en projection horizontale; ils sont tous deux montés sur la plate-forme verticale PQ. L'un d'eux, ON, est fixe de direction, mais il peut être déplacé parallèlement à lui-même par le jeu de la vis AB; le second O'M est mobile autour de l'axe O'. Trois vis calantes, dont deux se projettent en F, l'autre en G, règlent le parallélisme de la charnière O' avec le plan du dernier miroir; une dernière vis H modifie l'inclinaison.

Tout l'appareil est porté par une colonne vissée sur un patin du banc d'optique ou bien sur un pied massif de fonte. Quand on opère sur le banc, on visse la colonne dans un trou excentré.

Fig. 100.

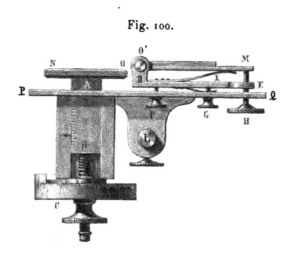

Un diaphragme permet de masquer les rayons directs de la source lumineuse; en l'approchant contre les miroirs, on ne laissera passer que les rayons interférents.

Les rayons réfléchis par les miroirs sont reçus sur une lentille très convergente, enchâssée dans l'écran d'un micromètre dont le pas est de 0ᵐᵐ,5 et dont la tête est divisée en 50 parties. En avant de cette loupe est tendu un fil fin servant de repère. Cet instrument, qui se prête admirablement à l'étude des franges aériennes, est connu sous le nom de *micromètre de Fresnel* : il présente l'avantage de faire voir également bien le myope et le presbyte; mais on comprend, sans autre explication, qu'ils ne voient pas les mêmes franges.

Pour opérer en lumière homogène, Fresnel appliquait un verre rouge contre la loupe; mais nous disposerons l'expérience d'une façon plus élégante en recevant la radiation solaire sur un prisme installé en avant de la fente. On peut ainsi faire passer sur les miroirs, les unes après les autres, les di-

verses radiations étalées dans le spectre et mesurer successivement leurs longueurs d'onde.

Le théodolite remplace le micromètre dans la seconde partie
de l'expérience : il faut et il suffit que l'axe de cet instrument
coïncide parfaitement avec la position de la frange centrale
précédemment observée. De minutieuses précautions sont à
prendre pour réaliser cette coïncidence.

Fresnel évitait l'emploi du théodolite en perçant un trou de
petit diamètre dans un écran métallique, qu'il disposait dans
la région commune aux deux faisceaux interférents; en réglant
les distances, on peut projeter ainsi, sur un deuxième écran
parallèle au premier, deux points lumineux dont il suffit de
mesurer l'écartement pour en déduire, en fonction de la
distance des deux écrans, la valeur de l'angle φ. Mais ce procédé est moins sûr que le précédent.

Au lieu d'un théodolite, nos élèves de la Faculté libre des
Sciences de Lille emploient une lunette pivotante, dont l'axe
de rotation s'introduit dans le support même qui a porté le
micromètre : les angles φ se lisent sur un limbe gradué horizontal disposé en dessous du plan de la lunette. On peut recourir à la méthode de répétition pour réduire au minimum
l'erreur commise.

Notons incidemment que, pour obtenir des franges en projection, on emploie une lentille formée par l'assemblage de
deux surfaces cylindriques opposées, dont les rayons de courbure sont inégaux et les axes rectangulaires : les franges sont
parallèles à l'axe de la demi-lentille la plus énergique et elles
sont très vives, car elles sont confinées dans un espace restreint en tous sens ([1]).

Manuel opératoire.

1° Le miroir à déplacement parallèle est disposé du côté
des rayons incidents, le miroir oscillant du côté du micromètre.

Le réglage des miroirs est difficile : il faut nécessaire-

— ([*]) BILLET, *Traité d'Optique physique*, t. I, p. 41.

ment qu'ils se raccordent exactement suivant les deux lignes qui terminent leurs surfaces, pour que la frange centrale soit au milieu du champ de la loupe. Une saillie de 0^{mm},01 la déplace sensiblement; de plus, l'intersection des deux plans doit être rigoureusement parallèle à la fente et à l'axe de la lentille, sinon le phénomène perdrait sa netteté.

Cette opération est assez laborieuse pour les commençants; ils devront d'abord rendre l'intersection des deux miroirs parallèle à la fente, et ils s'en assureront en constatant que les images de cette fente dans les deux miroirs sont parallèles. Ils amèneront ensuite, en agissant sur la vis C, les deux miroirs dans le même plan : ce résultat sera obtenu lorsque les deux images d'une mire horizontale rectiligne située à grande distance seront elles-mêmes rectilignes et en prolongement, et ne formeront pas une ligne brisée.

Les deux miroirs étant mis dans un même plan, on donnera au miroir oscillant une légère inclinaison par la vis H, qu'il faut tourner très lentement.

Tous ces réglages se font dans l'obscurité.

Les raies sont d'autant plus larges dans une lumière donnée que l'angle des deux miroirs est plus petit. On améliore souvent les raies en restreignant la fente lumineuse.

Les élèves se trompent quelquefois en prenant pour franges d'interférence des franges produites par diffraction : ces dernières se reconnaissent aisément, attendu qu'elles ne sont pas équidistantes. Les franges de Fresnel sont d'ailleurs caractérisées par le fait que la frange centrale est blanche.

La distance des miroirs à la loupe du micromètre est d'environ 0^m,50.

2° Les franges étant devenues visibles, on note celle qui est la plus lumineuse, la plus vive, la plus nettement dessinée, et par rapport à laquelle toutes les intensités sont symétriques; c'est la frange centrale, située à égale distance des deux foyers virtuels produits par le dédoublement de la fente. Amenant le fil vertical au milieu de cette raie brillante, on déplace le micromètre jusqu'à ce que ce repère se trouve au milieu de la $n^{ième}$ frange lumineuse, la vingtième par exemple, et on divise l'espace parcouru par n. On peut atteindre une approximation allant au $\frac{1}{100}$ de millimètre.

La loupe fonctionne comme oculaire d'une lunette astronomique, dont l'objectif serait là où sont les deux images des
miroirs; il en résulte que l'œil ne doit pas être contre le verre,
mais un peu en arrière. Fresnel donnait la règle suivante :
« Visez, disait-il, aux points lumineux, de manière que, le
foyer des rayons réunis par la loupe tombant au milieu de
la prunelle, toute la surface du verre semble illuminée, et
allez alors chercher les franges, en conservant la même
position relative de l'œil et de la loupe. » On trouvera la jus-
tification de cette règle dans l'excellent Traité de Billet, t. I,
p. 360.

3° Le théodolite est ensuite substitué au micromètre; la
frange centrale ayant occupé le centre du champ de la loupe,
il est nécessaire de placer en ce même point le centre du
cercle répétiteur. La lunette est dirigée horizontalement; on
vise tour à tour les deux foyers de lumière et l'on détermine
ainsi l'angle φ.

Résultats.

Les franges sont équidistantes; leur largeur est proportionnelle à la distance de l'écran aux images virtuelles de la
fente et en raison inverse de leur écartement, c'est-à-dire de
l'angle des miroirs; enfin elle est proportionnelle à λ. Les
franges sont donc plus rapprochées dans le violet, et il y en
aura trois dans le violet pour deux dans le rouge.

Fresnel s'est contenté de mesurer directement, par cette
méthode, la longueur d'onde des rayons rouges, sensiblement
homogènes, que laisse passer un verre coloré par le protoxyde
de cuivre; il en déduisit les autres longueurs d'onde, en se
servant des nombres trouvés par Newton dans ses observations des anneaux colorés.

La longueur d'onde du rouge fut trouvée, par Fresnel,
égale à 638 millionièmes de millimètre.

Le verre rouge mis à la disposition de nos élèves correspond à 652 millionièmes.

Nous empruntons à l'*Optique* de Billet le Tableau suivant
des λ pour diverses radiations.

Radiation.	λ en millionièmes de millimètre.
Rouge extrême, d'après Fraunhofer...........	750
Raie B....................................	688
Rouge extrême de Newton	645
Verre rouge de Fresnel....................	638
Verre rouge de Biot	628
Raie D	589
Raie E	526
Raie F	484
Raie G	429
Violet extrême de Newton.................	406
Violet extrême de Fraunhofer..............	360

Rappelons que Newton avait attribué aux sept couleurs distinguées par lui dans le spectre des longueurs d'onde proportionnelles aux racines cubiques des carrés des nombres 1, $\frac{8}{9}$, $\frac{5}{4}$, $\frac{4}{3}$, $\frac{3}{2}$, $\frac{5}{3}$, $\frac{15}{8}$ et 2, auxquels correspondent les intervalles de la gamme.

LVII° MANIPULATION.

MESURE DES LONGUEURS D'ONDE PAR LES RÉSEAUX.

Théorie.

La mesure des longueurs d'onde se fait avec beaucoup plus de précision et de facilité, au moyen des réseaux par transparence, qu'à l'aide des miroirs, des biprismes ou des autres appareils d'interférence, car les raies des spectres constituent des repères très nets, auxquels on peut rapporter les observations.

Quand l'onde incidente est plane et qu'elle coïncide avec la surface du réseau, on peut écrire

$$\lambda = \frac{\sin \delta}{n N},$$

δ étant la direction sous laquelle on voit une des raies d'un spectre de rang n, et N le nombre de traits contenus dans 1^{mm}.

Quand le plan du réseau est incliné d'un angle i sur celui de l'onde, la direction du $n^{ième}$ spectre est donnée par la formule

$$\sin i - \sin (i - \delta) = n N \lambda;$$

on tire de là

$$\lambda = \frac{2}{nN} \sin \frac{\delta}{2} \cos \left(i - \frac{\delta}{2}\right).$$

La déviation sera minimum lorsqu'on aura

$$i = \frac{\delta}{2};$$

Les spectres des réseaux ont donc un minimum de déviation comme les spectres prismatiques et ce minimum a lieu quand le plan du réseau est bissecteur de l'angle que forme le rayon incident avec le réfracté.

Si l'on place le réseau dans la direction qui correspond au minimum de déviation, la longueur d'onde sera donnée par la formule

$$\lambda = \frac{2}{nN} \sin \frac{\delta}{2}.$$

Il y a tout avantage à faire l'observation de la sorte; car, d'une part, la netteté des raies est considérablement augmentée, d'autre part, on n'a pas le souci de placer le réseau normalement à la direction du faisceau incident. De plus, ce mode d'observation supprime l'erreur provenant d'un défaut de parallélisme du faisceau incident.

Cette méthode a été appliquée avec un grand succès par M. Mascart ([1]); nous la suivrons dans cette Manipulation.

Description.

Le réseau est installé sur la plate-forme d'un goniomètre de Babinet, entre le collimateur et la lunette. Dans les appareils

___
[1] *Annales de l'École Normale supérieure*, t. I, p. 239; 1864; *Comptes rendus hebdomadaires des séances de l'Académie des Sciences*, t. LVI, p. 138, et t. LVIII, p. 1111.

construits par Brunner, cette plate-forme est munie de trois vis calantes, qui facilitent grandement le réglage. On mesure δ par le cercle répétiteur; M. Mascart évaluait les angles à 5″ près.

Pour dédoubler la raie D du sodium dans le premier spectre, il faut un réseau d'au moins 40 traits par millimètre, d'après Lord Rayleigh; 20 traits suffisent pour le second spectre et 14 pour le troisième. Mais les spectres sont d'autant plus brillants et plus purs, que le nombre des traits est plus considérable; Nobert, de Barth, et Brunner ont réussi à en tracer plus de 1000 par millimètre.

La valeur de N est habituellement donnée par le constructeur; on peut l'évaluer au moyen du microscope de la machine à diviser.

La qualité essentielle d'un réseau est de ne point présenter d'irrégularités systématiques; les traits consécutifs doivent être rigoureusement équidistants; on doit rechercher aussi une grande ouverture et contrôler rigoureusement le parallélisme des faces de la lame de verre.

On emploie généralement le Soleil comme source de lumière; la flamme de l'alcool salé ou d'un brûleur sodé convient peut-être mieux pour l'observation des raies D_1 et D_2, et elle peut servir à déterminer la valeur intrinsèque d'un réseau donné. On peut aussi se servir de la lumière du lithium.

Au besoin, on peut encore contrôler ainsi l'indication donnée par le constructeur relativement à N, en calculant sa valeur par la valeur connue de λ.

Lord Rayleigh [1] a fait connaître des procédés photographiques permettant de se procurer aisément de bonnes reproductions des réseaux, même des réseaux les plus fins et les plus délicats. Il faut renoncer à l'emploi de la chambre noire, à cause de l'imperfection des objectifs et des franges de diffraction qui accompagnent fatalement l'image des lignes très déliées, lesquelles franges sont une quantité de même ordre que la distance de deux traits consécutifs. Mais on peut obtenir de bons résultats, par reproduction directe, en prenant le réseau gravé pour négatif : il faut seulement éviter

---

[1] *Philosophical Magazine*, février 1874, p. 81.

les pénombres. On emploie une source de lumière de petite étendue, telle que l'image du Soleil ou d'une lampe de Drummond donnée par une lentille à court foyer; les rayons doivent tomber bien normalement sur la surface du réseau; l'albumine sèche ou le collodion chloruré donnent de bons résultats (¹). La durée de l'exposition varie évidemment avec la sensibilité des plaques et l'intensité de la lumière. La couche sensible doit être appliquée sur une plaque rigoureusement plane ou sur une lamelle de mica. Lord Rayleigh a pu reproduire ainsi un réseau de Nobert de 240 traits par millimètre et l'on a pu observer, à l'aide de cette copie, presque toutes les raies des tables d'Ångström.

M. Izarn a aussi obtenu d'excellents résultats en employant comme couche sensible la gélatine bichromatée; on produit ainsi un positif, ce qui est assez malaisé à expliquer.

M. Mascart a pu mesurer les longueurs d'onde des raies caractéristiques des spectres produits par les vapeurs métalliques incandescentes en plaçant la substance à volatiliser entre les pôles d'une pile de 40 éléments Bunsen; il a opéré ainsi sur le lithium, le thallium, le magnésium, l'étain, le bismuth et le zinc.

Manuel opératoire.

Nous supposerons que la fente soit bien au foyer principal du collimateur et que la lunette ait été réglée pour voir nettement à l'infini.

Ces vérifications faites, on opère comme il suit : nous emploierons la méthode de M. Mascart.

1° La lunette est mise au zéro de la graduation du cercle divisé, le fil du réticule divisant en deux l'image de la fente vue directement.

2° Le réseau est ensuite fixé sur la plate-forme, les traits parallèles à la fente du collimateur; puis on cherche sous

---

(¹) Le collodion chloruré est une dissolution de coton-poudre tenant en suspension du chlorure d'argent finement divisé avec un léger excès d'azotate d'argent libre; la plaque est d'abord recouverte d'une couche d'albumine sur laquelle on verse le collodion; on peut le sécher sur une lampe à alcool.

quelle incidence la lumière doit le rencontrer, pour que la déviation d'une raie déterminée soit minimum. On opère absolument comme on le ferait avec un prisme ([1]).

3° La lunette est mise au point pour les raies D du premier spectre; il est à remarquer qu'elle est dès lors au point pour toutes les raies de ce spectre.

4° On vise les raies dont on cherche la longueur d'onde et l'on note les angles avec le plus grand soin.

La même opération est répétée à gauche, et l'on prend les moyennes des angles ainsi déterminés.

Il pourrait sembler au lecteur que la mise au zéro soit inutile; elle n'a d'autre but que de s'assurer que le réseau est à la déviation minimum, car les angles doivent être égaux, à quelques secondes près, à droite et à gauche.

Faisons observer que cette double observation de δ à droite et à gauche élimine l'erreur produite par le défaut possible de parallélisme des deux faces de la lame de verre.

M. Mascart a observé un fait curieux et très important : en avançant ou reculant l'oculaire pour voir avec plus de netteté les raies du spectre, il a constaté qu'il y a une certaine position de cet oculaire pour laquelle on a un spectre extrêmement pur sillonné de raies d'une admirable finesse. Il importe d'être prévenu de ce phénomène. Généralement, on est obligé de modifier le tirage quand on passe d'un spectre au symétrique.

Résultats.

La méthode décrite ci-dessus présente la plus grande analogie avec celle qui nous a donné les indices de réfraction.

Elle permet de mesurer les λ avec une précision remarquable.

Quand le plein du réseau est égal au vide, le premier spectre a l'intensité maximum : dans ce cas, il y a avantage à observer ce spectre.

Nous avons déjà indiqué les longueurs d'onde correspondantes aux diverses raies du spectre; ces valeurs peuvent être

---

([1]) *Voir* notre *Cours élémentaire*, XXXIe Manipulation, p. 174.

considérées comme rigoureusement déterminées aujourd'hui.

Voici les valeurs moyennes des deux raies D, d'après les meilleurs observateurs, en millionièmes de millimètre ([1]) :

Fraunhofer............................	588,8
Van der Willingen....	589,5
Ditschciner.........	590,3
Ångström...........................	589,3
Stefan...............................	589,3
Esselbach...........................	589,1
Mascart.............................	589,43

En opérant avec quatre réseaux différents, M. Mascart a trouvé les nombres suivants :

589,43
589,41
589,42
589,38

Il est peu de méthodes, en Physique, susceptibles d'une semblable rigueur : avec un goniomètre dont le limbe gradué ne mesure que 150^{mm} les élèves de notre laboratoire trouvent des chiffres compris entre 589 et 590.

Nous ferons observer aux jeunes physiciens que la raie A ne se voit point dans les spectres des réseaux, et que les raies B et H sont d'une observation difficile.

Signalons enfin à leur attention une propriété remarquable des réseaux; ils fournissent un spectre *normal,* dans lequel la séparation des radiations ne dépend absolument que de leur longueur d'onde. La dispersion est, en effet, fonction de la longueur d'onde et de l'intervalle des traits du réseau : tous les spectres formés par les réseaux sont donc semblables entre eux. On sait qu'il n'en est point ainsi des spectres obtenus avec les prismes.

_____

([1]) On exprime fréquemment les λ en fonction du *micron*, qui est le millionième du mètre, ou le millième du millimètre; on le représente par la lettre μ. Ainsi l'on a

$$\lambda_D = 0^\mu,589.$$

LVIIIe MANIPULATION.

MESURE DES LONGUEURS D'ONDE PAR LES ANNEAUX A L'AIDE DE L'APPAREIL DE P. DESAINS.

Théorie.

Lorsqu'une lentille convexe repose sur un plan, il apparaît une tache noire au centre des anneaux formés par réflexion : sa position correspond exactement au point de contact. Or, quand on écarte lentement les verres, il semble que les anneaux se resserrent et disparaissent par le centre ; en même temps, la tache devient alternativement blanche et noire.

Pour ramener n fois le centre à redevenir noir, il faut, en partant de la position qui répond au contact, soulever la lentille de $n\frac{\lambda}{2}$, λ étant la longueur d'onde de la lumière homogène employée. Il en résulte un moyen de mesurer λ, par la détermination rigoureuse du déplacement e de la lentille, car on peut écrire

$$e = n\frac{\lambda}{2}.$$

Description.

P. Desains a réalisé cette expérience, à l'aide d'un appareil très délicat qui permet d'évaluer le $\frac{1}{100000}$ de millimètre ([1]).

Il se compose d'un plan de verre e' (*fig.* 101), porté par un coulisseau mobile sous l'action d'une vis micrométrique verticale, dont le pas est de $\frac{1}{2}$ millimètre et dont la tête a été divisée en 3600 parties égales, donc en $\frac{1}{10}$ de degré. La lentille c est fixe ; trois vis de rappel, dont une seule d est visible sur le dessin, permettent d'en régler la position, de

---

([1]) *Journal de Physique*, III, p. 105 ; 1874.

manière que son axe optique soit perpendiculaire au plan
mobile et passe par son centre. Cette lentille est enchâssée
dans un anneau de cuivre solide, qui est fixé sur le côté par
l'intermédiaire d'une patte perpendiculaire à son plan.

La vis micrométrique peut être conduite directement à la
main, mais on peut encore agir sur elle par une vis tan-

Fig. 101.

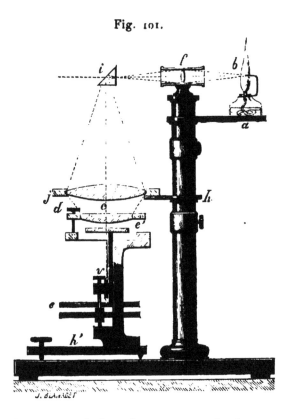

J. BLAMAET

gente V, qui permet d'obtenir une grande douceur de mouvement. Grâce à cet artifice, on parvient à fractionner, en
5o parties égales, un déplacement du verre mobile égal à peu
près à un demi-millième de millimètre.

Un index du coulisseau marque sa position sur une échelle
divisée en demi-millimètres; c'est un repère grossier de la
position de la lentille, qu'il peut être utile de consulter. Mais
les mesures sont basées sur les chiffres du limbe gradué e.

En éclairant le système des deux verres avec une lumière
monochromatique, on voit se développer autour du point de
contact une série d'anneaux, qui couvrent toute la surface

de la lentille; quand on fait tourner la vis et qu'on abaisse le plan, on est témoin du phénomène que j'ai décrit ci-dessus, et il est très facile de compter le nombre d'anneaux qui viennent se fondre l'un après l'autre dans la tache centrale.

M. Laurent, à qui Desains avait confié la construction de ce bel instrument, se sert d'un dispositif spécial pour illuminer la surface des verres : l'éclaireur qu'il emploie se compose d'un prisme i, à réflexion totale, qui renvoie sur la lentille j la lumière émise par la flamme b d'une lampe à alcool salé; les rayons sont concentrés sur le prisme par une petite lentille convergente f. En mettant l'œil derrière le prisme i et en regardant de haut en bas, on voit le champ inondé d'une lumière jaune également répartie.

M. Pellin construit un appareil qui ne diffère pas sensiblement de celui que nous venons de décrire : la vis V est elle-même micrométrique et elle porte un tambour divisé.

Quand on veut observer le phénomène dans d'autres couleurs simples que le jaune, on prélève dans un spectre bien pur un faisceau de rayons sensiblement homogènes; à défaut du Soleil, on peut employer la lampe de Drummond. Se servant d'un prisme de flint, on forme un beau spectre dans lequel le rouge aura au moins 4^{cm} de large à l'endroit où la netteté est maximum et l'on place à cet endroit un écran percé d'une fente de 12^{mm} de large. On fait tomber sur le verre f les rayons ainsi isolés.

On pourrait aussi recevoir un faisceau de lumière solaire à travers une auge plate, de 1^{cm} d'épaisseur, renfermant une solution de rouge d'aniline ou bien une solution de sulfate de cuivre ammoniacal.

RÉGLAGE DE L'APPAREIL.

1° *Réglage de l'éclaireur*. — La lampe à alcool étant allumée, on monte ou l'on descend le support a, et on le tourne, de manière que l'image de la flamme jaune b se projette nettement en avant de la face du prisme, sur une carte de visite que l'on tient à la main. Puis, on cherche la position qu'il faut donner à la lentille j, pour illuminer le champ : une glace étant placée en h' (nous supposons l'appareil de

Desains momentanément enlevé), on doit la voir entièrement éclairée; pour y arriver, on dispose des deux mouvements du prisme et de l'orientation de la lentille.

2° *Réglage de l'appareil à anneaux.* — Le premier soin de l'opérateur sera d'amener le plan au contact de la lentille; il y réussira en tournant à la main la tête de la vis micrométrique *e*. Il se forme aussitôt des anneaux dont le centre noir n'occupe pas généralement le milieu du verre : on le ramène dans l'axe en agissant sur les deux vis *d*. Il faut quelquefois un long tâtonnement pour y réussir : souvent on est conduit dans cette recherche à déterminer une pression considérable entre les verres et à déformer leur surface, ce qui est un danger pour l'instrument : nous attirons instamment l'attention sur ce point.

Le centrage étant à peu près effectué, on glisse l'appareil dans l'éclaireur et l'on achève le réglage : les vis calantes du plateau *h'* peuvent faciliter l'opération. L'expérience n'est prête qu'au moment où les anneaux, visibles jusqu'à la circonférence de la lentille, ne subissent aucun déplacement latéral par le fait de la rotation de la vis V. Il ne faut pas se dissimuler que ce résultat n'est jamais atteint du premier coup.

La rigueur des mesures dépend de la précision métrique et de la régularité du pas de la vis : ces qualités sont essentielles, mais elles ne se révèlent qu'à l'usage; les longueurs d'onde observées doivent être les mêmes, quelle que soit la position de la vis utilisée. Déterminant donc vingt fois de suite, par exemple, l'angle dont il faut tourner la vis micrométrique pour faire disparaître 60 anneaux, on devra trouver des valeurs très voisines : l'appareil de Desains exigeait une rotation de 12°,88 pour produire cet effet en lumière jaune, et la différence ne dépassait pas 0°,06 d'un bout de la vis à l'autre; la valeur de l'angle calculé était de 12°,74.

Manuel opératoire.

1° L'appareil étant installé et éclairé, on fait rentrer dans la tache centrale *n* anneaux, en notant avec soin, au dixième de degré, la position initiale et finale de la tête de la vis micrométrique.

2° Soit α l'angle dont la vis micrométrique a tourné; le pas étant d'un demi-millimètre, on en déduit λ par la formule

$$\frac{\alpha}{360}\frac{1}{2} = n\frac{\lambda}{2};$$

d'où

$$\lambda = \frac{\alpha}{360\,n}.$$

Résultats.

Pour faire apprécier les avantages de la méthode de P. Desains, je me contenterai de dire que des élèves soigneux déterminent les longueurs d'onde à quelques millionièmes de millimètre près ([1]).

Pour une rotation de 12°,88, Desains faisait rentrer 60 anneaux dans le centre; on avait donc

$$\lambda = 0^{mm},000589.$$

Dans cette expérience, l'incertitude du résultat dépend surtout de celle qui peut exister sur la valeur absolue du pas de la vis; cette incertitude s'élimine quand on se propose seulement de comparer les λ de différentes radiations, à condition toutefois que le pas soit régulier. On s'en assure aisément par la mesure d'un λ faite en appliquant à cette détermination diverses parties de la vis. Ce procédé a été utilisé par plusieurs physiciens pour étudier les vis micrométriques des appareils de haute précision.

L'appareil de Desains permet de reproduire la célèbre expérience par laquelle MM. Fizeau et Foucault ont étudié les interférences avec de grandes différences de marche. Brewster avait démontré que la lumière émise par l'alcool salé est dichromatique : son spectre montre, en effet, deux raies D_1 et D_2 qui ne diffèrent que d'un angle de 16″ à travers un prisme de 60°.

([1]) Desains a publié, en 1877, les valeurs de λ trouvées par ses élèves pour les deux raies D; ces nombres ne diffèrent de ceux de M. Mascart que de 0,6 millionième de millimètre. Cf. *Rapport sur l'Ecole pratique des Hautes-Etudes,* p. 10.

D'après Ångström, les longueurs d'onde sont les suivantes pour ces deux raies :

D₁....... .... $\lambda = 0^{mm},0005895$

D₂......................... $\lambda' = 0^{mm},0005889$

Ces rayons jaunes, de réfrangibilité différente, déterminent chacun leur système de franges ou d'anneaux; confondus d'abord pour une faible différence de marche, ils se séparent bientôt et un moment arrive où les anneaux obscurs de l'une des lumières coïncident avec les anneaux brillants de l'autre: le phénomène est alors à peine visible. C'est lorsque la différence de marche δ répond à l'équation

$$\delta = 2p\,\frac{\lambda}{2} = (2p+1)\,\frac{\lambda'}{2},$$

λ et λ' étant les deux longueurs d'onde des raies D₁ et D₂.

Le fait se présente la première fois pour $p = 500$. Lorsque ce nombre d'anneaux a disparu par le centre, on constate que le phénomène a perdu beaucoup de sa netteté, si même il ne s'est pas complètement effacé. Mais les anneaux reparaissent quand on atteint le nombre 1000 et disparaissent de nouveau à 1500. M. Fizeau a pu compter jusqu'à 52 réapparitions, alors que l'épaisseur d'air était devenue plus grande que 15ᵐᵐ.

Pour réussir cette expérience, M. Fizeau employait, non plus la flamme de l'alcool sodé, mais celle d'un mélange formé de 4 parties d'alcool méthylique et d'une partie d'alcool éthylique absolu sans addition de sel : les poussières de l'atmosphère suffisent pour faire donner à cette flamme fort peu visible les radiations D₁ et D₂ ([1]).

([1]) Fizeau et Foucault, *Annales de Chimie et de Physique*, 3ᵉ série, t. XXVI.

LIX° MANIPULATION.

MESURE DE L'INDICE DES LAMES MINCES PAR LE RÉFRACTOMÈTRE INTERFÉRENTIEL DE JAMIN.

Théorie.

Quand deux faisceaux, issus d'une même source lumineuse, se superposent, ils font naître, au lieu de leur réunion, des franges d'interférence.

Si l'on interpose dans l'un des faisceaux une lame d'épaisseur e et d'indice n, il se produit une différence de marche qui est immédiatement accusée par un déplacement des franges : les franges reculant de p rangs, la différence de marche $p\lambda$ est égale à $(en - e)$; d'où

$$e(n - 1) = p\lambda$$

et

$$n = \frac{p\lambda + e}{e}.$$

Ce procédé a été appliqué par Fresnel et Arago, dès 1818, à la comparaison des indices des gaz : l'appareil dont ils se servaient est le type des réfractomètres interférentiels.

Jamin ([1]) a heureusement perfectionné la méthode primitive en opérant dans la lumière illimitée, entre deux miroirs de verre épais à faces parallèles; il se forme ainsi un système de franges horizontales dont on mesure le déplacement à l'aide d'un compensateur gradué empiriquement.

Un compensateur est un appareil permettant de déplacer les franges à volonté : il sert à ramener les franges à la position qu'elles occupaient d'abord; sa graduation donne la mesure cherchée.

---

[1] *Annales de Chimie et de Physique*, 3° série, t. III, p. 163 et 271; 1858. *Comptes rendus hebdomadaires des séances de l'Academie des Sciences*, t. XLII, p. 1191, et t. XLV, p. 892.

Description.

Le réfractomètre interférentiel de Jamin se compose de deux glaces verticales, très épaisses, étamées sur leur face postérieure, installées sur un banc spécial. La première PB (*fig.* 102) est fixe; elle reçoit la lumière venue d'une source large, telle qu'une lampe, et la décompose en deux faisceaux dont l'un se réfléchit sur la face antérieure, tandis que l'autre pénètre dans le verre et se réfléchit à sa surface postérieure.

Fig. 102.

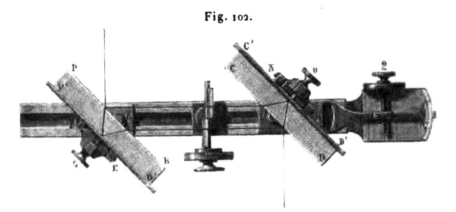

La seconde glace CD est parallèle à la première; mais elle peut tourner autour d'un axe horizontal MN par le jeu d'une vis O; de plus elle est mobile autour d'un axe vertical L sous l'action d'une vis Q qui agit sur l'alidade R. Les deux rayons éprouvent sur cette glace des réflexions inverses de celles qu'ils avaient subies d'abord : on les reçoit sur une lentille à réticule qui n'est point figurée sur le dessin, et on les observe à travers une ouverture très fine placée au foyer.

Les franges sont horizontales; elles se déplacent, de haut en bas ou de bas en haut, quand on fait jouer la vis Q; elles sont d'autant plus étendues que l'axe de rotation s'approche plus d'être vertical, et elles s'élargissent ou se rétrécissent quand on agit sur la vis G.

Le compensateur est disposé sur le banc entre les deux glaces : il se compose de deux lames AB et CD (*fig.* 103), fixées par une arête commune sur l'axe d'un goniomètre de Wollaston; on les incline lentement au moyen de la vis de rappel de cet instrument. En outre de ce mouvement commun, elles peuvent encore recevoir un déplacement relatif par la vis *m* de moindre diamètre : la sensibilité du compensateur est d'autant plus grande que l'angle des deux lames X et X' est plus petit. Cet appareil retarde inégalement les deux rayons et déplace les franges, proportionnellement à l'angle dont on fait tourner l'ensemble des lames.

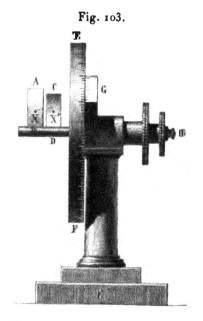

Fig. 103.

Le banc permet d'installer sur le chemin des rayons interférents une auge double, destinée à recevoir les liquides dont on voudrait comparer les indices de réfraction, ou bien deux tubes à axe parallèle disposés pour recevoir des gaz sous la pression que l'on veut.

Le grand écartement des rayons interférents permet d'appliquer l'appareil de Jamin à des recherches très variées.

Graduation du compensateur. — On pourrait calculer la formule qui exprime le retard apporté par les lames dans la marche des deux rayons : mais il est bien préférable de recourir à l'expérience.

Le compensateur étant installé à la portée de la main de l'observateur, on règle les vis Q et O et l'on écarte les lames X et X', de manière à avoir des franges très nettes et suffisamment larges : ces deux conditions paraissent s'exclure l'une l'autre, mais il y a un juste milieu auquel correspond le maximum de précision de la méthode. Puis on amène la frange centrale sur la croisée des fils du réticule, en inclinant les lames d'un mouvement commun. Pour déterminer avec certitude la position de cette frange, on opérera d'abord avec la lumière blanche, mais on devra y substituer une lumière homogène quelconque pour la graduation; la position de la frange centrale n'en sera point modifiée. La position initiale du goniomètre est notée avec soin.

2° On fait tourner le système des deux lames jusqu'à obtenir un déplacement égal à un nombre déterminé de franges; on note l'angle dont on a tourné et l'on en déduit l'angle qui correspond au déplacement d'une frange.

Le compensateur est donc gradué en fonction d'une longueur d'onde λ; un degré du compensateur équivaut, par exemple, à $p\lambda$; l'angle des deux lames AB et CD ne devra dès lors plus être changé durant toute l'expérience.

On opère le plus aisément en lumière jaune.

Manuel opératoire.

1° La frange centrale est amenée sur la croisée des fils du réticule.

2° Le milieu réfringent étant interposé, les franges se déplacent; on les ramène à leur position initiale en faisant agir le compensateur et, de sa rotation, on déduit le nombre de franges correspondant. Ainsi, pour une rotation de d degrés, on aura une différence de marche égale à $pd\lambda$.

Cette opération se fait en lumière blanche.

Résultats.

On détermine ainsi l'indice de réfraction d'une lame mince ou d'un liquide.

D'après Jamin, l'indice de l'eau à t degrés est donné par la formule

$$n = n_0 - 0,0000123573\,t - 0,0000019297\,t^2.$$

Ce physicien opérait sur des tubes de 4^m de longueur; mais, avec un tube de 1^m, il a pu reconnaître les accroissements de réfringence occasionnés par des augmentations de pression inférieures à $0^m,001$ de mercure. Il a mesuré ainsi le coefficient de compressibilité de l'eau et le chiffre obtenu par lui est égal à celui que Grassi avait déterminé par la méthode de Regnault.

Quand on veut opérer sur les gaz, on emploie des tubes de 3^m de longueur; Jamin a démontré que l'indice de réfrac-

tion de l'air saturé de vapeur d'eau ne diffère de celui de l'air
sec que de 0,000000720. La vapeur d'eau est un peu moins
réfringente que l'air à pression égale.

Jamin a reconnu que la loi $\dfrac{n^2-1}{d} = \text{const.}$ est exactement

vérifiée pour les différents gaz; les valeurs de n ainsi déterminées ne diffèrent des valeurs vraies que de quantités inférieures aux erreurs inévitables de l'expérience. La loi de

Gladstone et Dale, exprimée par la relation $\dfrac{n-1}{d} = \text{const.}$,

est elle-même assez approchée pour pouvoir servir de base
aux calculs de n, dans un grand nombre de cas.

MM. Chappuis et Rivière ont appliqué le réfractomètre de
Jamin à l'étude de l'influence des fortes pressions sur l'indice
des gaz : ces gaz étaient renfermés dans des tubes d'acier
fermés par des glaces. Pour éliminer le retard considérable
qui aurait pu être introduit par ces glaces, ces habiles physiciens plaçaient un second tube semblable au premier sur
le chemin de l'autre rayon; la compression était effectuée
dans l'un ou l'autre des tubes.

Un excellent exercice à proposer aux élèves est la vérification des lames quart d'onde et demi-onde dont nous
aurons besoin dans les manipulations subséquentes.

L'expérience suivante présente encore un grand intérêt :
une pointe chauffée étant placée verticalement sur le chemin
d'un des rayons, on voit les franges prendre un mouvement
ondulatoire qui témoigne du changement de densité de la
couche d'air ambiante. Tout changement d'état physique se
traduit du reste par une déformation caractéristique des
franges, et Jamin a pu montrer comment une solution magnétique se concentre au pôle d'un aimant; un cristal qui se
nourrit dans sa propre solution donne lieu au même phénomène.

Jamin a constaté que le changement d'état se *prépare*
quelque temps avant qu'il s'opère.

LX⋅ MANIPULATION.

VÉRIFICATION DE LA LOI DE BREWSTER.

Théorie.

Brewster a démontré, en 1815, que la tangente de l'angle d'incidence, qui correspond à une polarisation complète, est égale à l'indice de réfraction.

Il en résulte que, pour l'incidence de la polarisation complète, le rayon réfracté est perpendiculaire au rayon réfléchi.

La loi de Brewster n'a pas de sens pour les cristaux biréfringents.

Description.

Brewster se servait d'un cercle gradué horizontal, au centre duquel était disposée verticalement la lame réfléchissante : un collimateur amenait sur cette lame un faisceau de lumière, qu'on recevait après réflexion sur un prisme biréfringent ou un nicol, porté par une alidade mobile autour du centre du cercle. La section principale de ce prisme étant dans le plan d'incidence (¹), on cherchait la position du collimateur et de l'alidade réduisant au minimum l'intensité de l'image extraordinaire. Pour les liquides, il fallait disposer le cercle verticalement.

On peut aussi se servir d'un simple goniomètre de Babinet.

La substance réfringente, taillée en lame ou en prisme, sera disposée sur la plate-forme de cet instrument, comme pour mesurer l'angle de réfringence ou l'indice de réfraction. On munira l'oculaire d'une bonne tourmaline, dont l'axe soit parallèle au plan du limbe (²). Enfin on éclairera la fente par

---

(¹) La section principale d'un prisme biréfringent ou d'un nicol est dans le plan passant par la plus petite diagonale de base : comme le rayon réfléchi est polarisé dans le plan d'incidence, on aura extinction lorsque cette petite diagonale sera dans le plan d'incidence.

(²) Il y aura extinction par la tourmaline, lorsque l'axe du cristal sera perpendiculaire au plan d'incidence : cet axe doit être marqué sur la monture.

une flamme monochromatique jaune, car en lumière blanche on n'obtiendrait plus d'extinction, mais seulement une coloration du rayon.

Ces appareils ont un grave défaut pratique ; le collimateur devant être graduellement déplacé oblige à déplacer aussi la source de lumière.

Seebeck a inventé un dispositif très ingénieux qui supprime cet inconvénient : le miroir polarisant et l'alidade, qui porte l'analyseur, sont rendus solidaires de telle façon qu'ils s'entraînent l'un l'autre sans que, dans leur mouvement commun, les rayons réfléchis cessent d'être reçus par l'analyseur.

L'appareil de Seebeck se compose d'un cercle vertical portant un collimateur *c* horizontal et immobile (*fig.* 104); au

Fig. 104.

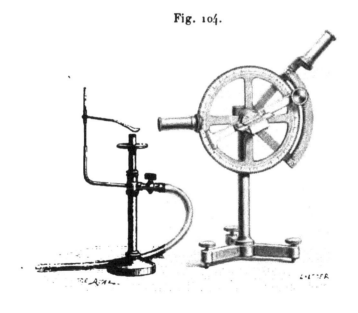

centre est un support destiné à recevoir la lame réfléchissante. Du côté opposé au collimateur est placée l'alidade portant l'analyseur : voici comment le mouvement de cette alidade est rendu dépendant de celui du support de la lame. L'alidade est vissée sur l'arc denté extérieur, concentrique au cercle ; ce cercle est lui-même denté sur sa circonférence, et un pignon, placé entre l'arc et le cercle, engrène avec l'un et l'autre. Quand on fait tourner le pignon, l'arc denté et par suite l'alidade avancent d'un certain angle par rapport au rayon portant le pignon, et en même temps le rayon du pignon avance sur le cercle d'un même angle. Si donc on a d'abord disposé le collimateur, la lame et l'alidade de l'ana-lyseur en ligne droite, et qu'on fasse ensuite tourner le pi-gnon d'un angle β, la lame se déplacera de ce même angle, mais l'alidade fera un angle 2β; l'analyseur se trouvera donc toujours sur le chemin du rayon réfléchi et l'observateur n'aura qu'à suivre de l'œil le mouvement de l'analyseur, sans avoir à déplacer la lumière.

Manuel opératoire.

Supposons d'abord que l'on ne dispose que de l'appareil de Brewster :

1° On cherche, dans le champ de la lunette mobile, l'image réfléchie de la fente; pour faciliter l'observation, l'opérateur pourra enlever momentanément la tourmaline.

2° Déplaçant alors simultanément la plate-forme et la lu-nette d'un mouvement continu, il verra la lumière diminuer progressivement et s'éteindre même complètement, si la tourmaline est bonne.

3° Pour déterminer exactement le point de polarisation, il est prudent de le dépasser, de manière à faire reparaître la lumière, puis de revenir en arrière vers le point d'extinction complète.

En recommençant plusieurs fois cette recherche, on fait l'éducation du regard et l'on peut atteindre une grande pré-cision, qu'on augmentera encore par un calcul de moyennes.

4° On lit sur le limbe l'angle que les deux lunettes font entre elles; l'angle de polarisation compté sur la normale en est la moitié.

Avec l'appareil de Seebeck, l'observation se fait évidemment de même, mais avec plus de facilité, car l'opérateur agira seulement sur le pignon de l'instrument.

Il est à conseiller de faire cette opération dans une chambre noire, car les yeux gardent ainsi plus de sensibilité pour l'appréciation de l'extinction : un diaphragme percé d'un trou sera placé entre la lampe et l'instrument.

Pour corriger l'erreur résultant de ce que la lame peut

n'être pas rigoureusement perpendiculaire au plan du cercle gradué, Seebeck retournait la plaque de 180° dans son plan et il faisait la moyenne des lectures.

Résultats.

	Angles de polarisation.	Indices.
Spath fluor blanc..	55°. 6ʹ,7	1,434
Opale commune...........	55.29,2	1,454
Crown..................	56.36	1,516
Blende d'Espagne.........	67. 8,2	2,371
Diamant................	22.54	1,439
Eau.	36.58	1,336
Huile................ ..	34.30	1,469

Il faut remarquer que, l'indice de réfraction n'étant pas le même pour toutes les radiations, la polarisation de la lumière blanche ne peut être complète pour les substances douées d'un grand pouvoir dispersif.

La loi de Brewster est souvent appliquée pour déterminer les indices de réfraction, quand on ne peut tailler la substance proposée sous forme de prisme ou de lame très mince; ainsi nous verrons, par la suite, que l'indice du verre noir dont est fait un miroir peut être correctement mesuré par l'angle de polarisation.

LXI· MANIPULATION.

ÉTUDE DE LA POLARISATION CHROMATIQUE ET APPLICATION A LA MESURE DE L'ÉPAISSEUR DES LAMES MINCES.

Théorie.

On observe les phénomènes de la polarisation chromatique dans la lumière parallèle, en interposant, entre deux nicols, une lame mince d'une substance appartenant à l'un des cinq derniers systèmes cristallins, taillée à faces parallèles, dans une direction autre que la direction perpendiculaire aux axes optiques. La lamelle cristalline observée se montre avec une teinte, dont la nuance et l'intensité dépendent de sa nature, de son épaisseur et de son orientation par rapport à ses axes cristallographiques.

Cette teinte change seulement d'intensité, et non de couleur, lorsque les nicols restent fixes et qu'on fait tourner le cristal autour d'un axe parallèle à la direction des rayons lumineux qui traversent l'appareil.

Les sections principales des nicols étant parallèles, il y a maximum d'éclat quand l'un des axes de l'ellipse, suivant laquelle le plan de la lame mince coupe l'ellipsoïde d'élasticité, coïncide avec la direction commune des sections principales des nicols; il y a, au contraire, minimum quand les nicols sont croisés, et que la direction de l'un des axes de l'ellipse coïncide avec la section principale du polariseur ou de l'analyseur ([1]).

Il en résulte que les directions des axes de l'ellipse de section d'une lamelle cristalline sont celles dans lesquelles il faut placer les sections principales des deux nicols pour éteindre les couleurs.

Une rotation complète de la lame fait par conséquent coïncider quatre fois les axes avec les sections principales des nicols, et la lame paraît obscure dans quatre positions à angle droit.

Si l'on croise alternativement les nicols et qu'on les ramène

---

([1]) Je n'ai pas à définir ici l'ellipsoïde à trois axes dont Fresnel a introduit la considération dans l'Optique physique. Mais je crois devoir rappeler les relations qui existent entre les axes cristallographiques, optiques et d'élasticité dans les divers systèmes.

Dans les systèmes quadratique et rhomboédrique, l'axe de symétrie joue le rôle d'axe optique unique et l'ellipsoïde d'élasticité est de révolution autour de cet axe.

Les autres systèmes sont biaxes : leur ellipsoïde a trois axes inégaux. Dans le système orthorhombique, ces trois axes sont confondus avec les axes cristallographiques; les axes optiques sont normaux à deux cercles inscrits dans l'ellipsoïde passant par le centre et par l'axe moyen.

Le système monoclinique ou clinorhombique ne possède qu'un seul plan de symétrie, perpendiculaire à l'un des axes cristallographiques, lequel coïncide avec un des axes d'élasticité.

Quant au dernier système, il ne présente plus aucune coïncidence.

au parallélisme, on constate que les phénomènes sont complémentaires dans les deux cas, pour ce qui est de l'intensité aussi bien que de la nuance. En tournant l'analyseur d'un mouvement continu, on voit donc les deux teintes complémentaires passer de l'une à l'autre par l'intermédiaire du blanc ([1]).

Ces diverses expériences permettent d'estimer facilement la direction des axes d'une lame biréfringente; elles conduisent encore à la mesure de l'épaisseur des lames collées sur verre, pour lesquelles le sphéromètre ne peut plus être employé.

Voici comment on opère dans ce dernier cas : les nicols étant à l'extinction, on observe une certaine teinte de la lame, le jaune clair par exemple; puis on en cherche l'équivalent dans l'échelle chromatique de Newton, et l'on note l'épaisseur correspondante de la lame d'air. Il suffit, pour connaître l'épaisseur, de multiplier le nombre ainsi déterminé par l'inverse de la différence des deux indices relatifs à la lumière jaune de la substance de la lame, soit par $\dfrac{1}{n'-n}$. Cette constante est pour le quartz 109, pour le mica 220 et pour le gypse 115, d'après Biot qui a le premier indiqué ce procédé ([2]).

La Table de Newton est malheureusement d'un usage peu commode, car les épaisseurs y sont estimées en millionièmes de pouce anglais; on préférera donc recourir à la Table métrique de Brücke, qui est du reste plus exacte ([3]). Les teintes indiquées correspondent aux anneaux réfléchis donnant le noir au centre, pour une épaisseur d'air égale à zéro; ces teintes sont, par suite, corrélatives à l'image extraordinaire obtenue avec des nicols croisés ([4]).

([1]) Avec un quartz perpendiculaire, une rotation du nicol n'éteindrait plus l'image, mais la ferait passer par toutes les couleurs du spectre. C'est le caractère générique des corps doués du pouvoir rotatoire.

([2]) J.-B. Biot, *Traité de Physique expérimentale et mathématique*, p. 77 et 348; 1816.

([3]) Billet, *Traité d'Optique physique*, I, p. 490; 1858.

([4]) Il existe une autre Table pour les anneaux transmis, qui s'applique aux colorations de l'image ordinaire.

Couleurs.	Épaisseur en millionièmes de millimètre.	Couleurs.	Épaisseur en millionièmes de millimètre.
Noir.................	0	Indigo................	589
Gris de fer..........	40	Bleu.................	66ſ
Gris lavande.........	97	Bleu verdâtre........	728
Gris bleu............	158	Vert.................	747
Gris clair...........	218	Vert clair...........	826
Blanc verdâtre.	234	Vert jaune...........	843
Blanc pur...........	259	Jaune verdâtre........	866
Blanc jaunâtre.......	267	Jaune pur...........	910
Jaune paille..........	275	Orangé..............	948
Jaune paille..........	281	Orangé rouge vif......	998
Jaune clair...........	306	Rouge violet..........	1101
Jaune brillant........	332	Teinte de passage.....	1128
Jaune orangé.........	430	Indigo...............	1151
Orangé rouge.........	505	Bleu vert............	1258
Rouge chaud.	536	Vert d'eau...........	1334
Rouge plus foncé......	551	Rouge rose..........	1495
Pourpre.............	565	Gris violacé..........	1652
Violet...............	575		

Il semble, de prime abord, qu'on ne puisse reconnaître facilement les teintes qui figurent dans cette Table; mais deux épreuves très simples permettent de discerner sans peine les couleurs semblables, qu'on retrouve plusieurs fois répétées dans la série précédente. La première de ces épreuves consiste à incliner la lame; si on la fait tourner autour de son axe, au fur et à mesure que l'inclinaison augmente par rapport aux rayons incidents, les teintes montent, c'est-à-dire correspondent à des anneaux d'un ordre plus élevé, comme si l'épaisseur augmentait; au contraire, si la lame tourne autour d'une droite perpendiculaire à l'axe, les teintes descendent à mesure que l'inclinaison augmente. On procède à la seconde épreuve en faisant traverser deux fois la lame par les rayons lumineux, comme si l'on doublait son épaisseur; la teinte qui apparaît alors définit rigoureusement la première, grâce à l'échelle chromatique.

Ces deux essais sont nécessaires, quand il y a incertitude sur les couleurs; on ne saurait procéder autrement pour distinguer, par exemple, le premier violet du second.

Description.

De Norremberg a présenté au Congrès scientifique de Carlsruhe, en 1858, un instrument qui a été construit spécialement pour opérer en lumière convergente, mais dont on ne se sert plus guère qu'en lumière parallèle.

La glace A (*fig.* 105), qui fait avec la verticale un angle

Fig. 105.

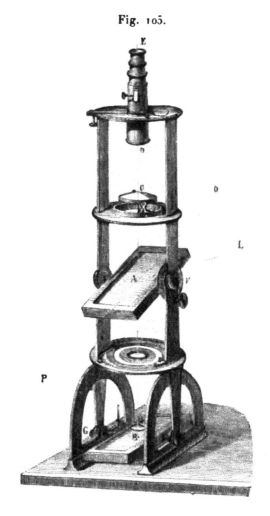

de 54°35″, polarise le rayon LA ; celui-ci, s'étant réfléchi suivant AB′, subit une deuxième réflexion sur la glace B′, revient suivant BA′, traverse la lame cristalline placée en OC et rencontre enfin le nicol **E**, qui fait office d'analyseur. Remarquons que le rayon a été polarisé dans le plan d'incidence ; une alidade et un vernier permettent de mesurer les angles que fait avec ce plan la section principale de l'analyseur.

La bonnette renfermant l'analyseur est munie d'un oculaire réglé pour la vision à l'infini.

La lame à étudier se place généralement en **C**; mais on peut doubler la différence de marche des rayons interférents, en disposant la lame sur la plate-forme inférieure, entre les glaces **A** et **B'**.

Cet instrument s'installe le plus commodément devant une fenêtre; à l'aide d'un miroir auxiliaire, convenablement orienté, on envoie la lumière des nuées sur la glace **A**. L'illumination du champ de vision doit être bien uniforme, et il faut produire le maximum de polarisation.

Pour éviter la fatigue résultant d'une observation prolongée, il est à conseiller de fixer un écran vertical au support de l'appareil dans le but d'arrêter la lumière extérieure.

La lentille inférieure **B'** peut agir comme collecteur quand le cristal est placé sur le miroir du pied de l'appareil, mais on n'observe ainsi que les phénomènes en lumière convergente de faible étendue angulaire: nous aurons plus d'avantage à employer à cet effet le microscope polarisant.

Manuel opératoire.

I. Proposons-nous de déterminer la direction des axes d'une lame parallèle uniaxe et d'évaluer son épaisseur par la méthode optique.

1º L'appareil est installé d'abord de manière à recueillir le plus de lumière possible; puis, on incline la glace à 54°; le nicol, mis à l'extinction, doit accuser une obscurité complète.

2º La lame étant placée en **C**, on la fait tourner dans son plan; les positions pour lesquelles l'image paraît éteinte correspondent à la section principale et à une section perpendiculaire.

3º On observe avec soin la coloration que prend l'image et

l'on cherche, dans l'échelle chromatique de Brücke, l'épaisseur d'air correspondante; il reste à la multiplier par la constante de la substance.

4° Plaçons l'un des axes déterminés précédemment à 45° du plan primitif de polarisation, et inclinons la lame autour de l'un d'eux; lorsque la rotation produit un retard dans la différence de marche des deux rayons, ce qui se reconnaît à ce que les couleurs remontent dans l'échelle, la section principale est perpendiculaire à l'axe de rotation.

Avec une lame biaxe, le phénomène est plus compliqué; on peut dire cependant encore qu'une rotation autour d'une parallèle à la ligne moyenne fait changer les couleurs comme le ferait une augmentation d'épaisseur.

II. Soleil a indiqué une méthode très simple qui permet de reconnaître si une lame est rigoureusement parallèle à l'axe.

A cet effet, on amène la lentille B′ dans le champ de l'instrument, de telle sorte qu'elle fasse converger le faisceau parallèle en son foyer qui doit se trouver sur la glace inférieure; la lame est couchée sur cette glace et on la recouvre d'une lamelle de mica quart d'onde, orientée de façon que sa section principale fasse un angle de 45° avec celle de la lame à essayer. Le faisceau incident, en traversant le mica, se divise en deux ondes, ordinaire et extraordinaire, polarisées à angle droit. Or, le mica, traversé deux fois par la radiation, fait tourner le plan de polarisation de 90°; l'onde qui était ordinaire devient donc extraordinaire, et réciproquement. Les deux ondes sont par conséquent polarisées à angle droit et ne présentent aucune différence de marche, chacune d'elles ayant parcouru des chemins identiques à l'état ordinaire et à l'état extraordinaire. Si la lame est rigoureusement parallèle, elle ne présentera dès lors point de trace de coloration dans l'analyseur. Au cas où le parallélisme n'existerait pas, on verrait au contraire apparaître des bandes colorées rectilignes, perpendiculaires à la section principale de la lame (¹).

_____

(¹) Verdet, *Leçons d'Optique physique*, t. II, p. 157.

Résultats.

Ce n'est point en passant de nombreuses lames de mica au sphéromètre qu'on choisit les quarts d'onde, dont l'usage est si répandu en Optique, mais bien en étudiant leurs teintes à l'appareil de Norremberg; sur la plate-forme supérieure, ils donnent un gris bleuâtre; sur la plate-forme inférieure, un jaune peu tranché. Le calcul leur assigne donc pour épaisseur, dans le jaune,

$$0,000158.220 = 0^{mm},034 \; (^1).$$

On noie ces lames entre deux verres dans la térébenthine, et on les installe dans un liège octogonal qui permette d'orienter sans peine leur section principale et de la faire tourner de 45 à 90°. La direction des axes se détermine toujours sur le cristal épais duquel on tire par clivage la lame quart d'onde.

Le mica devrait être uniaxe et taillé parallèlement à cet axe; mais on est forcé d'admettre les biaxes, et alors la lame est clivée parallèlement à l'une des sections principales du cristal, et l'on considère que l'un des axes contenus dans cette section principale joue le rôle d'un axe unique.

L'appareil de Norremberg se prête aux plus curieuses expériences de la polarisation : rappelons pour mémoire les étoiles, fleurs, papillons, etc., de gypse qui donnent de magnifiques figures colorées, et les lames d'œil de poisson, de pointes d'oursin, de gomme copal, etc., sujettes à la double réfraction accidentelle.

On augmente le champ en ajoutant une lentille sur le cristal pour opérer dans la lumière divergente : les verres trempés, chauffés, ployés ou comprimés donnent alors les couleurs les plus vives.

Un disque concave de quartz produit des anneaux : en le

(¹) Le calcul direct donne pour une radiation de longueur d'onde égale à $0^{mm},00058g$:

$$\frac{0,00058g}{4} . 220 = 0^{mm},0324.$$

combinant avec un quartz parallèle mince, on voit ces anneaux changer de couleur, et, si l'épaisseur est convenable, il se forme un anneau noir quand les sections principales sont croisées.

Un quartz ou un gypse parallèle prismatique fait voir des bandes colorées plus ou moins étalées.

Une lame de quartz perpendiculaire posée sur la glace inférieure, sous la lentille mobile, fait naître les spirales d'Airy : on obtient le même résultat en plaçant en *c* deux quartz de même épaisseur et de rotation inverse. Les anneaux sont coupés par une croix sombre, aux bras contournés en S, qui se raccordent avec les anneaux extrêmes. La croix ne change pas de position quand on tourne la plaque sur elle-même et son orientation ne dépend que de l'épaisseur.

Enfin, le compensateur de Babinet, formé de deux quartz prismatiques parallèles, égaux, renversés et croisés, montre des franges parallèles avec une raie noire au milieu.

L'influence de la direction, suivant laquelle la lame est taillée, peut aussi être étudiée par cet appareil; car les teintes dépendent, toutes choses égales d'ailleurs, de la direction des faces de la lame.

S'il s'agit d'un cristal uniaxe, les teintes sont d'autant moins élevées que la lame se rapproche davantage d'être perpendiculaire à l'axe; dans une lame exactement perpendiculaire, les couleurs disparaissent entièrement.

Terminons cette Manipulation par l'examen des ingénieuses combinaisons de mica obtenues par M. Reusch ([1]). En superposant un groupement binaire de 12 lames de mica, d'épaisseur $\frac{\lambda}{4}$, croisées à 60°, le savant professeur obtient un résultat qui semble correspondre à la fois à la polarisation chromatique et à la polarisation rotatoire; l'analyseur étant à zéro, si l'on vient à tourner la lame dans son plan, les teintes changent d'intensité, et non de couleur; au contraire, quand on fait tourner l'analyseur, les couleurs se succèdent à peu près comme avec un quartz. Une pile, formée par le groupement

---

([1]) *Annales de Chimie et de Physique*, 4° série, t. XX, p. 207; 1870.

trois par trois de 3o lames $\dfrac{\lambda}{7}$, reproduit exactement les effets de la polarisation rotatoire.

Soleil avait obtenu un résultat analogue en plaçant entre deux micas quart d'onde, parallèles ou croisés, une lame mince cristalline dont la section principale était à 45° de celles des micas : le gypse réussit fort bien, et, en lumière parallèle, le système se comporte comme un quartz. Un quartz perpendiculaire, enclavé de même entre deux micas croisés, perd au contraire son pouvoir rotatoire.

LXII° MANIPULATION.

DÉTERMINATION DE LA PROPORTION DE LUMIÈRE POLARISÉE DANS UN RAYON PARTIELLEMENT POLARISÉ.

Théorie.

Une pile de plusieurs glaces à faces parallèles dépolarise, par transmission, un rayon de lumière partiellement polarisé dans le plan d'incidence : sa puissance dépolarisatrice, dans ce cas, est rigoureusement égale à la puissance polarisatrice qu'elle exercerait sur un rayon incident naturel, laquelle varie avec l'incidence i, avec l'indice de réfraction n et avec le nombre p de lames [1].

Une pile de glaces graduée, dont le pouvoir dépolarisant est connu en fonction de son inclinaison sur le rayon incident, permet de déterminer la proportion de lumière polarisée qui se trouve dans un rayon donné. Il suffit, en effet, de

------

[1] Une quantité de lumière naturelle égale à l'unité tombant sur une lame de verre à faces parallèles, il passe à travers cette lame une quantité égale à

$$Q = \frac{1}{2}\left\{ \frac{1-R'}{1+R'} - \frac{1-R}{1+R} \right\};$$

chercher pour quel angle le faisceau redevient naturel après avoir traversé la pile.

Aussitôt que l'œil, armé d'un polariscope sensible, ne reconnaît plus de polarisation dans la lumière transmise, on peut écrire que la proportion de lumière polarisée était égale à la proportion de lumière que la pile peut polariser dans les conditions dans lesquelles elle a été placée. La proportion polarisée sera donnée par une table à deux entrées, qu'on aura formée au préalable par le calcul ou par l'expérience.

Le calcul serait laborieux et ses résultats seraient contestables : mieux vaut procéder par la voie directe.

Pour graduer une pile, on emploie la méthode suivante, qui repose sur la loi de Malus.

Un rayon complètement polarisé est transmis normalement à travers une lame mince de quartz parallèle à l'axe : lorsque l'axe de cette lame est contenu dans le plan de polarisation primitif, ce rayon passe tout entier à l'état ordinaire; mais, si l'axe de la lame et le plan de réflexion des glaces font un angle φ avec le plan de polarisation, il tombe sur la pile un ensemble de deux rayons polarisés à angle droit, l'un d'une intensité égale à $\cos^2\varphi$, dans le plan de réflexion, l'autre d'intensité $\sin^2\varphi$, perpendiculairement à ce plan, en prenant pour unité l'intensité totale du rayon transmis. Le rapport

---

les valeurs de R et R' sont définies d'ailleurs par les relations suivantes :

$$R = \frac{\sin^2(i-r)}{\sin^2(i+r)}, \qquad R' = \frac{\tan^2(i-r)}{\tan^2(i+r)}.$$

Le faisceau transmis est partiellement polarisé dans un plan perpendiculaire à celui de l'incidence.

Avec une pile de p glaces, on aurait

$$Q = \frac{1}{2}\left\{ \frac{1-R'}{1-(2p-1)R'} - \frac{1-R}{1+(2p-1)R} \right\}.$$

C'est la *quantité absolue* de lumière polarisée renfermée dans le rayon transmis.

La *proportion* de lumière polarisée est donnée par l'expression

$$\frac{\dfrac{1-R'}{1+(2p-1)R'} - \dfrac{1-R}{1+(2p-1)R}}{\dfrac{1-R'}{1+(2p-1)R'} + \dfrac{1-R}{1+(2p-1)R}}.$$

entre la lumière polarisée et la lumière totale est donc
égal à

$$\frac{\cos^2\varphi - \sin^2\varphi}{\cos^2\varphi + \sin^2\varphi} = \cos^2\varphi - \sin^2\varphi,$$

quand $\varphi < 45°$, et alors le rayon est polarisé partiellement
dans la section principale; ou bien, ce rapport est égal à
$\sin^2\varphi - \cos^2\varphi$, quand $\varphi > 45$, et alors le rayon est polarisé
dans un plan perpendiculaire à la section principale. Nous
bornant au premier cas, la proportion de lumière polarisée
dans la section principale est égale à $\cos 2\varphi$.

Il suffit d'inscrire cette valeur en regard de l'incidence i
pour obtenir une Table de graduation : on peut aussi construire
une courbe.

P. Desains a démontré que, lorsque l'on emploie une pile
formée de plusieurs lames, la proportion de lumière polarisée contenue dans le rayon transmis passe par un véritable
maximum. Ce maximum a lieu pour des valeurs différentes
de i, variables avec le nombre de lames.

Nombre de lames p.	Maximum de l'incidence i.
2	77°51'
3	74°41'
10	64°52'

Quand on augmente p, la valeur de i correspondante au
maximum se rapproche de plus en plus de l'angle brewsté-
rien.

Description.

Le polarimètre d'Arago se compose d'un tube de lunette à
l'extrémité duquel est fixée une tige parallèle à son axe. Cette
tige soutient la pile de glaces : un limbe gradué en fait
connaître l'inclinaison et, par suite, les angles d'incidence i
qu'une alidade à vernier permet d'évaluer au $\frac{1}{4}$ de degré.

La bonnette qui porte l'oculaire contient un analyseur comprenant une lame de quartz perpendiculaire, une lentille
convergente et un rhomboèdre de spath.

Quand la lumière est polarisée, l'observateur voit deux

images colorées de teintes complémentaires avec une partie commune blanche. En lumière dépolarisée, les deux images sont, au contraire, incolores.

Quelques repères tracés sur le cercle de la bonnette permettent de déterminer la direction de la section principale du cristal de spath.

La pile de glaces doit être formée d'au moins dix lames, maintenues à une faible distance l'une de l'autre par des épaisseurs de carton ou de papier, pour empêcher qu'elles ne se touchent; un cadre de métal les enserre; il peut pivoter autour d'un axe compris dans le plan des lames et perpendiculaire à leur grande longueur.

Arago avait appliqué son polarimètre à l'étude de la lumière du ciel; c'est ce qui explique la forme spéciale de l'instrument dont on trouve la description dans les Traités : il est monté sur un pied comme une lunette et il porte un limbe à niveau permettant d'évaluer les positions de l'axe par rapport à l'horizon. Ce même appareil fait office de cyanomètre.

Pour graduer la pile de glaces, il faut adjoindre à l'appareil un nicol et un quartz parallèle de 2^{mm}; le nicol sera monté dans une bonnette divisée en degrés pour la détermination des angles φ. Quand le polarimètre est monté sur un banc horizontal, comme cela peut se faire dans les laboratoires d'enseignement, on dispose aisément ces pièces en avant de la pile.

Manuel opératoire.

I. *Graduation de la pile :*

1° On reçoit un faisceau parallèle de lumière naturelle sur le nicol et sur le quartz auxiliaire. La section principale de ce quartz doit être dirigée verticalement dans un plan normal à la pile.

Quant au nicol, sa section principale fera, par exemple, un angle φ avec celle de la lame cristallisée : cet angle doit être soigneusement déterminé et inscrit.

2° On incline la pile jusqu'à obtenir la dépolarisation, et on lit l'angle d'incidence i; cette opération sera répétée trois fois, en ayant soin de modifier entre chaque expérience et de rétablir la position dépolarisante de la pile.

3° Pour atténuer les erreurs qui proviennent de la sensibilité de la vue, il est prudent de tourner le rhomboèdre de
l'oculaire de 90°, afin de voir les images dans une autre position relative; en recommençant trois fois la lecture comme
précédemment, on obtiendra de nouvelles valeurs de i, qu'on
devra confondre dans une même moyenne avec les premières.

4° On calcule cos 2φ.

5° Faisant varier φ, on dresse une Table de ces valeurs en
les disposant en regard des angles i.

On opère généralement sur de la lumière venant d'un ciel
couvert, laquelle n'est point polarisée; quand l'instrument
est horizontal, on peut prendre une source de lumière quelconque, mais il faut vérifier préalablement qu'elle ne présente pas de traces de polarisation.

Les angles i se comptent, comme d'habitude, à partir de la
normale au plan de la pile.

II. *Détermination des quantités de lumière polarisée :*

1° La lumière partiellement polarisée qu'on veut étudier
est reçue directement sur la pile de glaces qu'on incline jusqu'à complète dépolarisation : on lit l'angle i correspondant.

2° En se reportant à la Table de graduation, on connaît
aussitôt la quantité de lumière polarisée contenue dans le
faisceau proposé.

Ces expériences sont à répéter un certain nombre de fois,
afin d'éliminer par une moyenne les causes d'erreur.

Résultats.

Je trouve un excellent type de manipulation dans un travail publié par Ed. Desains, en 1851, sur la polarisation de la
lumière réfléchie par le verre ([1]).

Ce Mémoire, qui ne contient que 11 pages, est un modèle
dont je recommande la lecture pour le fond et la forme.

Ce savant physicien se proposait de vérifier les formules
de Fresnel relatives à la réflexion vitreuse; l'intensité d'un
rayon naturel, réfléchi par un miroir de verre sous une inci-

---

([1]) *Annales de Chimie et de Physique*, 3ᵉ série, t. XXI, p. 286; 1851.

dence i, est égale, d'après la théorie, à

$$\frac{1}{2}\left[\frac{\sin^2(i-r)}{\sin^2(i+r)} - \frac{\tan^2(i-r)}{\tan^2(i+r)}\right],$$

et le rapport entre la lumière polarisée et la lumière totale qu'il contient est égal à

$$\frac{\dfrac{1}{2}\left[\dfrac{\sin^2(i-r)}{\sin^2(i+r)} - \dfrac{\tan^2(i-r)}{\tan^2(i+r)}\right]}{\dfrac{1}{2}\left[\dfrac{\sin^2(i-r)}{\sin^2(i+r)} + \dfrac{\tan^2(i-r)}{\tan^2(i+r)}\right]} = \frac{\cos^2(i-r) - \cos^2(i+r)}{\cos^2(i-r) + \cos^2(i+r)}.$$

La concordance entre les résultats observés et ceux qu'on calculait de la sorte fut trouvée parfaite.

Voici d'abord le Tableau de graduation du polarimètre :

Angle φ.		$\cos^2\varphi - \sin^2\varphi = \cos 2\varphi.$	Angles de la pile de glaces.
20 ou 70		0,766	51.39
25	65	0,643	46. 2
30	60	0,500	40.18
35	55	0,342	43.32
40	50	0,174	44.26

La lumière était réfléchie sur une glace de verre noir dont l'indice, obtenu par la loi de Brèwster, devait être égal à 1,425, attendu que l'angle de polarisation fut trouvé de 54°45'. Le plan d'incidence du rayon sur la pile était amené en coïncidence avec le rayon réfléchi sur le verre noir.

Ed. Desains arriva aux résultats suivants :

Angles d'incidence sur le miroir.	Angles de la pile de glaces.
30.....................	36.52
35.....................	42.31
40..........	48.58
70.....................	48.33
75.....................	41.52

Tout calcul fait, l'expérience et la théorie conduisent aux chiffres ci-contre :

Angles d'incidence sur le miroir.	Proportions de lumière polarisée	
	observées.	calculées.
30.	0,420	0,413
35.	0,555	0,563
40.	0,707	0,719
70.	0,698	0,708
75.	0,539	0,536

LXIII⋅ MANIPULATION.

ÉTUDE D'UN RAYON NATUREL, CIRCULAIRE, PARTIELLEMENT POLARISÉ OU ELLIPTIQUE.

Théorie.

On peut considérer les rayons circulaires et elliptiques comme le résultat de la superposition de deux rayons polarisés rectangulaires, issus d'un rayon polarisé primitif, présentant l'un sur l'autre un retard de $\frac{\lambda}{4}$. Quand ces rayons sont égaux, ils produisent un circulaire; quand ils sont inégaux, ils engendrent un elliptique, dont la nature dépend du rapport de leurs amplitudes.

Les quarts d'onde sont donc des générateurs de rayons elliptiques ou circulaires.

Inversement, si l'on fait traverser un quart d'onde par un rayon déjà circulaire ou elliptique, on y introduira un nouveau retard égal à $\frac{\lambda}{4}$; le retard primitif des rayons constituants est par suite annulé ou élevé à $\frac{\lambda}{2}$, et partant il y a reconstitution d'un rayon rectiligne.

Un quart d'onde agit donc différemment sur les divers rayons : un rayon naturel reste naturel; un rectiligne est rendu circulaire ou elliptique; un circulaire est restauré;

enfin un elliptique peut être restauré aussi, quand certaines conditions d'orientation sont satisfaites.

Le quart d'onde est, par conséquent, un polariscope circulaire et elliptique.

On peut aussi l'employer pour analyser une vibration elliptique. En effet, recevons un rayon de ce genre sur un mica quart d'onde et plaçons la section principale de cette lame dans une direction telle que la polarisation rectiligne soit rétablie : nous trouvons ainsi la direction pour laquelle les deux rayons rectangulaires, dans lesquels l'ellipse se décompose, ont une différence de marche égale à un quart d'ondulation ; or, cette direction est celle des axes de l'ellipse. Mais nous pouvons aussi déduire de cette observation la valeur de l'angle μ que fait la section principale de l'analyseur, placé à l'extinction, c'est-à-dire dans l'azimut de la polarisation rétablie, avec la section principale du mica quart d'onde ; on a dès lors $\tang\mu = \dfrac{b}{a}$; la tangente de cet angle exprime donc le rapport des longueurs des axes de l'ellipse d'oscillation. Le signe de cette tangente dépend du sens dans lequel la lumière est polarisée elliptiquement et de la nature de la lame quart d'onde.

Verdet résume ces conditions de la manière suivante ([1]) : les angles sont supposés comptés de droite à gauche pour l'observateur qui reçoit le rayon.

Section principale de la lame parallèle au grand axe de l'ellipse.		Tangente de l'angle du plan de polarisation avec la section principale de la lame quart d'onde.
Lame négative........	Polarisation elliptique de droite à gauche.	$+\dfrac{b}{a}$
	Polarisation elliptique de gauche à droite.	$-\dfrac{b}{a}$
Lame positive........	Polarisation elliptique de droite à gauche.	$-\dfrac{b}{a}$
	Polarisation elliptique de gauche à droite.	$+\dfrac{b}{a}$

([1]) VERDET, *Leçons d'Optique physique*, t. II, p. 75.

La méthode que nous venons de décrire a été imaginée par de Senarmont, et elle porte son nom ; Jamin en a indiqué une autre reposant sur l'emploi du compensateur de Babinet formé de deux prismes de quartz ABC et CBD (*fig.* 106) dont

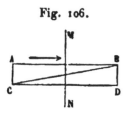

Fig. 106.

les faces externes sont parallèles, mais dont les sections principales sont croisées. Par suite de la petitesse de l'angle ABC, les deux rayons auxquels donne naissance un rayon tombant normalement sur la face d'entrée AB sont si voisins qu'ils peuvent être considérés comme confondus. Un rayon ordinaire sortant du premier prisme devient extraordinaire dans le second, et réciproquement. La différence de marche varie donc de MN en AC et en BD ; nulle en MN, elle peut devenir plus loin égale à des multiples de la demi-longueur d'onde. Placé entre un nicol et un analyseur parallèles, le compensateur fournira donc, dans l'image extraordinaire, des franges noires aux points où cette différence de marche égale $(2n + 1)\dfrac{\lambda}{2}$. Cet appareil permet ainsi de compenser la différence de marche des composantes de la vibration elliptique et de rétablir la polarisation plane. Il fournit en effet, entre deux vibrations rectilignes, une différence de phase variable d'une façon continue, suivant une loi linéaire, à partir du milieu où cette différence est nulle.

Description.

L'étude des rayons polarisés se fait sur un cercle divisé quelconque muni d'alidades à bonnettes, dans lesquelles on dispose le polariseur, le compensateur et l'analyseur. On peut utiliser les goniomètres de Babinet ou de Brunner ; Jamin avait fait construire un cercle spécial qui porte son nom et que nous décrirons plus loin en parlant de la réflexion métallique.

Le quart d'onde le plus généralement employé est le mica : nous l'avons déjà signalé. L'épaisseur de $0^{mm},032$ est celle qui correspond à un retard de $\dfrac{\lambda}{4}$ du rayon ordinaire sur le rayon extraordinaire en lumière jaune.

Soleil a construit des quarts d'onde de large section, en accolant deux prismes aigus de quartz et les recouvrant d'une lame parallèle, en duplication croisée; dans les prismes, l'axe est parallèle à l'arête réfringente, tandis qu'il est perpendiculaire à cette direction dans la lame.

Le parallélépipède de Fresnel peut aussi jouer le rôle d'un quart d'onde, car un rayon incident polarisé dans un azimut de 45° y devient circulaire. Mais cet instrument déplace le faisceau; le prisme de Dove, dont la section est isoscèle, ne présente pas cet inconvénient. Je renvoie aux Traités théoriques pour ce qui est de ce dernier polariscope.

C'est le compensateur de Babinet, modifié par Jamin, qu'on emploie le plus généralement quand on veut étudier une vibration elliptique : les deux prismes droits égaux de quartz, dont il se compose, se présentent l'un à l'autre par leur face hypoténuse, mais sont orientés à angle droit par rapport à leurs axes, ainsi qu'il a été dit ci-dessus. L'un d'eux est fixe sur la bonnette E (*fig.* 107); l'autre se déplace paral-

Fig. 107.

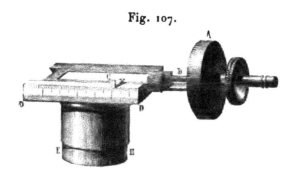

lèlement à son axe par le jeu de la vis micrométrique BA, qui mesure son déplacement.

Cet appareil donne des franges colorées, même en lumière parallèle; une croisée de fils très fins placée dans la bonnette, parallèlement aux franges, permet de fixer leur position. On peut obtenir avec cet instrument n'importe quelle différence de marche; il peut donc remplacer en toute circonstance un quart d'onde.

Le bilame de Bravais, composé de deux quarts d'onde juxtaposés, dont les sections principales sont à angle droit,

constitue encore un excellent polariscope elliptique de la plus
grande sensibilité; car les teintes différentes qu'il présente
permettent de reconnaître une très faible polarisation elliptique.

Tous ces polariscopes sont ajustés dans des anneaux pouvant tourner l'un dans l'autre.

Manuel opératoire.

I. *Reconnaître la nature d'un rayon :*

Un rayon naturel, qui rencontre sous l'incidence normale
un cristal biréfringent, se divise en deux rayons, dont les
intensités sont indépendantes de l'orientation du cristal. Il
conserve cette propriété après son passage à travers une
lame mince cristalline. Avec les polariscopes divers de Wollaston, d'Arago, de Babinet, de Savart, etc., il ne donne que
des résultats négatifs.

Un rayon polarisé rectilignement se reconnaît sans peine à
l'aide des nombreux polariscopes dont nous disposons; à tous
les phénomènes d'extinction, de franges et de coloration bien
connus viennent encore s'ajouter les houppes de Haidinger,
qui, pour certains yeux, sont d'une grande délicatesse et
marquent la direction du plan de polarisation par deux
houppes jaunes.

Le compensateur de Babinet donne des franges très nettes
en lumière polarisée; pour déterminer la position du plan de
polarisation, il suffit de faire tourner l'analyseur jusqu'à ce
que la frange centrale de l'image extraordinaire soit aussi
noire que possible : la section principale de l'analyseur est
alors parallèle au plan de polarisation.

Adjoignons au bilame de Bravais un analyseur, et faisons-
les tourner tous deux simultanément, de façon que la section
principale de l'analyseur reste parallèle à la bissectrice des
axes des deux moitiés de la lame; nous trouverons une position pour laquelle chacune des images de l'analyseur présentera une teinte uniforme; cette position est celle où la section
principale de l'analyseur est parallèle au plan primitif de
polarisation.

Les propriétés caractéristiques de la lumière polarisée

circulairement sont les suivantes; nous supposons que la lumière employée est monochromatique :

1° Elle donne deux images de même intensité dans un analyseur biréfringent, quelle que soit l'orientation de sa section principale.

2° En traversant un quart d'onde, elle se transforme en lumière polarisée rectilignement, ce qui permet de la distinguer de la lumière naturelle.

Il est facile de déterminer le sens de la polarisation, en cherchant quel angle forme le plan de polarisation du rayon émergent avec la section principale de la lame quart d'onde : la lame étant négative, la polarisation a lieu de droite à gauche, si cet angle est égal à $-45°$; elle a lieu de gauche à droite, si cet angle est égal à $+45°$. Nous comptons toujours les angles positivement de droite à gauche.

La lumière polarisée elliptiquement, reçue sur un analyseur biréfringent, donne deux images dont les intensités sont inégales, et qu'on ne peut faire disparaître complètement : avec le bilame, les teintes des deux plages sont toujours différentes. La première de ces propriétés pourrait faire confondre la lumière elliptique avec un faisceau partiellement polarisé, mais la seconde est caractéristique; de plus, nous savons que la lumière elliptiquement polarisée se transforme en lumière rectiligne en traversant un quart d'onde, dont la section principale est parallèle à l'un des axes de l'ellipse de vibration.

II. *Déterminer les constantes d'une vibration elliptique :*

Nous emploierons à cet effet le compensateur de Babinet-Jamin, qu'il est nécessaire de graduer préalablement.

On y reçoit, à cet effet, un faisceau de lumière polarisée rectilignement par un nicol, à $45°$ de sa section principale, et l'on dirige le faisceau émergent sur un analyseur dont la section principale est parallèle au plan primitif de polarisation. On fait coïncider le fil avec la frange noire centrale, dans l'image ordinaire; puis, on agit sur la vis micrométrique jusqu'à ce que la première frange A soit amenée sous le fil en M.

Le déplacement L correspond alors à une différence de marche égale à λ et le compensateur est gradué : en effet, puisque pour un déplacement L la différence de marche est égale à λ au milieu **M**, elle deviendra égale à $\frac{p}{L}$ λ pour un dé-

placement quelconque p, et l'on pourra toujours calculer aisément, par une règle de trois, la différence de marche introduite par un déplacement quelconque. Pour faire un quart d'onde, il faudra mouvoir le prisme de $\frac{L}{4}$.

Cette détermination des constantes se fait assez difficile-ment en lumière blanche; les franges sont au contraire très nettes en lumière monochromatique rouge.

Supposons donc d'abord que le compensateur soit quart d'onde dans la partie qui est en regard du fil : employons-le à l'étude d'une vibration elliptique. Nous ferons tourner d'abord le compensateur jusqu'à ce que la frange noire dé-placée revienne sous le fil : les axes de l'ellipse sont alors parallèles à ses sections principales.

Pour déterminer le rapport des axes, faisons tourner en-suite l'analyseur, sans toucher au compensateur, jusqu'à ce que la frange centrale prenne son obscurité maximum. La tangente de l'angle des sections principales du compensateur et de l'analyseur est égale au rapport des axes de la vibra-tion elliptique, ainsi que nous l'avons vu ci-dessus.

Le compensateur a joué, dans cette expérience, le rôle d'un quart d'onde.

Mais il y a une autre manière d'opérer, qui est préférable quand la différence de marche est grande.

Le compensateur est d'abord réglé de façon qu'il y ait par exemple, dans l'image extraordinaire, une frange noire sous le fil; puis on le met sur le chemin du rayon elliptique à étudier. La frange se trouve déplacée. On tourne d'abord l'analyseur jusqu'à ce que cette frange soit la plus noire pos-sible; alors la tangente de l'angle μ formé par la section prin-cipale de l'analyseur avec le plan principal du compensateur donne le rapport de grandeur des axes de l'ellipse. Puis on agit sur le micromètre et on le déplace de la quantité q néces-saire pour ramener la frange noire sous le fil; la différence de marche des rayons composants de l'ellipse était donc égale à

$\frac{q}{L}$ λ. Le compensateur permet ainsi de mesurer, dans toutes les directions qu'on lui donne, la différence de marche des composantes de l'ellipse et le rapport de leurs amplitudes.

LXIVe MANIPULATION.

ÉTUDE DES PROPRIÉTÉS OPTIQUES BIRÉFRINGENTES.

Théorie.

Rappelons d'abord les phénomènes que présente, entre deux nicols croisés, une lame à faces parallèles, taillée dans un cristal uniaxe, perpendiculairement à cet axe; on voit une série d'anneaux circulaires, concentriques (*fig.* 108), tra-

Fig. 108.

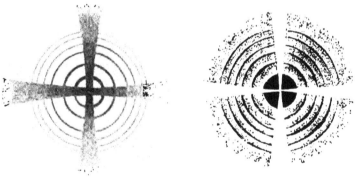

versés par une croix noire dont un des bras est parallèle au plan primitif de polarisation, dont les bords sont diffus et les extrémités épanouies. Quand on tourne l'analyseur de 90°, les couleurs des anneaux sont remplacées par leurs complémentaires et la croix devient blanche.

Si la plaque est oblique sur l'axe, les anneaux prennent une forme elliptique d'autant plus prononcée que l'obliquité est plus grande; en même temps, le centre de la croix se déplace, et celle-ci finit par disparaître complètement.

La dispersion des couleurs est sensible dans la plupart des uniaxes.

Lorsqu'on opère sur un cristal biaxe, normal à la ligne moyenne, et que l'angle des axes est suffisamment petit, on aperçoit (*fig.* 109) des anneaux ovales en forme de lemniscates, traversés par une double bande noire, quand le plan des deux axes est parallèle ou perpendiculaire au plan de

Fig. 109.

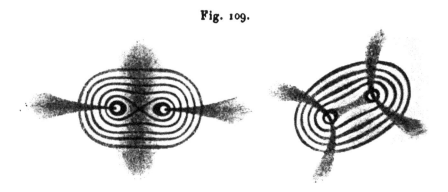

polarisation primitif; cette sorte de croix se dédouble en deux branches hyperboliques, quand le plan des axes est à 45°. Les bandes noires deviennent blanches, lorsqu'on tourne l'analyseur de 90°.

Dans les cristaux du système rhombique, les axes optiques, correspondants à toutes les couleurs, sont situés dans le même

Fig. 110.

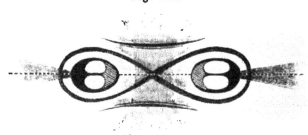

plan et possèdent la même bissectrice; tout est donc symétrique par rapport à cette ligne, et les courbes isochromatiques qui entourent les axes (*fig.* 110) sont absolument identiques ([1]).

([1]) Il est extrêmement difficile de reproduire, même par la polychromie, les apparences si variées auxquelles donne lieu la dispersion des couleurs; mais il

Nous ne trouvons plus la même symétrie dans le système clinorhombique; là, en effet, les axes optiques des diverses couleurs n'ont plus nécessairement la même bissectrice. La position relative des bissectrices de leurs angles aigus donne lieu dès lors à trois espèces de dispersion, auxquelles M. Des Cloizeaux a appliqué les noms de dispersion *inclinée, horizontale et croisée* ([1]).

Voici comment on peut les définir.

Dans les cristaux clinorhombiques, la direction perpendiculaire au plan de symétrie est toujours un axe d'élasticité, et les deux autres axes sont compris dans le plan de symétrie. Or, ce plan peut être parallèle à celui des axes optiques, et alors la dispersion est inclinée; ou bien, il lui est normal, et la dispersion est horizontale ou croisée. Elle est horizontale, lorsque la bissectrice aiguë est perpendiculaire à l'axe de symétrie; elle est croisée, lorsque cette bissectrice lui est parallèle.

Ces définitions, très précises, demandent à être étudiées, mais elles deviennent facilement intelligibles, quand on a sous les yeux un prisme oblique à base rhombe, dans lequel les axes des couleurs rouge, jaune et bleue sont figurés par des fils; M. Ivan Werlein en a construit pour notre laboratoire de Lille des modèles très élégants, qui répondent aux trois dispersions : ils permettent de prévoir *a priori* les modifications spécifiques, introduites dans les anneaux par la position relative des axes.

Un cristal, dont la dispersion est inclinée, est reconnaissable par l'opposition qui se manifeste dans l'arrangement des couleurs des deux systèmes d'anneaux : l'un offrira, par exemple, du rouge à l'extérieur et du bleu à l'intérieur, ainsi qu'on le voit en I (*fig.* 111), tandis que l'autre montre le rouge à l'intérieur et le bleu à l'extérieur. Le gypse est le

---

est possible d'indiquer en noir les caractères de symétrie présentés par les foyers des lemniscates. Dans nos figures, les parties les plus sombres correspondent aux couleurs les plus réfrangibles; le jaune ressort en clair, et le rouge est marqué par des hachures inclinées.

([1]) *Annales des Mines*, t. VI; 1864 et *Manuel de Minéralogie*. Paris, 1862, p. **XXVII**.

type de cette dispersion. Ces caractères perdent de leur
netteté dans certains cristaux, mais on arrive presque toujours à constater une dissymétrie du genre de celle que nous
avons indiquée sur le dessin, entre les deux systèmes de
courbes se soudant pour former la lemniscate. La dissymétrie

Fig. 111.

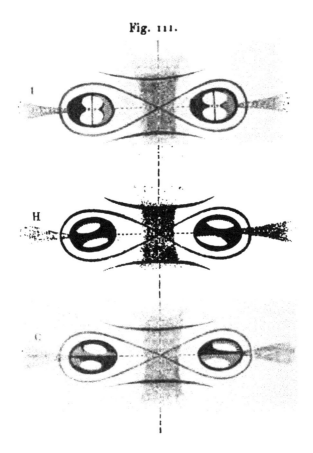

se manifeste parfois aussi par une différence dans la forme
plus ou moins elliptique des anneaux de chaque système.

Pour une autre classe de cristaux, les couleurs des anneaux
sont disposées symétriquement des deux côtés du plan des
axes, comme on peut le constater en **H**; la dispersion est
alors horizontale. Cette opposition est d'ordinaire plus écla-
tante, quand le plan des axes optiques est à 45° du plan de
polarisation, mais elle est encore sensible, lorsque le plan
des axes est perpendiculaire au plan de polarisation; la
barre n'est plus une simple bande noire, mais elle offre du

bleu sur un bord et du rouge sur l'autre. L'orthose du Saint-Gothard peut servir de type de ce genre.

Le point où la face que l'on observe est percée par la bissectrice aiguë peut enfin devenir un centre de symétrie pour les anneaux des différentes couleurs : c'est dans les bordures des hyperboles ou des barres qui traversent les anneaux que le phénomène est le mieux marqué; on l'observe nettement dans le borax, sur lequel on peut s'exercer à reconnaître la dispersion croisée, figurée en C. La dispersion croisée a été appelée aussi dispersion tournante.

Les trois dispersions sont donc réunies dans la *fig.* 111 sous les rubriques I, H et C; le caractère de chacune d'elles ressort bien de cette comparaison synoptique.

Les cristaux du système anorthique offrent une dispersion beaucoup plus compliquée, qu'on peut observer dans l'axinite, l'albite ou l'amblygonite (dans l'huile), mais qu'il n'y a aucun intérêt à étudier au point de vue purement physique.

Description.

La pince à tourmalines, composée de deux tourmalines montées dans une double pince, est l'appareil polarisant le plus simple; M. Bertin l'a perfectionnée en y adjoignant des cercles divisés A et P, qui permettent de relever exactement la position des axes (*fig.* 112); de plus, une lentille mobile dans une bonnette augmente le champ ([1]).

Le champ d'une pince ordinaire est très exigu, et il ne dépasse guère 16°; tout au plus peut-on observer les anneaux du nitre et du plomb carbonaté; avec la pince de Bertin, on voit encore les franges de la calamine, dont les axes sont éloignés de 79°.

Mais ce petit instrument, quelque ingénieux qu'il soit, ne peut remplacer le microscope polarisant.

De nombreux modèles ont été créés par les constructeurs, sur les types d'Amici et de Norremberg. On y trouve tou-

([1]) *Annales de Chimie et de Physique*, 5ᵉ série, t. XVIII, 1879; *Journal de Physique*, t. X, p. 116; mars 1881. Nous devons à l'obligeance de MM. Ducretet et Lejeune les *fig.* 112 et 113.

jours un polariseur, un focus, un microscope et un analyseur; le champ de vision dépasse généralement 130°. Je
décrirai d'abord le microscope de M. Nodot, qui est encore
un des plus récents et sans doute un des plus simples ([1]).

Fig. 112.

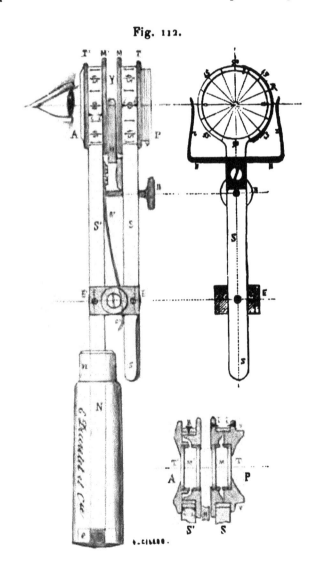

Dans cet instrument, une pile de glace G (*fig.* 113) de
large surface, éclairée par un miroir mobile G', sert de pola-

([1]) *Journal de Physique*, t. VI, p. 230; 1877. Cet appareil est construit par
MM. Ducretet et Lejeune.

riseur; un nicol N de petite dimension, placé au-dessus de la lentille oculaire, fait office d'analyseur.

Le système éclairant est formé de trois lentilles marquées des chiffres 6, 7 et 8, dont la dernière est hémisphérique. La monture de la lentille 6 est à plaque tournante graduée, et elle permet de déterminer les diverses orientations du cristal.

Fig. 113.

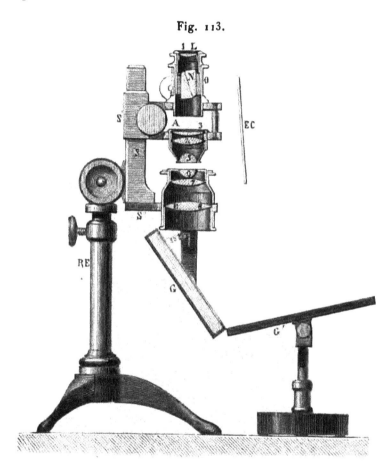

EC est un écran destiné à arrêter les rayons extérieurs. La mise au point s'opère à l'aide de la vis à crémaillère S.

Pour les expériences dans la lumière convergente, le cristal à observer se place entre les lentilles 5 et 6; pour les expériences dans la lumière parallèle, le constructeur a ménagé un intervalle en A entre le nicol et la lentille 3. C'est là qu'on dispose les lames quart d'onde, dont l'emploi est si fréquent dans les expériences que nous décrivons.

Le microscope de M. Nodot se prête fort bien aux projections, et il a même permis de photographier les franges.

Les perfectionnements apportés en ces dernières années au microscope polarisant ont eu surtout pour objet d'augmenter le champ de l'instrument; M. Dufet ([1]) a réalisé ce but, en sauvegardant toutefois la mesure de l'angle des axes, qui devient difficile quelquefois, et il a amélioré les images par l'emploi d'objectifs, dont les surfaces focales sont très sensiblement planes. Il fait converger les rayons sur la lame à l'aide d'un objectif de microscope, précédé d'un nicol polarisant. Les rayons rencontrent, après avoir traversé la lame, un premier objectif (n° 3 de Nachet), qui donne à son foyer l'image réelle des courbes isochromatiques. Celles-ci sont examinées par un microscope composé de l'objectif n° 0 de Nachet et d'un oculaire à réticule. La mise au point se fait par le déplacement de cet objectif et se complète par le tirage de l'oculaire.

On peut opérer en lumière blanche, ou bien en lumière monochromatique. Pour opérer sur des rayons de réfrangibilité quelconque, M. Dufet place devant le polariseur un

Fig. 114.

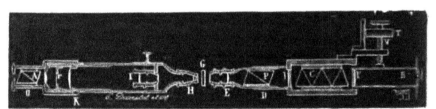

collimateur et un spectroscope à vision directe; le collimateur est monté sur un chariot mobile à l'aide d'une vis micrométrique qu'il suffit de mouvoir pour faire passer dans le champ les différentes couleurs. La coupe schématique de la *fig.* 114 permet de se rendre compte de ce dispositif et de la disposition d'ensemble de l'instrument, qui procède de celle qu'a adoptée M. Bertrand. P est le polariseur, N l'analyseur, H

([1]) *Journal de Physique*, 2ᵉ série, V, p. 564; 1886. Cet instrument est construit par MM. Ducretet et Lejeune.

et l les objectifs, O l'oculaire, *r* le réticule, C le prisme, B le collimateur, *f* la fente (¹).

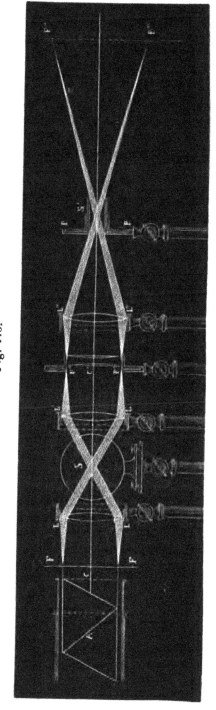

Fig. 115.

(¹) Nous croyons utile d'indiquer ici la disposition d'ensemble des lentilles nécessaires pour projeter sur un écran les expériences de polarisation.

Les microscopes polarisants ne présentent généralement pas les avantages de celui que nous venons de décrire et l'on se voit obligé de recourir au banc d'optique.

La lumière d'une source intense (Soleil, lumière électrique, lampe de Drummond) est polarisée à travers un nicol A ou un prisme de Foucault (*fig.* 115), puis elle est reçue sur une lentille L très convergente dont le foyer se trouve en S. A la suite, on dispose une seconde lentille L′, égale à la première, ayant son foyer au même point S; puis on installe sur le banc l'appareil de projection, composé des lentilles C′ et L″, qu'on met au point de manière que l'image du diaphragme soit bien nette sur l'écran F″. La lame cristalline se place en F ou en F′, quand on veut opérer en lumière parallèle, et en S, dans les cas où il faut de la lumière convergente.

M. Duboscq a construit un appareil spécialement destiné à la projection des phénomènes de polarisation : M. Bertin l'a décrit dans le *Journal de Physique,* t. IV, p. 72 et 111; 1875. En variant la disposition du jeu de lentilles, on peut reproduire toutes les expériences classiques.

Excellents pour la lumière parallèle et la lumière divergente, les appareils de projection laissent à désirer pour la lumière convergente et il faut reconnaître qu'ils sont

Le maniement des appareils polarisants est très simple, et je n'ai rien à ajouter à ce qui précède; la mise au point se fait comme dans le microscope ordinaire.

Résultats.

I. *Substances monoréfringentes :*

Elles n'exercent aucune action sur la lumière parallèle ou convergente. Cependant certains cristaux, formés de couches de densités différentes, produisent les effets étudiés par Biot, sous le nom de *polarisation lamellaire;* tels sont les hyalites, l'analcime, l'alun, la boracite, le sel de Senarmont, etc. Le chlorate de soude fait tourner le plan de polarisation.

II. *Systèmes quadratique et rhomboédrique :*

Ces cristaux sont uniaxes et ils donnent les anneaux du spath.

Lorsque la lame est parfaitement normale à l'axe et bien homogène, on n'observera aucune modification dans le phénomène en lui faisant décrire dans son plan une circonférence entière. Mais on trouvera des cristaux singuliers, tels que les spaths hémitropes, quelques béryls, certains cristaux d'idocrase, de zircon, de mellite, etc.

· En plaçant un mica quart d'onde dans l'azimut 45°, entre deux quartz perpendiculaires de même épaisseur, on produit une hémitropie artificielle.

---

bien inférieurs au microscope polarisant : on ne réussit pas à former de bonnes images pour les lames cristallines minces; de plus, ces appareils manquent de champ et ils ne permettent guère de projeter d'autres anneaux que ceux du nitre, du carbonate de plomb et de l'arragonite. Tous les autres biaxes ont les axes trop écartés. Le gypse, dont l'étude est pleine d'intérêt, exige un champ de 100° : M. Duboscq a réussi, il est vrai, à le projeter, mais au détriment de l'illumination des images.

Bref, quels que soient les progrès réalisés par les constructeurs, le microscope polarisant conserve une telle supériorité, que c'est toujours par l'observation individuelle qu'il faudra étudier les phénomènes de la polarisation : les projections seront réservées pour les cours publics.

On observe les anneaux sans croix d'Airy en mettant de chaque côté du cristal deux micas quart d'onde parallèles ou croisés dans l'azimut 45°. Ces anneaux sont à centre noir, lorsque le nicol est à l'extinction : ils deviennent complémentaires, si l'on tourne de 90°, soit le nicol, soit l'un des micas ([1]).

Les anneaux du quartz, et en général des cristaux à pouvoir rotatoire, présentent une particularité intéressante : la croix noire ne va pas jusqu'au centre, avec le quartz, lorsque les plaques sont épaisses de 3^{mm}; le cinabre offre les mêmes anneaux pour une épaisseur de 0^{mm},19. Ces anneaux s'agrandissent ou se contractent quand on fait tourner l'analyseur; ils se dilatent lorsque la rotation est de même sens que celle qui est propre au cristal. Mêmes phénomènes avec les hyposulfates de potasse, de plomb et de strontiane, le periodate de soude et le sulfate de strychnine.

On étudie la dispersion des couleurs en regardant les anneaux à travers un double verre de couleur formé de deux lames juxtaposées, l'une bleue et l'autre rouge, que l'on place sur l'oculaire ou bien en A. Pour déterminer le rang des anneaux de même diamètre, il faut amener la ligne de séparation des deux verres sur l'un des bras de la croix. Dans le spath, le troisième anneau rouge est la continuation du quatrième anneau bleu; l'apophyllite a une dispersion nulle.

M. Bertin a appelé l'attention des physiciens sur les anneaux de la glace dont les franges sont fort belles : les cristaux ont toujours leur axe perpendiculaire à la surface de l'eau dans laquelle ils se sont formés.

III. *Système orthorhombique :*

Ces cristaux sont biréfringents à deux axes. Citons le péridot, l'andalousite, la staurotide, la thenardite, la cordiérite, le mica, la topaze, etc.

Le micromètre dont l'oculaire est pourvu permet de vérifier si une plaque est bien normale à la bissectrice des axes : il faut que le sommet de la courbe qui traverse chaque sys-

---

([1]) *Journal de Physique,* IV, p. 114; 1875.

tème d'anneaux, quand le plan des axes est à 45° du plan de polarisation, occupe la même division à droite et à gauche du centre.

Les couleurs dont sont bordées les branches d'hyperbole à 45° indiquent le sens de la dispersion des axes. Les bordures de ces courbes présentent toujours des couleurs disposées à l'inverse de celles qui occupent les sommets opposés de l'anneau central correspondant ; si la partie concave des hyperboles est bordée de rouge, et si l'intérieur est bordé de bleu, les axes rouges sont moins écartés que les violets. Les couleurs des bordures sont d'autant plus vives qu'il existe un plus grand écart entre les axes.

IV. *Système clinorhombique :*

Ces cristaux présentent une dispersion dont la détermination présente le plus grand intérêt.

Dispersion inclinée.	Dispersion horizontale.	Dispersion croisée.
Gypse sur 80°.	Orthose.	Borax.
Diopside.	Sulfate de strychnine.	Heulandite.
Formiate de cuivre.	Sulfate de manganèse.	Gay-Lussite.
Euclase.		Sel de Glauber.
Épidote.		
Trémolite.		
Sphène.		
Datholite		

En chauffant légèrement le gypse, on observe que l'hyperbole de l'un des systèmes d'anneaux se rapproche beaucoup plus vite du centre que celle de l'autre système, ce qui prouve que, si la lame a été taillée normalement à la bissectrice aiguë des axes jaunes, elle ne l'est plus rigoureusement dès que la température diffère de celle où elle a été taillée. Cette interprétation est due à M. Des Cloizeaux, à qui nous avons emprunté la plupart des résultats précédents.

V. *Système anorthique :*

Aucun fait intéressant ne ressort plus pour nous de la complication extrême du phénomène.

Le microscope polarisant se prête encore à de nombreuses expériences, dont nous croyons devoir signaler les principales.

Le platinocyanure de potassium, la pennine, la biotite, l'alurgite, etc., et quelques autres cristaux dichroïques à un axe produisent des houppes dont M. Bertrand a donné la théorie ([1]); la première de ces substances notamment montre, entre deux nicols croisés, une croix noire et des anneaux se détachant sur un fond rouge uniforme; mais, si l'on tourne l'analyseur de 90°, le champ se divise en quatre secteurs alternativement rouges et violacés.

L'andalousite, les cristaux colorés du genre épidote et, en général, les cristaux biaxes fortement dichroïques sont encore caractérisés par des houppes superposées le plus souvent à un système d'anneaux fort irrégulier. Ces houppes s'observent du reste aussi en lumière naturelle et il suffit, par exemple, de regarder le ciel blanc à travers une lame perpendiculaire d'andalousite pour voir deux secteurs sombres sur un fond brillant ([2]).

Les macles ne sont point rares dans les biaxes et surtout daus l'arragonite; le système des lemniscates peut alors être double ou triple.

En superposant des cristaux obliques de même épaisseur, de manière que leurs sections principales soient parallèles et non leurs axes, on découvre les franges connues sous le nom de Ohm : on ne les voit bien qu'en lumière homogène. Suivant l'inclinaison des coupes, on obtient des ellipses, des lignes droites, ou enfin des hyperboles centrées conjuguées non équilatères. Cette expérience se fait avec deux quartz à 45°.

Quand les sections principales des cristaux superposés sont croisées, les hyperboles deviennent équilatères, mais elles ne sont centrées que lorsque les cristaux sont parallèles à l'axe. Ces dernières franges se voient en lumière blanche : le nicol doit être à l'extinction et les sections principales des lames dans l'azimut 45°.

Ces expériences sont réalisables avec des quartz, des spaths et, en général, avec toute espèce de lames parallèles,

([1]) *Journal de Physique*, VII, p. 226; 1879.
([2]) *Annales de Chimie et de Physique*, 4e série, XX, p. 207; 1870.

voire même avec des gypses, bien que ces cristaux soient biaxes.

Avec deux quartz parallèles prismatiques, glissant l'un sur l'autre, on observe les hyperboles mobiles de Savart.

Les sels de Seignette à base de potasse ou d'ammoniaque cristallisent tous dans le système orthorhombique et ont même écartement des axes, d'environ 76°; on ne peut les distinguer l'un de l'autre que par la position du plan des axes optiques; il contient la petite diagonale de la base dans le sel potassique et la grande dans le sel ammoniacal. Or, ces cristaux isomorphes peuvent être combinés, et une certaine proportion des deux sels donne lieu à un cristal uniaxe, au moins pour une couleur déterminée. Cette remarquable expérience est due à de Norremberg : elle a fourni à de Senarmont l'explication des micas uniaxes. On sait, en effet, que l'écart des axes dans cette espèce cristalline varie de 0° à 77° (¹).

Ce mélange peut être produit artificiellement en croisant alternativement des lames de mica très minces en nombre assez considérable. M. Steeg, de Hambourg, a réalisé six combinaisons définies que possède notre cabinet de Physique. Les voici par ordre :

Combinaisons.	A.	B.	C.	D.	E.	F.
Nombre de lames.........	1	2	4	8	12	24
Valeur en onde par lame...	3λ	$\dfrac{3}{2}\lambda$	$\dfrac{3}{4}\lambda$	$\dfrac{3}{8}\lambda$	$\dfrac{\lambda}{4}$	$\dfrac{\lambda}{8}$

L'épaisseur totale des combinaisons est équivalente à 3λ pour chacune d'elles; mais, tandis que A donne des lemniscates, F montre des anneaux traversés par une croix noire, et il présente les propriétés d'un véritable cristal uniaxe négatif.

En disposant les sections principales des lamelles en spirale, M. Reusch a reproduit tous les phénomènes de la pola-

---

(¹) Le mica est un biaxe négatif : une lame un peu épaisse offre les lemniscates, ce qui prouve que ce minéral se clive perpendiculairement à la ligne moyenne; la ligne passant par les pôles des lemniscates est la ligne supplémentaire. C'est cette ligne qui porte le nom d'*axe du mica*.

risation rotatoire, et il a créé des quartz artificiels droits ou gauches ([1]).

LXV° MANIPULATION.

DÉTERMINATION DU SIGNE DES CRISTAUX.

Théorie.

Lorsque dans un cristal uniaxe l'indice extraordinaire est plus grand que l'indice ordinaire, le rayon extraordinaire semble attiré par l'axe, et le cristal est appelé *attractif* ou *positif;* lorsque, au contraire, l'indice ordinaire est le plus grand, le cristal est dit *répulsif* ou *négatif*.

Dans tous les cristaux à un axe, la surface de l'onde ordinaire est une sphère; mais celle de l'onde extraordinaire est un ellipsoïde allongé comme un œuf dans les cristaux positifs, aplati comme une lentille dans les cristaux négatifs. Dans les premiers, la vitesse extraordinaire est la plus petite; dans les seconds, elle est la plus grande.

La ligne moyenne, c'est-à-dire bissectrice de l'angle aigu des axes des cristaux biaxes, correspond à l'axe optique des uniaxes : on est convenu d'appeler ordinaire le rayon dont les vitesses extrêmes diffèrent le moins. Si ce rayon est le plus rapide, les cristaux sont dits positifs, par analogie.

Description.

Nous nous servirons des appareils de polarisation décrits ci-dessus.

Manuel opératoire.

I. *Cristaux uniaxes :*

1° Supposons le cristal à étudier taillé en forme de prisme, dont l'arête réfringente soit parallèle à l'axe. Un rayon de

---

([1]) *Annales de Chimie et de Physique*, 4° série, XX, p. 207; 1870.

lumière naturelle, reçu normalement à une face, sera dédoublé à la sortie. Si le cristal est positif, la vitesse ordinaire est la plus grande et le rayon ordinaire est le moins réfracté; au contraire, le rayon ordinaire sera rejeté vers la base du prisme, si le cristal est négatif. C'est ainsi que les choses se passent si l'on projette les images dans la chambre obscure. Mais, si l'on fait intervenir l'œil directement, les choses sont renversées et alors, avec un cristal positif, c'est l'image extraordinaire qui est rejetée vers le tranchant du prisme. Que l'on arme l'œil d'un nicol, dont la section principale soit parallèle à celle du cristal étudié; l'image ordinaire sera celle qui s'éteint; si l'on se sert d'une tourmaline, dont l'axe sera dirigé perpendiculairement à l'arête du prisme, l'extraordinaire est encore seule à passer.

2° Les phénomènes de la polarisation chromatique dans la lumière convergente permettent de déterminer plus aisément le signe d'un cristal taillé perpendiculairement à l'axe.

On superpose à une plaque de ce genre une autre de signe connu, également propre à produire les anneaux : si les anneaux se rapprochent du centre et se resserrent, le signe des deux lames associées est identique; ils se dilateraient dans le cas où les signes seraient contraires. Un cristal positif de quartz du Brésil ou de Madagascar (*fig.* 116), taillé en forme de prisme

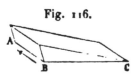

Fig. 116.

très aigu et dont l'arête AB est parallèle à l'axe, convient très bien pour cette expérience, car il suffit de le faire glisser sur la lame pour voir les anneaux se rétrécir ou se dilater.

Des prismes aigus de zircon ou de sulfate de potasse donnent le même résultat.

On peut aussi se servir d'une lame mince de cristal positif parallèle à l'axe; l'inclinant autour de l'axe, on accroîtra l'épaisseur traversée et les anneaux se rapprocheront du centre si le cristal est de même signe, c'est-à-dire positif; or, un cristal négatif montrerait au contraire des anneaux s'éloignant du centre.

3° Un mica quart d'onde (clivé perpendiculairement à la ligne moyenne), étant placé sur la lame uniaxe, donne lieu à un phénomène très curieux, duquel on peut déduire sans peine le signe du cristal. En effet, dirigeons le plan des axes du quart d'onde à 45° du plan de polarisation primitive, et mettons l'analyseur à l'extinction ; au lieu de la croix noire, nous verrons une croix grise qui divisera chaque anneau en quatre parties alternativement brillantes et sombres. Chacun de ces axes n'a plus une teinte uniforme : l'intensité y va en décroissant, depuis les branches de la croix jusqu'au milieu de l'arc où elle est nulle. Les deux premiers anneaux sont les plus marqués, et ils apparaissent comme deux taches noires vers le milieu du champ : quand

Fig. 117.

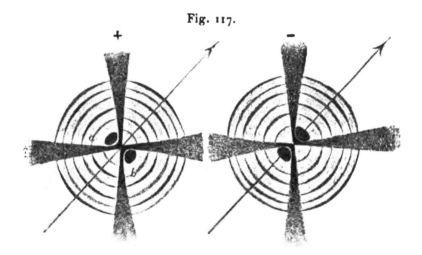

la ligne *ab* qui les joint (*fig.* 117) est perpendiculaire à l'axe du mica, le cristal est positif ; il est négatif, quand elle est parallèle à l'axe du mica.

Aucune autre méthode n'est comparable à celle que nous venons de décrire pour la précision et la netteté de l'application. C'est Airy qui avait le premier signalé cette curieuse modification des anneaux du spath produite par un quart d'onde ; Norremberg a montré l'usage qu'on pourrait faire de ces figures pour la détermination du signe des cristaux et Bertin a donné la théorie et l'application du phénomène ([1]).

([1]) BERTIN, *Annales de Chimie et de Physique*, 4⁰ série, t. XIII, p. 240 ; 1868. Faisons observer que la meilleure place du quart d'onde est dans l'espace laissé libre entre l'oculaire et le nicol analyseur.

4° Quand on ne dispose que de lames parallèles à l'axe et qu'on se propose de déterminer leur signe, l'opération est plus délicate. MM. Grailich et von Lang se sont servis, dans ce cas, des franges hyperboliques que donnent les lames parallèles à l'axe en lumière convergente. Ces physiciens superposent à la lame de signe inconnu une lame auxiliaire A perpendiculaire à l'axe, de signe connu, positive par exemple, dans laquelle la différence entre les indices des deux rayons soit très petite. Si l'on fait tourner cette lame auxiliaire A autour d'un axe parallèle à la section principale de la lame à

Fig. 118.

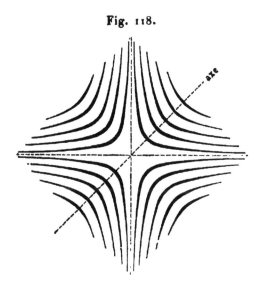

essayer, et que l'on ait une lame positive, cette rotation produit une diminution dans la différence de marche et, par suite, un élargissement des hyperboles de la *fig.* 118 : il peut arriver que ces hyperboles, primitivement invisibles, deviennent nettement visibles.

Si l'on a au contraire une lame négative, il faudra tourner la lame A autour d'un axe perpendiculaire à la section principale pour obtenir le même effet.

Cette étude doit se faire nécessairement en lumière monochromatique, car les branches d'hyperbole ne sont distinctes avec la lumière blanche qu'autant que la lame est très mince : il convient de se placer dans l'obscurité pour faire l'observation.

II. *Cristaux biaxes :*

Un biaxe est dit positif quand la ligne moyenne est l'axe de plus petite élasticité : un cristal taillé perpendiculairement à la ligne moyenne jouira donc de propriétés identiques à celles d'un uniaxe négatif, dans la partie du champ intérieure aux axes.

1° Pour reconnaître le signe de ces cristaux, on emploie souvent un procédé imaginé par Biot : superposant au cristal le prisme de quartz décrit précédemment, on l'introduit par le tranchant et on le fait glisser de manière à augmenter l'épaisseur traversée par les rayons convergents. Si le cristal est positif et que l'axe du quartz soit parallèle au plan des axes de la plaque considérée, les anneaux entourant l'axe paraissent grandir et ils se rapprochent du centre, en figurant un huit couché, en même temps que de nouveaux anneaux se forment autour du pôle; si le cristal était négatif, les anneaux diminueraient de diamètre et convergeraient vers les axes.

Généralement, on porte uniquement son attention sur l'orientation de la lame prismatique, nécessaire pour faire marcher les anneaux vers le centre; si le mouvement a dû être dirigé parallèlement au plan des axes optiques, c'est-à-dire à leur bissectrice obtuse, on conclut au signe positif; un mouvement perpendiculaire annoncerait un cristal négatif.

2° Norremberg a perfectionné ce procédé de la manière suivante.

Il commence par orienter le cristal à étudier de manière que les pôles des lemniscates soient dans l'azimut 45°, et il observe ces courbes à travers un quartz perpendiculaire, placé entre l'oculaire et l'analyseur. En faisant tourner alors ce quartz autour d'une ligne parallèle ou perpendiculaire à la ligne des pôles, on constate un allongement des anneaux entourant les pôles; leur rencontre forme une courbe en 8, et l'on voit naître au centre du champ des parties ondulées de lemniscates, analogues aux hyperboles mobiles de Savart; si ce phénomène accompagne une rotation autour d'une perpendiculaire à la ligne des pôles, le cristal est positif; sinon l'on aurait affaire à un cristal négatif.

Résultats.

Cristaux uniaxes.

Positifs.	Négatifs.
Apophyllite.	Anatase.
Boracite.	Apatite.
Cinabre.	Béryl.
Dioptase.	Corindon.
Glace (HO).	Émeraude.
Phénakite.	Idocrase.
Quartz.	Mellite.
Scheelite.	Mica.
Stannite.	Néphéline.
Sulfate de potasse.	Octaédrite.
Tungstate de zinc.	Pennine.
Zircon.	Rubellite.
	Rubis.
	Saphir.
	Spath d'Islande.
	Tourmaline.
	Vernérite.

Le nombre des cristaux négatifs l'emporte de beaucoup sur celui des positifs; **M.** Des Cloizeaux a déterminé, parmi les cristaux les plus connus, 64 négatifs contre 36 positifs.

Cristaux biaxes.

Positifs.	Négatifs.
Acétate de cuivre.	Aragonite.
Albite.	Axinite.
Andalousite.	Borax.
Anhydrite.	Brookite.
Barytine.	Céruse.
Calamine.	Cordiérite.
Clinochlore.	Disthène.
Cymophane.	Mica.
Diopside.	Nitre.
Épidote.	Orthose.
Euclase.	Senarmontite.

Cristaux biaxes (suite).

Positifs.	Négatifs.
Gypse.	Stilbite.
Harmotome.	Sulfate de zinc.
Labradorite.	Sulfate de magnésie.
Mésotype.	Sucre de canne.
Oligoclase.	Talc.
Péridot.	
Platinocyanure d'yttrium.	
Prehnite.	
Sel de Seignette.	
Sphène.	
Staurotide.	
Sulfate de potasse.	
Topaze.	

LXVI° MANIPULATION.

MESURE DE L'ÉCARTEMENT DES AXES.

Théorie.

L'angle des axes optiques n'est pas le même dans tous les cristaux; pour une substance déterminée, il varie encore d'une couleur à l'autre et il change même plus ou moins de valeur avec la température.

Pour opérer la mesure de cet angle, on taille le cristal perpendiculairement à la bissectrice aiguë, et, le faisant tourner sur lui-même, on amène successivement les deux foyers des lemniscates dans l'axe optique de l'appareil de polarisation. L'angle dont le cristal a tourné est égal à l'angle *apparent* des axes, c'est-à-dire à celui des directions que suivent dans l'air les rayons qui ont traversé le milieu biréfringent suivant les axes.

Connaissant l'indice de réfraction moyen n du cristal, on peut calculer la valeur de l'angle intérieur; en effet, appelons

$2V$ l'angle apparent mesuré, $2X$ l'angle cherché, nous écrirons

$$\frac{\sin V}{\sin X} = n.$$

Faisons observer que les axes ainsi déterminés sont les axes de double réfraction conique intérieure, c'est-à-dire les directions de propagation dans le cristal auxquelles correspond un cône à base circulaire de rayons réfractés.

L'angle X peut se calculer.

En effet, on sait que le demi-angle x_1 des axes optiques avec l'axe de plus grande élasticité est donné par la formule

$$\tan . x_1 = \sqrt{\frac{b^2 - c^2}{a^2 - b^2}},$$

si nous représentons les trois indices par $\frac{1}{a}$, $\frac{1}{b}$ et $\frac{1}{c}$; l'angle x est égal à $180 - 2x_1$ quand le cristal est positif, et à $2x_1$ quand il est négatif.

Quand l'écart des axes est trop grand dans l'air, on opère dans l'huile ou dans un mélange d'alcool et de sulfure de carbone, d'indice 1,50 environ, suivant la méthode indiquée par M. Grailich; les nicols polariseur et analyseur sont fixés sur la cuve même dans laquelle est renfermé le liquide auxiliaire qu'ils touchent par leur face interne.

Description.

Les microscopes polarisants se prêtent généralement à la mesure des angles des axes; on les renverse horizontalement et on remplace les glaces par un nicol polariseur, ainsi que le représente la *fig.* 119 d'un appareil Laurent.

La plaque est supportée par une pince A, mobile sur un cercle divisé; le vernier, dont l'alidade est munie, permet d'estimer le $\frac{1}{10}$ de degré.

Pour donner à l'œil un point de repère, l'oculaire C porte un réticule à trois fils, dont l'un croise les deux autres à angle droit, ou bien un micromètre gravé sur verre.

La *fig.* 119^a fait voir l'appareil de M. Dufet tel que le construisent **MM.** Ducretet et Lejeune. La plaque cristalline est saisie dans une pince qui occupe le centre d'une coquille sphérique; on peut régler la plaque sans la sortir du champ.

Fig. 119.

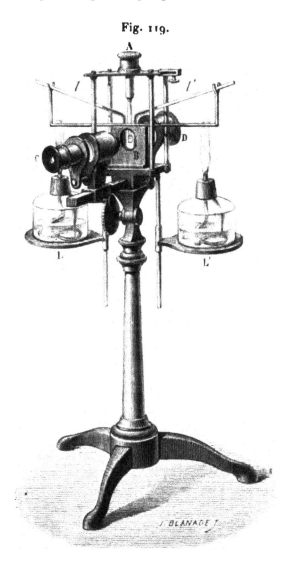

Deux mouvements rectangulaires permettent de placer sur l'axe de rotation le point que l'on veut examiner.

Quand on veut mesurer les angles à diverses températures, on enferme le cristal dans une étuve à air en cuivre rouge B (*fig.* 119), dont les ailes sont chauffées par deux lampes à alcool **L** et **L′**; les thermomètres inclinés *t* et *t′* marquent la température. On peut aller à 3oo°, en évitant toutefois de maintenir longtemps cette température, car le collage des nicols pourrait en souffrir.

Ce dispositif, qui est dû à M. Laurent, permet encore d'opérer dans l'huile; mais, dans ce cas, il est nécessaire

Fig. 119ᵉ.

d'amener l'objectif du microscope au contact de la cuve, de manière à reproduire les conditions de l'expérience de M. Grailich. On emploie ordinairement de l'huile d'olive décolorée par exposition au soleil.

Il importe que le plan des axes optiques soit rigoureusement perpendiculaire à la plaque.

Manuel opératoire.

1° Les deux nicols étant croisés, on cherche par tâtonnement à obtenir deux systèmes d'anneaux colorés bien symétriques par rapport à l'axe de l'appareil ; la droite menée du foyer d'un système d'anneaux au foyer de l'autre doit être parallèle au cercle divisé, donc horizontale.

Quelques opérateurs préfèrent placer l'axe à 45° des sections principales des nicols, parce que les branches d'hyperbole ainsi obtenues peuvent faciliter la détermination exacte des centres des anneaux.

2° On amène un des foyers devant l'œil, en coïncidence avec le centre du micromètre, et l'on note la division sur laquelle s'est arrêté le vernier.

3° Faisons maintenant tourner la tige qui traverse le limbe gradué ; le second foyer devra s'arrêter au même point de repère que ci-dessus.

L'angle de rotation est égal à 2 V.

4° On en déduit 2 X par le calcul.

Résultats.

La position des axes varie avec la couleur des rayons : la valeur des angles subit par suite aussi certaines variations. On les détermine habituellement pour le jaune.

Substances.	Indice moyen.	Angle des axes pour le jaune.
Cordiérite.......	1,54	39.30'
Diopside............... ..	1,68	58.57
Aragonite.	1,63	17.50
Barytine............... .	1,64	36.59
Plomb carbonaté..........	2,00	8. 7
Bichromate de potasse.......	1,74	51.53

Le déplacement des axes par la chaleur s'observe dans la glaubérite, l'orthose, la kaluszite, la heulandite et le feldspath. Mais c'est dans le gypse que ce phénomène se présente avec le plus d'intensité et s'étudie avec le plus d'intérêt.

A la température ordinaire, les axes sont écartés d'environ 58°; vers 92°, ils se confondent et le cristal paraît uniaxe; à partir de ce moment, ils s'écartent de nouveau, mais dans un plan perpendiculaire au premier. Il est prudent de ne pas poursuivre l'expérience au delà de 120°, car il ne resterait bientôt qu'un fragment de plâtre à la place du cristal transparent qui produit ces curieuses apparences.

Billet a donné les valeurs suivantes des angles des axes du gypse :

Température.	Angle des axes.
9	61.24
18	57.30
80	0.

D'après M. Dufet, on aurait, dans l'air, un angle de 95° à la température de 20° et l'annulation se ferait vers 115° (¹).

Dans la glaubérite, les axes se rapprochent aussi; mais, la dispersion étant énorme, les axes dans le violet prennent de l'avance sur ceux du rouge et, dès 60° de température, ils se trouvent dans des plans perpendiculaires.

L'orthose montre un phénomène inverse et les axes s'écartent quand la température augmente.

Nous avons donné plus haut la formule qui permet de calculer l'angle des axes en fonction des trois indices $\frac{1}{a}$, $\frac{1}{b}$ et $\frac{1}{c}$.

Généralement les valeurs observées diffèrent peu des valeurs calculées, ainsi qu'en témoigne le Tableau suivant :

Substances.	Angles observés.	calculés.
Diopside	58.57	56.16
Chlorure de baryum	67. 4	68.24
Calamine	45.57	44.56
Gypse	57.31	57.28

(¹) Dufet, *Journal de Physique*, t. X, p. 513; 1881. Billet, *Traité d'Optique physique*, t. II, p. 633; 1859.

Ces déterminations ont été faites par M. Des Cloizeaux.

De curieux phénomènes sont produits par le mélange des cristaux isomorphes : de Senarmont en a fait une remarquable étude (¹). Faisant cristalliser ensemble le sel de Seignette et le tartrate double de potasse et d'ammoniaque, en proportions variables, ce physicien a obtenu des écartements d'axes très divers ; à mesure que la proportion du sel ammoniacal augmente, l'angle des axes diminue et les axes rouges tendent à se confondre avec les axes violets. Bientôt le cristal est à un axe pour les rayons rouges ; mais ces axes rouges se séparent ensuite, dans un plan perpendiculaire à leur plan primitif et, à ce moment, les axes violets· et les axes rouges se trouvent dans des plans rectangulaires. Quand l'influence du sel ammoniacal prédomine complètement, tous les axes sont réunis dans un même plan.

LXVII⁰ MANIPULATION.
ÉTUDE DE LA RÉFLEXION MÉTALLIQUE.

Théorie.

Après réflexion sur une surface métallique, un rayon polarisé dans les azimuts principaux déterminés par le plan d'incidence et le plan perpendiculaire reste polarisé dans le même plan.

Mais, lorsque le rayon incident est polarisé dans un plan quelconque, la réflexion métallique donne naissance à une vibration elliptique.

Pour étudier les effets de cette réflexion, deux éléments sont à déterminer : les modifications d'amplitude ou d'intensité et les changements de phase.

Jamin a effectué ces études photométriques (²) par un pro-

(¹) *Annales de Chimie et de Physique*, 3ᵉ série, t. XXXIII, p. 339.
(²) *Annales de Chimie et de Physique*, 3ᵉ série, XIX, p. 297 (1847) ; XXII,

cédé indirect qui consiste à comparer l'intensité de la lumière réfléchie sur le métal à celle de la lumière réfléchie à la surface d'une lame de verre. On détermine l'incidence i sous laquelle ces intensités sont égales dans l'image ordinaire et extraordinaire; puis on calcule, au moyen des formules de Fresnel, l'intensité de la lumière réfléchie par le verre. Supposons la lumière incidente polarisée dans le plan d'incidence, et soit α l'angle de la section principale de l'analyseur avec le plan d'incidence : l'image extraordinaire fournie par le verre aura pour intensité $\sin^2\alpha \dfrac{\sin^2(i-r)}{\sin^2(i-r)}$; si nous représentons par x^2 l'intensité de la lumière réfléchie par le métal, nous aurons pour l'image ordinaire fournie par le métal $x^2\cos^2\alpha$; d'où, en égalant ces deux valeurs,

$$x^2 = \tan^2\alpha \frac{\sin^2(i-r)}{\sin^2(i+r)}.$$

Mais il faut connaître r et, par conséquent, l'indice de réfraction du verre n : on peut se contenter de déterminer à cet effet l'angle de polarisation I du verre et de poser $n = \cot$I.

Pour mesurer les changements de phase, Jamin faisait disparaître la différence de marche à l'aide de son compensateur décrit précédemment ([1]); cet appareil étant gradué, il n'y avait qu'à noter le déplacement du micromètre.

La valeur de l'angle de polarisation est celle de l'angle d'incidence pour lequel les deux composantes du rayon elliptique, parallèle et perpendiculaire au plan d'incidence, ont une différence de marche égale à $\dfrac{\lambda}{4}$; de Senarmont déterminait cet angle à l'aide d'un mica quart d'onde.

Description.

L'appareil de Jamin (*fig.* 120) se compose d'un limbe horizontal divisé, soutenu par un pied en cuivre à vis calantes.

p. 311 (1848); XIV, p. 365 (1850); XXXI, p. 265 (1851). *Cours de Physique de l'École Polytechnique*, par MM. Jamin et Bouty, III, 3ᵉ fasc., p. 513.

([1]) *Vide supra*, p. 365.

Il est muni de trois alidades A, B et C, que l'on règle par des vis de rappel : A et B portent des bonnettes de calibre.

Le tube M est muni d'un cercle azimutal sur lequel tourne un prisme de Nicol ; la lumière partant de a' est rendue pa-

Fig. 120.

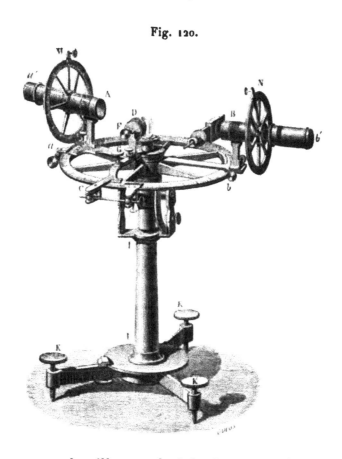

rallèle par une lentille et polarisée dans un azimut variable à volonté.

Après avoir été réfléchie, elle est reçue dans le tube N qui contient un second nicol ou mieux encore un spath achromatisé, mobile autour de l'axe, et une lunette visant à l'infini pour donner une image nette de a'. Ce tube est muni d'un compensateur B.

La substance réfléchissante est fixée sur un support de forme spéciale dont on peut régler la verticalité par une vis : on produit l'affleurement au centre à l'aide d'une seconde vis qui commande une coulisse horizontale.

Les métaux sont préparés sous forme de petits disques polis, qu'on fixe au support à l'aide d'un peu de cire.

Un miroir de verre et le miroir du métal à étudier (au point de vue photométrique) sont assemblés, en prenant soin que leurs surfaces demi-circulaires soient dans un même plan et qu'elles se raccordent par une ligne bien droite : ce miroir double se fixe comme les autres sur le support.

Pour opérer en lumière monochromatique, on recouvre l'ouverture a' d'un verre rouge. La lumière est fournie par une lampe Carcel qu'on peut placer dans une boîte fermée au foyer d'une lentille destinée à rendre les rayons parallèles.

Le cercle de Jamin présente dans son ensemble une grande analogie avec le goniomètre de Babinet : il supplée, du reste, fort bien cet instrument et se prête aussi à la détermination des longueurs d'onde par les réseaux.

Manuel opératoire.

I. *Déterminations photométriques.*

1º On polarise le rayon dans un plan horizontal ; puis, avant de placer le double miroir sur son support, on amène l'analyseur sur le prolongement du rayon incident et l'on éteint l'une des images en tournant le prisme biréfringent. Il faut alors fixer l'alidade à l'aide de la vis de pression dont elle est munie.

2º On installe le miroir double, de telle sorte que le plan d'incidence soit perpendiculaire à la ligne de séparation du métal et du verre. Le criterium suivant témoigne de la verticalité du miroir : l'image qui était éteinte doit rester éteinte, car, le plan de polarisation et le plan d'incidence étant alors horizontaux, la réflexion ne modifie pas la direction du plan de polarisation.

3º On fait varier peu à peu la direction de la section principale de l'analyseur, de manière à rendre l'intensité de l'image ordinaire du métal égale à celle de l'image extraordinaire du verre. On reconnaît facilement la moitié qui correspond au métal par la coloration même de l'image. Quant à l'image extraordinaire, c'est celle qui est éteinte lorsque les deux sections principales sont croisées.

L'opérateur note l'angle α pour lequel l'égalité est réalisée.

4° En opérant de même, il cherche à quel angle α' correspond l'égalité de l'image extraordinaire du métal et de l'image ordinaire du verre; α' doit être complémentaire de α.

5° Il finit en relevant l'incidence par les verniers dont sont munies les alidades qui portent les deux tubes.

On procédera de même à de nouvelles déterminations, sous des incidences comprises entre 20° et 85°.

Il faut beaucoup d'attention dans cette manipulation, parce que la différence d'aspect et la distance des images à comparer constituent une difficulté sérieuse; cependant voici ce que dit Jamin dans son premier Mémoire :

« Les résultats des expériences faites dans les mêmes circonstances ne diffèrent jamais de plus de quinze minutes, et si l'on commet des erreurs plus graves, c'est que les points de repère, soit pour la mesure des incidences, soit pour la position des plans de polarisation, ne s'obtiennent pas toujours avec une aussi grande exactitude. Faisons remarquer d'ailleurs que, dans chaque quadrant, il y a deux angles α et 90° — α qui rendent l'image ordinaire ou extraordinaire du métal égale à l'image extraordinaire ou ordinaire du verre; chaque détermination résulte donc de huit observations. »

II. *Mesure de la différence de phase.*

L'analyse de la lumière polarisée elliptiquement a fait l'objet de la LIIIe manipulation; il suffira donc de rappeler sommairement la suite des opérations nécessaires dans le cas présent.

Nous supposerons le compensateur gradué, c'est-à-dire que la longueur L, dont il faut déplacer le prisme mobile pour produire une différence égale à λ, est connue.

1° Le compensateur est fixé à la partie antérieure du tube qui porte l'analyseur : on fait en sorte que l'axe du prisme de quartz tourné vers le rayon incident soit vertical; puis on dirige parallèlement entre elles les sections principales du polariseur et de l'analyseur, en les inclinant toutes deux d'un angle quelconque φ sur l'horizontale. On facilitera l'expérience en opérant d'abord sur un rayon polarisé dans un plan voisin de la verticale, car les deux composantes du rayon réfléchi auront alors des intensités comparables.

2° Le rayon arrivant directement du polariseur à l'analyseur, on amène le milieu de la frange centrale entre les deux lignes de repère.

3° La lame réfléchissante est fixée verticalement sur le support qui se trouve au centre du cercle.

4° Par un déplacement convenable des alidades, on cherche dans le champ de la lunette l'image de l'ouverture éclairée : il est bon de commencer les observations en se plaçant sous une incidence voisine de la polarisation la plus complète.

5° Si la différence de phase était nulle, la frange centrale resterait en place. Mais, lorsque la frange marche vers le sommet du prisme antérieur, la composante polarisée dans le plan d'incidence a de l'avance sur l'autre, du retard au cas contraire; on ramène la frange au milieu par un déplacement l.

La différence de phase est donc égale à $\dfrac{L}{l}\lambda$.

6° On peut observer, outre le déplacement de la frange, sa diminution d'intensité, car elle pâlit en même temps qu'elle quitte le fil central. En faisant tourner l'analyseur, de manière à rendre la frange noire comme elle l'était précédemment, on détermine la position du plan de polarisation du rayon restauré, car il est alors confondu avec la section principale de l'analyseur. Cette opération est fort délicate.

M. Wiedemann ([1]) a étudié la réflexion métallique dans ses rapports avec la couleur superficielle des corps, en adjoignant au nicol analyseur le mica quart d'onde employé par de Senarmont et un petit spectroscope à vision directe. On voit alors apparaître des bandes noires dans le spectre : les différences de marche et les rapports correspondants des amplitudes sont les mêmes pour les longueurs d'onde relatives à ces bandes. Une rotation du nicol fait disparaître successivement diverses couleurs, pour lesquelles les différences de marche sont encore les mêmes; mais on constate que le rapport des amplitudes varie d'une couleur à l'autre. Cette belle expérience peut être répétée aisément.

([1]) *Annales de Poggendorff*, T. CLI, p. 1; 1874.

Résultats.

Voici les résultats obtenus par Jamin sur l'acier :

Angles d'incidence.	Angles α.	Lumière polarisée		Pouvoir réflecteur total.
		dans le plan d'incidence.	perpendiculairement au plan d'incidence.	
20	74.26	0,608	0,593	0,600
30	73. 3	0,624	0,577	0,600
40	71. 7	0,608	0,473	0,540
50	67.57	0,684	0,444	0,565
60	64.52	0,805	0,397	0,600
70	59.40	0,837	0,297	0,567
80	52. 9	0,893	0,298	0,595
85	48. 2	0,904	0,517	0,710

Pour avoir les amplitudes des vibrations, il faut extraire les racines carrées des intensités.

Le minimum correspond à une incidence de 76° pour l'acier; pour le métal des miroirs, il paraît aussi exister un minimum entre 50° et 60°; le pouvoir réflecteur croît ensuite jusqu'à l'incidence rasante.

Différences de phase δ.

δ en fraction de $\frac{\lambda}{2}$.	Acier. Incidences.	Argent plaqué. Incidences.
0,900	45.27	37.10
0,700	58.37	60.10
0,500	76. 0	72. 0
0,400	79. 0	76.42
0,300	»	80.20
0,200	84. 0	80.50

La différence de marche étant égale à un quart d'onde sous l'incidence de 76° pour l'acier, la lumière réfléchie sera polarisée circulairement, lorsque les deux rayons composants seront égaux; et, en effet, on trouve par tâtonnement un azimut α pour lequel les deux images de l'analyseur sont égales; un quart d'onde reproduit la polarisation rectiligne.

Jamin a aussi déterminé les angles de polarisation maximum pour les différentes radiations du spectre, en cherchant pour quelle incidence deux réflexions rétablissent la polarisation rectiligne. Il a vu que ces angles de polarisation maximum décroissent du rouge au violet, ce qui montre que la loi de Brewster ne peut servir à mesurer l'angle de polarisation à la surface des métaux, comme pour les milieux transparents.

LXVIIIe MANIPULATION.

MESURE DES POUVOIRS ROTATOIRES PAR LA TEINTE SENSIBLE.

Théorie.

Biot a appelé *pouvoir rotatoire spécifique d'une substance* la déviation qu'elle imprime au plan de polarisation lorsqu'elle agit sous une épaisseur de 1^{mm} avec une densité égale à 1. Ainsi, une plaque de quartz, qui fait éprouver aux rayons rouges une rotation de 38°, sous une épaisseur de 2^{mm} et pour une densité de $2,6$, a un pouvoir rotatoire égal à

$$[\alpha]_r = \frac{38}{2.2,6} = 7°30';$$

si l'échantillon proposé est dextrogyre, c'est-à-dire si la rotation se fait de la gauche vers la droite par en haut, pour un observateur recevant le rayon (¹), on écrit

$$+ [\alpha]_r \quad \text{ou bien} \quad [\alpha]_r^{\nearrow};$$

s'il est lévogyre,

$$- [\alpha]_r \quad \text{ou bien} \quad [\alpha]_r^{\searrow}.$$

(¹) M. Kohlrausch définit le sens de la rotation dextrogyre en disant que le plan de polarisation tourne autour du rayon en sens inverse du sens dans lequel on enfoncerait un tire-bouchon; pour l'œil qui reçoit le rayon, le plan parait avoir tourné dans le sens du mouvement des aiguilles d'une montre.

En lumière jaune, on écrira $[\alpha]_j$ ou $[\alpha]_D$, suivant qu'on opérera sur les rayons jaunes moyens ou sur les radiations D.

La même définition de Biot convient pour les corps solides et liquides; mais on rapporte au décimètre les pouvoirs rotatoires des matières en dissolution, dont le pouvoir est très inférieur à celui des matières solides.

En général, α étant une rotation observée pour une épaisseur l et une densité d, on a donc

$$[\alpha] = \frac{\alpha}{ld}.$$

Lorsqu'il s'agit d'une substance active en dissolution dans un liquide inactif, en supposant qu'un poids ε de cette substance soit dissous dans un poids $(1 - \varepsilon)$ de liquide et que δ soit la densité de la dissolution, on aura

$$[\alpha] = \frac{\alpha}{l\varepsilon\delta} \,(^1).$$

Quand on connaît le poids p de substance active que contient un volume v de dissolution, on peut écrire plus simplement encore

$$[\alpha] = \frac{\alpha v}{lp}.$$

Le plus souvent $v = 100^{cc}$ et l'on a

$$[\alpha] = \frac{100\alpha}{lp}.$$

Le pouvoir rotatoire dispersif comparé des rayons rouge et jaune $\dfrac{[\alpha]_r}{[\alpha]_j}$ est aussi un caractère spécifique des corps. Pour le

---

(^{1}) On donne quelquefois cette formule sous la forme

$$[\alpha] = \frac{100\alpha}{l\pi\delta},$$

dans laquelle π est le poids en grammes de la matière active contenue dans 100^{gr} de dissolution.

déterminer, on opère tour à tour en lumière blanche et rouge : dans le premier cas, on observe la teinte sensible, qui correspond à l'extinction du jaune ; dans le second, on s'arrête à l'extinction de l'image dans le rouge ; ces deux expériences donnent $[\alpha]_j$ et $[\alpha]_r$.

M. Broch emploie le procédé de Fizeau et Foucault pour mesurer les divers angles de polarisation d'une substance active pour les diverses radiations, en plaçant devant l'oculaire du polarimètre un petit spectroscope avec une lentille à collimateur (¹).

La matière active étant interposée entre le polariseur et l'analyseur, on voit apparaître, dans le rouge du spectre, une bande noire qui se déplace et avance vers le violet quand on tourne le nicol analyseur : on note l'angle de l'analyseur pour lequel chaque radiation de Fraunhofer s'éteint.

Les pouvoirs rotatoires sont fréquemment influencés par la concentration des liquides.

Description.

On appelle *polarimètres* les appareils qui permettent de déterminer l'angle de rotation du plan de polarisation en degrés du cercle : il en existe plusieurs modèles.

On peut se servir, dans cette manipulation, de l'appareil de Biot : il donne des résultats d'une exactitude remarquable, mais il exige un grand nombre de précautions assez minutieuses, que nous exposerons rapidement (²).

Rappelons d'abord que c'est $[\alpha]_j$ qu'on détermine par ce procédé.

Biot n'opérait jamais qu'à la lueur des nuées et il avait soin de choisir un jour où le ciel fût entièrement couvert, afin d'éviter toute trace de polarisation. La lumière était réfléchie et polarisée par un miroir de verre noir, fixé à l'extérieur de la chambre obscure contre le volet, comme un porte-lumière ordinaire.

(¹) *Annales de Chimie et de Physique*, 3ᵉ série, t. XXXIV, p. 119; 1852.
(²) BIOT, *Instructions pratiques sur l'observation et la mesure des propriétés optiques appelées rotatoires*, 1845.

Le corps de l'appareil était établi à demeure dans un petit cabinet obscur construit pour ce but, dans lequel l'observateur s'enfermait pour observer. La lumière, renvoyée à l'intérieur par le réflecteur, traversait des tuyaux noircis, munis de diaphragmes, où elle était restreinte en un mince faisceau cylindrique, dont tous les éléments parallèles étaient sensiblement dans un même état de polarisation. Biot tenait beaucoup à ce dispositif : « Il n'y a, dit-il, que la pratique personnelle qui puisse faire comprendre tout ce que cet arrangement donne de sûreté, de précision et de délicatesse aux résultats obtenus.... Je me suis bien gardé de l'abandonner pour le motif vain et condamnable de rendre ces phénomènes plus populaires en sacrifiant la certitude de détermination indispensable pour leur utilité scientifique (¹). »

Les pièces essentielles de l'appareil de Biot sont le tube à liquide et l'analyseur. Le tube est fermé à ses deux extrémités par deux glaces de verre ; il porte souvent à l'intérieur deux diaphragmes en argent, percés d'un trou étroit, afin d'arrêter la lumière qui pénétrerait accidentellement dans le tube. L'analyseur se compose d'un prisme de spath achromatisé par du crown : il donne deux images colorées de teintes brillantes et complémentaires, qui ne disparaissent point, quelle que soit la position de l'analyseur. Ce prisme doit être achromatisé aussi exactement que possible pour l'image extraordinaire, qui est celle dont les teintes servent le plus spécialement d'indices pour les déviations.

Dans son premier dispositif, Biot installait le tube dans une gouttière montée sur un genou établi au milieu d'une table : le polariseur à miroir et l'analyseur étaient eux-mêmes montés dans des supports articulés. Soleil a simplifié l'appareil et l'a rendu portatif ; l'analyseur et le polariseur sont fixés sur la gouttière, qui pivote et tourne par le milieu, sur un pied unique ; une tringle, attachée à une extrémité de la gouttière et prenant un point d'appui sur le pied, permet de donner au tube l'inclinaison que l'on veut. Ce modèle ne se trouve plus dans le commerce, mais nous en avons construit un dans notre Service de la Physique des Facultés libres de

_____

(¹) *Loc. cit.*, p. 29.

Lille; la *fig.* 121 est gravée d'après la photographie de cet instrument.

Il est utile de pouvoir installer entre les nicols les lames

Fig. 121.

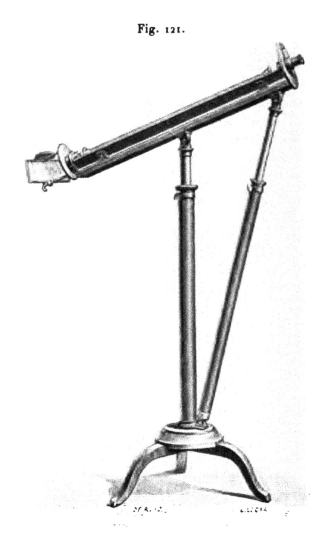

de substance active dont on voudrait faire l'étude : une tablette ou une pince remplirait cet office.

Les supports des tubes et des nicols peuvent au besoin être installés sur le banc d'optique; cette remarque sera utilisée dans les laboratoires qui ne possèdent pas l'appareil de Biot.

Le polarimètre de Mitscherlich pourrait être employé aux

mêmes fins que l'appareil de Biot : dans cet instrument, le miroir polarisant est remplacé par un nicol.

Quand on opère en lumière blanche, on prend pour repère la teinte de passage, ou teinte sensible, dans l'image extraordinaire : c'est un bleu violacé pâle qui touche au bleu franc ou bien au rouge vif pour le moindre déplacement de l'analyseur; dans le faisceau ordinaire, la lumière est jaune, et elle tourne au vert ou à l'orangé. Mais nous devons faire observer que cette teinte n'est pas la plus sensible pour tous les yeux : or il est de la plus grande importance pour un physicien de reconnaître la couleur à laquelle son œil est le plus sensible; il y parviendra sans peine par un procédé très ingénieux fondé sur l'emploi d'un biquartz à rotations inverses, de $3^{mm},75$ d'épaisseur; nous ne pouvons que mentionner ici cette méthode, qui sera exposée en son temps dans la manipulation suivante.

Biot recommande instamment de constater que les plaques de verre qui ferment les tubes n'exercent aucune action polarisante qui leur soit propre, par un effet de trempe; sinon, il faudrait les rejeter ou les faire recuire. On évitera aussi, dans le cours des opérations, de visser trop fortement les viroles qui fixent les obturateurs pour ne pas comprimer le verre, car il pourrait acquérir ainsi les propriétés du verre trempé.

Le cercle azimutal, sur lequel on observe les angles dont il faut tourner l'analyseur pour reproduire la teinte sensible, doit donner au moins la minute : Biot évaluait en centièmes les fractions de degré.

Manuel opératoire.

1° Il faut d'abord donner au rayon réfléchi l'état de polarisation le plus complet qu'il puisse recevoir : pour cela, le miroir est placé sous l'incidence brewstérienne. L'image extraordinaire doit alors être complètement éteinte quand l'alidade du prisme biréfringent est au zéro : les vis de correction dont la bonnette est munie permettent d'atteindre rigoureusement ce premier résultat.

On constate de plus, en tournant l'alidade de l'analyseur sur toute la circonférence du cercle azimutal, que les images ordinaire et extraordinaire s'évanouissent dans les quatre quadrants comptés à partir du zéro. Il ne faut jamais négliger cette épreuve, car les seuls changements de température des montures métalliques peuvent déplacer le zéro.

2° On dispose sur le chemin du faisceau polarisé le cristal taillé ou le liquide dont on se propose de déterminer le pouvoir rotatoire.

Si l'on opère sur une lame de quartz, par exemple, il est indispensable de l'orienter de façon qu'elle soit traversée par le rayon lumineux suivant l'axe du cristal : la moindre déviation entraînerait des erreurs considérables. Les spirales d'Airy permettent de reconnaître d'abord, avec l'appareil de Norremberg, que les faces taillées sont perpendiculaires à l'axe; il ne reste plus alors qu'à vérifier si le rayon tombe normalement sur la plaque, en amenant le réticule de l'oculaire à coïncider avec les images données par les deux faces du cristal. Il faut pour cela un réticule fortement éclairé.

Lorsqu'on veut faire usage des tubes, on fixe d'abord un obturateur à leur partie inférieure; puis, on verse doucement le liquide jusqu'à ce qu'il déborde extérieurement par un petit ménisque capillaire. On écrase ce ménisque en appliquant le second obturateur, ce qui laisse le tube complètement plein, sauf quelque très petite bulle d'air qui y reste parfois, mais ne peut empêcher les observations.

Les longueurs des tubes doivent être mesurées soigneusement entre les plans qui les terminent, au moyen de compas d'épaisseur très exacts; mais le constructeur prend généralement la précaution de graver sur le tube sa longueur en millimètres.

3° Si le corps interposé est inactif, l'image extraordinaire reste éteinte. Sinon, elle reparaît colorée : l'angle dont il faudra tourner l'analyseur pour produire la teinte sensible indique la rotation produite par la colonne de liquide ou la substance essayée, et fournit les éléments du calcul de $[\alpha]$.

L'ordre des couleurs observées est le suivant, avec une substance dextrogyre : jaune, vert, bleu, violet tendre et rouge. La teinte sensible se trouve donc entre le bleu et le rouge : c'est la couleur dite *fleur de pêcher*, qui se compose surtout de violet et de bleu mêlés de rouge et d'orangé.

4° Quand on cherche le pouvoir dispersif, on a besoin de déterminer encore $[\alpha]_r$; à cet effet, on recouvre l'analyseur d'un verre rouge et l'on cherche à éteindre l'image extraordinaire.

Mais la position de l'analyseur pour laquelle cette extinction a lieu est moins bien définie que précédemment, et il peut exister une incertitude de plusieurs degrés. Pour faire une détermination exacte, il faut tourner lentement l'analyseur jusqu'au moment où l'on cesse d'apercevoir l'image : on fait alors une première lecture, puis on continue la rotation en dépassant la position pour laquelle l'image reparaît. On revient ensuite lentement en arrière, et l'on fait une deuxième lecture au moment où l'image disparaît de nouveau. La moyenne des deux lectures donne la position véritable du plan de polarisation. Biot faisait jusqu'à huit ou dix moyennes (¹).

5° Le signe de la polarisation rotatoire est défini par le sens de la rotation. La droite du rayon est celle d'un observateur regardant du côté d'où vient le rayon.

Toutefois, remarquons que la teinte sensible s'obtient aussi bien par une rotation à gauche qu'à droite; il importe donc de donner le caractère précis par lequel on différencie les dextro des lévogyres. Il ne peut subsister aucune incertitude en lumière blanche, si l'on observe l'ordre dans lequel les couleurs se succèdent. Quand on tourne de gauche à droite ✗ et que l'on voit apparaître le bleu avant la teinte

---

(¹) Quand on opère par la méthode de Broch, il faut se rappeler ce qui suit : la section principale de l'analyseur étant parallèle au plan de polarisation d'une couleur déterminée, cette couleur manquera dans l'image extraordinaire, et, par suite, dans le spectre. Si la plaque active donne une rotation moindre que 180°, il n'y aura alors qu'une bande dans le spectre; cette bande avancera du rouge vers le violet pour une rotation continue de l'analyseur. Il n'y a qu'à comparer les angles décrits par cet analyseur et les longueurs d'onde correspondantes à la position de la bande dans le spectre. Le meilleur dispositif de cette belle expérience consiste à installer le polarimètre de Mitscherlich devant la fente d'un spectroscope à vision directe : on relève simultanément les angles α, α', α'', ... et les divisions δ, δ', δ'', ... du micromètre occupées par le milieu de la bande; la table de graduation du spectroscope permet de passer des valeurs δ aux longueurs d'onde λ.

sensible et le rouge après elle, la substance est dextrogyre. Ajoutons que le signe de toute rotation supérieure à 90° est ambigu ; il convient dans ce cas de déterminer la série des rotations produites par les épaisseurs croissantes à partir d'une valeur très petite.

Résultats.

J'emprunte à un Mémoire de Biot les chiffres suivants :

Matière observée.	Proportion pondérale ε.	Densité de la solution δ.	Longueur en millimètres l.	Déviation α.
Sucre en pains..	0,333984	1,14584	1,4775	+42°.10⁽¹⁾
Sucre candi.....	0,332022	1,143043	1,4775	—42°,100

Le sucre avait été broyé, incomplètement trituré, puis on avait tenu les débris pendant vingt-quatre heures dans une étuve à la température de 60°. Il résulterait de cette expérience que le pouvoir rotatoire du sucre en pains serait de 74°,457 et celui du candi de 74°,897 ; il s'agit ici de $[\alpha]_L$.

Pour se dispenser de déterminer δ, on emploie préférablement la formule $\dfrac{\alpha v}{lp}$: dissolvant donc p grammes de sucre, de manière à former v centimètres cubes de liqueur, on opère dans un tube de longueur l.

Le pouvoir rotatoire du sucre solide est

$$[\alpha]_D = \begin{cases} 63°,9 & \text{d'après Tollens,} \\ 64°,150 & \text{d'après Schmitz.} \end{cases}$$

MM. Tollens, Schmitz et Landolt ont démontré que ce pouvoir a une autre valeur en dissolution ; cette valeur n'est même, dans ce cas, pas constante, car elle diminue continûment lorsqu'on augmente la proportion d'eau. La formule ci-dessous de M. Tollens donne ce pouvoir en fonction de la concentration ; p est le poids de sucre pour 100 de dissolution.

$$[\alpha]_D = 66°,386 + 0,015035\,p - 0,0003986\,p^2.$$

Cette formule est exacte à la température de 20°.

Andrews a donné une formule qui est fonction de la température t :

$$[\alpha]_D^t = [\alpha]_D^{20} - 0,000114\,(t-20).$$

Les pouvoirs rotatoires varient en effet avec la température; le fait a été étudié par M. Fizeau, von Lang, Sorcke, Joubert, etc. D'après ce dernier, le pouvoir du quartz serait donné entre — 20° et + 100° par la formule

$$[\alpha] = [\alpha_0](1 + 0,0001463\,t + 0,00000000329\,t^2).$$

La régularité du phénomène permettrait de faire du quartz une substance thermométrique (¹).

Nous réunissons ci-dessous les divers pouvoirs rotatoires du quartz pour les radiations correspondantes aux raies de Fraunhofer; la détermination a été faite par MM. Soret et Sarazin, par la méthode de Broch.

Quartz.	Raies.	α j à 20°.
		°
	A.	12,668
	B.	15,746
	C	17,318
	D	21,684
	E.	21,727
	F.	27,543
	G	32,773
	En teinte sensible.	24

Le Tableau ci-dessous donne les pouvoirs rotatoires de quelques substances :

1. *Cristaux.*

(Sous 1ᵐᵐ d'épaisseur.)

	$[\alpha]_D$
	°
Quartz.	21,68
Chlorate de sodium.	3,104
Cinabre.	3,25
Acétate d'urane et de sodium.	1,76
Sulfantimoniate de sulfure de sodium. . .	2,44

2. *Dissolutions.*

(Sous o^m,1 d'épaisseur.)

$[\alpha]_j$.

	o
Sucre de canne (20^{gr} sur 100)	-- 73,8
Sucre interverti à 15°	— 26,5
Lévulose à 15°	—106,0
Dextrine	-:-138,7
Camphre du Japon	-- 47,4
Camphre de matricaire......	-- 43,4
Sulfate de quinine.................	—193,0

Dans le sucre, $[\alpha]_D = \frac{8}{9}[\alpha]_J$ environ, et $[\alpha]_r = + 56°,5$.

D'après M. Landolt, il y aurait 120 substances naturelles actives, dont 60 gauches, 50 droites et 10 droites et gauches : on en trouve l'énumération complète dans le Tome VII du *Journal de Physique*, p. 237 et suivantes.

Biot avait cru établir expérimentalement que le pouvoir rotatoire spécifique des substances était indépendant de la nature du dissolvant inactif employé; l'acide tartrique seul faisait à cette loi une notable exception, car son pouvoir augmentait rapidement avec la proportion du dissolvant. Or M. Oudemans a démontré que, pour les alcaloïdes, le pouvoir varie considérablement avec le dissolvant, et voici un résultat des plus curieux que nous signalons pour clore cette manipulation. La dissolution de cinchonine dans le chloroforme a un pouvoir de + 212°, pour une concentration de 0,005 environ; quelques gouttes d'alcool portent le pouvoir à + 237°, mais un grand excès le fait décroître, et la dissolution dans l'alcool pur n'a plus qu'un pouvoir de 228° ([1]).

M. Wyrouboff a démontré ([2]) qu'il existe quatre lois simples

---

([1]) *Journal de Physique*, II, p. 223 (1873); extrait des *Annales de Poggendorf*, CXLVIII, p. 337, même année. Pour la brucine, le pouvoir rotatoire de la solution dans le chloroforme est plus que le triple du pouvoir correspondant dans la solution alcoolique. On obtient aussi de fort curieux résultats en dissolvant une substance active dans un mélange de deux substances inactives par elles-mêmes; ainsi $\frac{1}{100}$ d'alcool élève de 4° le pouvoir de la dissolution de cinchonine dans le chloroforme.

([2]) *Annales de Chimie et de Physique*, 7ª série, t. I, p. 5; 1895.

régissant les variations du pouvoir rotatoire avec la nature du dissolvant, sa concentration et sa température ; il les énonce comme il suit :

1° Le pouvoir rotatoire d'un corps, qui reste toujours anhydre, ne varie pas ;

2° Le pouvoir d'un corps, qui n'est pas susceptible de former, avec un dissolvant, une seule combinaison, ne varie ni avec la concentration, ni avec la température ;

3° Le pouvoir d'un corps pouvant former, avec son dissolvant, plusieurs combinaisons, varie avec la concentration et la température ;

4° Le pouvoir d'un corps qui, dans différents dissolvants, forme des combinaisons différentes, varie avec le dissolvant, avec la concentration et avec la température.

Il résulterait des recherches de M. Wyrouboff que la combinaison moléculaire persiste dans la dissolution, identique à celle que l'on observe dans le corps cristallisé.

Les cristaux dextrogyres donnent toujours des solutions dextrogyres ; une seule exception a été signalée à cette loi par M. Wyrouboff. C'est le tartrate droit de rubidium qui fournit une solution gauche.

On a, pour ce corps,

$$[\alpha]_D.$$

En cristaux................ .... ·--10°,5
En solution............. .... —20°,2

Le pouvoir dispersif était considéré par Biot comme une constante spécifique qu'il y avait grand intérêt à déterminer.

Voici quelques-uns de ces pouvoirs :

Pouvoirs dispersifs.

Quartz................................ $\dfrac{22}{30}$

Sucre de cannes et sucre interverti....... $\dfrac{23}{30}$

Sulfate de quinine......... .... $\dfrac{22,9}{30}$

Biot n'a pas trouvé de rapport de dispersion plus grand

que $\frac{24}{30}$ ou plus petit que $\frac{21}{30}$; mais Buignet assigne à la santo-
nine un pouvoir dispersif de $\frac{18}{30}$.

On peut composer des mélanges dans lesquels le pouvoir
dispersif est neutralisé par des pouvoirs opposés, tout comme
ou achromatise deux milieux.

Terminons en faisant observer que la formule $\frac{\alpha V}{lp}$, qui
donne $[\alpha]$, peut réciproquement donner p quand on connaît $[\alpha]$; cette application du pouvoir rotatoire permet de
faire servir les procédés polarimétriques à l'analyse quantitative d'une dissolution renfermant une substance active. La
saccharimétrie, qui fait l'objet des exercices suivants, repose
sur cette observation.

LXIX· MANIPULATION.

USAGE DES SACCHARIMÈTRES A COMPENSATEUR.

Théorie.

Mitscherlich avait modifié et rendu plus maniable l'instrument de Biot en plaçant le tube à essayer entre deux nicols:
sous cette forme, il fut adopté par les fabricants de sucre, qui
déduisaient de la rotation du plan de polarisation la teneur
d'une dissolution sucrée. Soleil augmenta la précision des
mesures par l'addition de son biquartz, d'un compensateur et
de quelques accessoires, qui constituèrent définitivement le
saccharimètre : cet appareil est devenu ainsi un instrument
pratique, qui ne convient plus aux déterminations scienti-
fiques de la précédente manipulation, et qui ne peut servir
qu'à doser le sucre de cannes.

On n'observe plus l'amplitude de la rotation du plan de polarisation, mais on opère par compensation, c'est-à-dire qu'on
fait agir en sens inverse de la substance active à étudier un
appareil doué d'activité aussi, mais gradué, dont on fera

varier l'action jusqu'à ce que les effets contraires se détruisent rigoureusement. On lira alors sur une échelle divisée les centièmes de sucre renfermés dans la dissolution faite dans des conditions déterminées.

Description.

Dans le saccharimètre de Soleil, la lumière est polarisée par un prisme de nicol N' (*fig.* 122) rendu achromatique ;

Fig. 122.

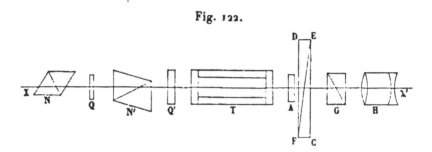

elle est ensuite reçue sur le biquartz Q', puis elle traverse le tube T ; enfin, elle rencontre le quartz A dextrogyre et le compensateur CD, auquel succède l'analyseur biréfringent G et une lunette de Galilée H visant en Q'. En avant de l'instrument sont placés un nicol N et un quartz Q supplémentaires, dont nous expliquerons plus loin le rôle.

Nous n'avons à décrire que le biquartz et le compensateur.

Le premier est formé de deux moitiés demi-circulaires de quartz dextro et lévogyres, de 3ᵐᵐ,75 d'épaisseur, qui impriment l'une et l'autre une rotation de 90° au plan de polarisation des rayons jaunes moyens ; lorsque la lumière transmise par ces deux moitiés tombe sur l'analyseur, elle développe la teinte de passage dans les deux parties de l'image, si la section principale de ce prisme coïncide avec celle du polariseur. Le biquartz fournit donc un repère très net à l'observation ; le compensateur sert à reproduire l'identité de coloration des images obtenue avant l'interposition du tube en mesurant l'effet produit ; il se compose de deux prismes de quartz lévogyres dont le grand côté est perpendiculaire à l'axe. Ils sont mobiles au moyen d'une crémaillère : en faisant avancer leurs bases l'une contre l'autre, leur épaisseur augmente et elle peut annuler la rotation contraire du quartz A.

Les éléments N et Q, disposés en avant du polariseur, forment le producteur de teintes sensibles : on les place souvent aussi contre l'oculaire. Il suffit de tourner la virole qui porte N et Q pour produire n'importe quelle teinte et décolorer, par conséquent, le rayon qui a traversé le tube en donnant naissance à sa teinte complémentaire. Cependant, si le rouge domine trop dans la dissolution sucrée que l'on étudie, ce mode de compensation devient insuffisant et il faut alors décolorer chimiquement ces mêmes dissolutions en veillant à ne pas fausser leur titre : ce résultat s'obtient par le sous-acétate de plomb.

L'instrument de Soleil est d'une exactitude irréprochable tant qu'on ne le détourne pas de sa destination spéciale, qui est la saccharimétrie ([1]) : c'est, du reste, un appareil très simple. Les pièces mobiles sur lesquelles l'opérateur doit agir sont peu nombreuses : il met au point en réglant le tirage, puis, la teinte sensible étant produite par l'anneau moleté qui se trouve généralement à la suite de l'oculaire, il rend la couleur des deux parties de l'image parfaitement uniforme en agissant sur le grand bouton à axe vertical qui commande le compensateur, et il lit sur la règle divisée le nombre qui donne la richesse saccharine du liquide soumis à l'examen.

Lorsque le sucre de cannes est accompagné par des substances de nature diverse, ayant comme lui une action sur la lumière polarisée, l'observation directe ne suffit plus, car il peut arriver qu'on n'observe qu'une différence d'effets ; il faut alors intervertir le sucre et procéder à une seconde observation ([1]). L'interversion se fait par l'acide chlorhydrique fumant, dans un petit ballon présentant deux traits de jauge, qui correspondent l'un à 5o^{cc}, l'autre à 55^{cc} : on chauffe le mélange au bain-marie, et on l'introduit dans un tube spécial, de 23o^{mm} de longueur, alors que les tubes ordinaires n'ont que 2oo^{mm}.

([1]) On lira à ce sujet, avec beaucoup de fruit, un intéressant Mémoire communiqué par Biot à l'Académie des Sciences, dans la séance du 23 juin 1845.

([1]) T. CLERGET, *Analyses des substances saccharifères* (*Annales de Chimie et de Physique*, 3ᵉ série, XXVI, p. 175; 1849).

Ce tube, destiné au sucre interverti, porte en son milieu une tubulure verticale par laquelle on introduit un thermomètre sensible au demi-degré. Le sucre de cannes, devenu glucose lévogyre, produit une déviation en sens contraire de celle qu'on avait d'abord observée : on en déduit le titre exact de la première solution à l'aide des Tables de Clerget, que nous donnons plus loin.

La lumière employée pour l'observation peut être indifféremment la lumière du ciel ou celle d'une lampe : il est avantageux d'opérer dans une chambre noire. Quand on s'éclaire par une flamme de gaz, la teinte sensible est d'un vert rosé un peu différent de la teinte sensible fournie par une lumière absolument blanche.

Réglage du saccharimètre ([1]). — 1° On remplit d'eau pure un tube semblable à celui qui contient la dissolution sucrée et on le met dans l'appareil, à la place qui lui est réservée. La mise au point s'effectue par rapport à la ligne de séparation des deux moitiés du biquartz, qui doit apparaître bien tranchée et bien nette. En tournant le bouton du compensateur, on rend les teintes des demi-disques parfaitement identiques ; mais il ne suffit pas de rendre cette teinte uniforme, il faut encore qu'elle soit la plus sensible pour l'observateur, car, ainsi que nous l'avons déjà dit, tous les yeux ne jugent pas de même les teintes colorées.

Pour déterminer en quelque sorte son équation personnelle à l'égard des couleurs, l'observateur tourne la molette du producteur de teintes jusqu'à ce que les deux moitiés de l'image soient du même jaune ; puis, continuant très doucement cette rotation, il compare attentivement le vert, le bleu, l'indigo et le violet qui succèdent au jaune. Le plus souvent, il rencontrera une certaine nuance pour laquelle l'uniformité de teintes établie pour le jaune n'existera plus : recommençant plusieurs fois et à des jours différents, il constatera que ce phénomène a toujours lieu dans une même couleur; cette teinte est celle à laquelle il est le plus sensible. Pour le plus grand nombre des yeux, elle est d'un bleu gris violacé, couleur fleur de lin; mais quelquefois elle se

---

([1]) J. Duboscq, *Pratique du saccharimètre Soleil*, 1876.

rapproche davantage du rouge ou du bleu verdâtre ; dans ce cas, l'observateur est assurément moins bien doué pour l'usage du saccharimètre Soleil et je n'hésite pas à lui en déconseiller l'emploi.

2° La règle d'ivoire qui porte la graduation doit, à ce moment, se trouver au zéro ; si la coïncidence n'est point parfaite, il faut l'établir, en tournant la petite vis horizontale qui se trouve à l'extrémité gauche de la règle (¹).

L'instrument est dès lors réglé.

L'appareil de Soleil, un peu démodé aujourd'hui, n'est plus guère employé, mais il a reçu en Allemagne plusieurs perfectionnements, qui tendent à le remettre en faveur. M. Scheibler ne fait plus les deux coins de quartz du compensateur mobiles tous les deux ; le plus court, celui qui porte le vernier, est fixe, et c'est l'autre, celui qui porte l'échelle, qui est seul susceptible de déplacement. Le vernier adapté à la lame fixe est muni d'une vis de précision, qui permet de régler le zéro, sans toucher aux pièces optiques et par un simple déplacement de la réglette. Enfin un miroir à 45° et une loupe permettent à l'opérateur de lire le degré auquel il s'arrête, en même temps qu'il poursuit la recherche de l'égalisation des teintes, sans qu'il ait à déplacer son œil.

Il importe de faire observer que l'emploi des compensateurs de quartz limite l'emploi des appareils auxquels ils sont adaptés à l'étude des substances dont la dispersion rotatoire est la même que celle du quartz ; le sucre est dans ce cas.

Pour vérifier un certain nombre de points de la graduation, MM. Schmidt et Hœnsch ont construit un tube de contrôle de longueur variable, dont le liquide remonte dans un entonnoir supérieur, quand on diminue l'épaisseur traversée par les rayons de lumière; ayant rempli le tube d'une solution titrant 100°, on réduit sa longueur et l'on note les degrés du compensateur ; ils doivent être proportionnels à la longueur.

_____

(¹) Dans quelques instruments, la réglette porte deux graduations : l'une indique l'épaisseur de quartz équivalente au liquide étudié, l'autre exprime sa teneur en sucre cristallisable.

Manuel opératoire.

1° 16^{gr},471 de sucre sont pesés avec soin, concassés et triturés dans un mortier et enfin desséchés à l'étuve, pendant plusieurs heures ; puis on les introduit dans un matras à fond plat et à col étroit avec un peu d'eau distillée froide. La dissolution étant complète, on y ajoute la quantité d'eau nécessaire pour former 100^{cc}.

Le poids de 16^{gr},471 est celui qui produit, dans les conditions de l'expérience, la même déviation qu'un quartz de 1^{mm}, lorsque le sucre est parfaitement sec et pur ; plusieurs auteurs ont démontré que ce chiffre est trop fort, et les uns l'ont réduit à 16^{gr},350, les autres à 16^{gr},190 (¹). Je conserverai cependant la valeur première, parce qu'elle a servi de base à la Table de Clerget, et qu'on peut facilement corriger l'erreur qu'elle produit sur le résultat final (²).

Lorsque le sucre proposé est fortement coloré, on le clarifie par 2^{cc} ou 3^{cc} d'une solution saturée de sous-acétate de plomb ; ayant alors seulement complété le volume à 100^{cc}, on agite vivement et l'on filtre. Quelquefois on est obligé de filtrer sur du noir animal en grains fins. Dans ce cas, il est à conseiller d'opérer sur une quantité de sucre et d'eau triple de celle qui a été indiquée ci-dessus ; le noir occupera en volume le quart de la liqueur à blanchir, soit environ 75^{cc}. On l'humecte d'abord avec une partie de la liqueur, puis on verse le reste qui ne tarde pas à filtrer. Si l'on recueillait indistinctement la totalité de la liqueur, le titre serait altéré, car le charbon exerce d'abord une absorption sur le sucre ; mais, en séparant la première partie de la filtration, soit une quantité sensiblement égale à celle du charbon, la liqueur qui

---

(¹) Ce dernier chiffre a été définitivement adopté, en 1875, à la suite des travaux de MM. de Luynes et Aimé Girard ; il correspond à la valeur [α]$_D$ = 67°18' pour le sucre de cannes. Si l'on tenait compte des déterminations des derniers physiciens, notamment de MM. Tollens et Landolt, on reviendrait au chiffre de 16^{gr},30. L'échelle allemande de Wenzke est établie sur une base toute différente de l'échelle française.

(²) Les résultats relevés dans la Table doivent être réduits dans le rapport de 100 à 98,3, si l'on admet le chiffre de 16,190.

passe ensuite conserve son titre primitif, bien que, pour obtenir une décoloration complète, on la reverse à plusieurs reprises sur le noir.

2° Un tube de 200^{mm} est rempli de la liqueur sucrée et porté sur le saccharimètre; on rétablit d'abord la teinte sensible, puis on rend aussi égales que possible les teintes des deux moitiés du disque. Il n'y a plus qu'à chercher à quelle division de l'échelle correspond le trait de l'indicateur. Le nombre relevé donne immédiatement et sans calcul le titre en centièmes du sucre proposé.

3° Il est resté dans le matras de 100^{cc} une certaine quantité de liquide : on en prélève 50^{cc} qu'on verse dans le ballon à interversion et l'on y ajoute un dixième d'acide chlorhydrique pur et fumant, jusqu'au trait 55. On chauffe au bain-marie à 68°, en réglant le feu de manière que la durée de l'échauffement soit de dix minutes environ; le ballon est alors retiré et déposé dans un vase rempli d'eau froide, afin de ramener la liqueur aux environs de 15°. Quelquefois il est nécessaire de la filtrer avant de l'introduire dans le tube de 220^{mm}.

Au saccharimètre, l'uniformité de teinte est détruite; pour la ramener, il est nécessaire de tourner le grand bouton du compensateur de gauche à droite : on relève, comme ci-dessus, la division à laquelle s'arrête l'indicateur, et l'on note de plus le nombre de degrés marqués par le thermomètre du tube.

4° Voici ce qui reste à faire pour obtenir définitivement le titre du sucre essayé : on additionne les deux nombres trouvés avant et après l'inversion, et l'on cherche dans la Table de Clerget, sous le chiffre correspondant à la température de la liqueur dans la seconde opération, le nombre le plus voisin de cette somme; on suit alors la ligne horizontale et l'on trouve dans la colonne A le titre du sucre cristallisable, et, dans la colonne B, le nombre de grammes contenus par litre dans la solution étudiée.

Si le produit ne renfermait que du sucre cristallisable, on retrouverait le titre déterminé précédemment par lecture directe. Les deux dernières colonnes ont donc le caractère d'une Table spéciale pour les liquides non soumis à l'acidulation.

Table de Clerget.

SOMME DES DEUX NOTATIONS.			TITRES.	
			A.	B.
12°.	15°.	18°.	Centièmes.	Poids par litre.
1,4	1,4	1,3	1	1,64
2,8	2,7	2,7	2	3,29
4,1	4,1	4,0	3	4,94
5,5	5,5	5,4	4	6,58
6,9	6,8	6,7	5	8,23
8,3	8,2	8,1	6	9,88
9,7	9,5	9,4	7	11,52
11,0	10,9	10,8	8	13,17
12,4	12,3	12,1	9	14,82
13,8	13,6	13,5	10	16,47
15,2	15,0	14,8	11	18,11
16,6	16,4	16,2	12	19,76
17,9	17,7	17,5	13	21,41
19,3	19,1	18,9	14	23,05
20,7	20,5	20,2	15	24,70
22,1	21,8	21,6	16	26,35
23,5	23,2	22,9	17	28,00
24,8	24,6	24,3	18	29,64
26,2	25,9	25,6	19	31,29
27,6	27,3	27,0	20	32,94
29,0	28,7	28,3	21	34,58
30,4	30,0	29,7	22	36,23
31,7	31,4	31,0	23	37,88
33,1	32,8	32,4	24	39,53
34,5	34,1	33,7	25	41,17
35,9	35,5	35,1	26	42,82
37,3	36,8	36,4	27	44,47
38,6	38,2	37,8	28	46,11
40,0	39,6	39,1	29	47,76
41,4	40,9	40,5	30	49,41
42,8	42,3	41,8	31	51,06
44,2	43,7	43,2	32	52,70
45,5	45,0	44,5	33	54,35
46,9	46,4	45,9	34	56,00
48,3	47,8	47,2	35	57,64
49,7	49,1	48,6	36	59,29
51,1	50,5	49,9	37	60,94

Table de Clerget (suite).

SOMME DES DEUX NOTATIONS.			TITRES.	
			A. Centièmes.	B. Poids par litre.
1r.	15°.	18°.		
52,4	51,9	51,3	38	62,58
53,8	53,2	52,6	39	64,23
55,2	54,6	54,0	40	65,88
56,6	56,0	55,3	41	67,53
58,0	57,3	56,7	42	69,17
59,3	58,7	58,0	43	70,82
60,7	60,1	59,4	44	72,47
62,1	61,4	60,7	45	74,11
63,5	62,8	62,1	46	75,76
64,9	64,1	63,4	47	77,41
66,2	65,5	64,8	48	79,06
67,6	66,9	66,1	49	80,70
69,0	68,2	67,5	50	82,35
70,4	69,6	68,8	51	84,00
71,8	71,0	70,2	52	85,64
73,1	72,3	71,5	53	87,29
74,5	73,7	72,9	54	88,94
75,9	75,1	74,2	55	90,59
77,3	76,4	75,6	56	92,23
78,7	77,8	76,9	57	93,88
80,0	79,2	78,3	58	95,53
81,4	80,5	79,6	59	97,17
82,8	81,9	81,0	60	98,82
84,2	83,3	82,3	61	100,47
85,6	84,6	83,7	62	102,12
86,9	86,0	85,0	63	103,76
88,3	87,4	86,4	64	105,41
89,7	88,7	87,7	65	107,06
91,1	90,1	89,1	66	108,70
92,5	91,4	90,4	67	110,35
93,8	92,8	91,8	68	112,00
95,2	94,1	93,1	69	113,64
96,6	95,5	94,5	70	115,29
98,0	96,9	95,8	71	116,94
99,4	98,3	97,2	72	118,59
100,7	99,6	98,5	73	120,23
102,1	101,0	99,9	74	121,88

Table de Clerget (suite).

SOMME DES DEUX NOTATIONS.			TITRES.	
			A.	B.
12°.	15°.	18°.	Centièmes.	Poids par litre.
103,5	102,4	101,2	75	123,53
104,9	103,7	102,6	76	125,17
106,3	105,1	103,9	77	126,82
107,6	106,5	105,3	78	128,47
109,0	107,8	106,6	79	130,12
110,4	109,2	108,0	80	131,76
111,8	110,6	109,3	81	133,41
113,2	111,9	110,7	82	135,06
114,5	113,3	112,0	83	136,70
115,9	114,7	113,3	84	138,35
117,3	116,0	114,7	85	140,00
118,7	117,4	116,1	86	141,65
120,1	118,7	117,4	87	143,29
121,4	120,1	118,8	88	144,94
122,8	121,5	120,1	89	146,59
124,2	122,8	121,5	90	148,23
125,6	124,2	122,8	91	149,88
127,0	125,6	124,2	92	151,53
128,3	126,9	125,5	93	153,18
129,7	128,3	126,9	94	154,82
131,1	129,7	128,2	95	156,47
132,5	131,0	129,6	96	158,12
133,9	132,4	130,9	97	159,76
135,2	133,8	132,3	98	161,41
136,6	135,1	133,6	99	163,06
138,0	136,5	135,0	100	164,71

Certains sucres peuvent encore donner, même après interversion, une notation placée comme la première sur la gauche du zéro. Dans ce cas, il faudra prendre, non plus la somme, mais la différence des deux notations, et opérer avec cette différence comme on l'aurait fait avec la somme. Il est, en effet, évident qu'elle mesure encore la somme de l'action du sucre cristallisable observée avant l'acidulation et de celle, en sens inverse, du sucre incristallisable qui aura été produit sous l'influence de l'acide.

Résultats.

Soit un sucre qui ait donné dans la première opération une déviation de 95^{div} sur la gauche et dans la seconde, à 15°, une déviation de 35^{div} sur la droite.

Somme de l'interversion = 130.

Le chiffre le plus voisin de celui-ci dans la colonne 15 est 129,7, auquel correspondent, dans la colonne A, 95 pour 100 et, dans la colonne B, $156^{\text{gr}},47$ par litre. Le sucre proposé était donc entièrement cristallisable.

Supposons, au contraire, que nous ayons trouvé les notations 80 et 22 sur la gauche :

Différence de l'interversion = 58.
A 15°, A = 43 pour 100.
»   B = $70^{\text{gr}},82$.

A défaut de la Table de Clerget, on applique quelquefois la formule

$$0,736 \, (n - n')$$

dans laquelle n et n' sont les indications obtenues avant et après l'interversion : mêmes observations que ci-dessus sur les signes de n et n'.

LXX⸱ MANIPULATION.

USAGE DES POLARIMÈTRES A PÉNOMBRE.

Théorie.

Les polarimètres à pénombre ne présentent plus de teintes différentes à comparer, comme le saccharimètre Soleil, mais

toute l'observation se borne à constater l'égalité photométrique de deux intensités d'une seule et même couleur : ils
conviennent à tous les yeux et jouissent, d'autre part, d'une
grande sensibilité, car les variations d'intensité de deux
plages juxtaposées sont très rapides pour de petits déplacements angulaires de l'analyseur. Les indications de ces
instruments sont, sans contredit, plus précises que celles du
saccharimètre Soleil : quand on les applique à la détermination des pouvoirs rotatoires, les lectures d'un même angle
diffèrent rarement de plus de 1'.

Ces appareils imposent l'emploi d'une lumière monochromatique; on opère toujours dans la lumière sodique, et l'on
accroît souvent l'homogénéité du faisceau en le tamisant à
travers une lame de bichromate de potasse : on dispose aussi
quelquefois devant la source de lumière une cuve renfermant une dissolution à 2 pour 100 de ce sel.

Il existe deux types français d'instruments à pénombre :
celui de M. Cornu, construit par M. Duboscq, et celui de
M. Laurent.

Le premier est fondé sur l'emploi du nicol coupé de Jellett;
les sections principales des deux moitiés du prisme sont à 5°
l'une de l'autre; l'extinction n'a donc plus lieu en même
temps pour les deux moitiés de ce prisme, soit qu'il joue le rôle
de polariseur ou d'analyseur; mais il existe une position intermédiaire pour laquelle elles présentent des intensités
égales. Cette position correspond au cas où la section principale de l'analyseur ou du polariseur est perpendiculaire au
plan bissecteur des deux sections principales; elle constitue
le repère de l'instrument.

Dans l'appareil Laurent, le rayon primitivement polarisé
traverse un diaphragme circulaire en verre, dont une des
moitiés est recouverte par une lame de quartz ou de gypse
parallèle à l'axe et demi-onde pour la lumière jaune de la
raie D; l'arête parallèle à la section principale faisant un
angle déterminé avec le plan de polarisation primitif, les
rayons émanés des deux moitiés du disque sont polarisés
dans des plans symétriques par rapport à l'arête. Les deux
plages auront des intensités égales, toutes les fois que la
section principale de l'analyseur coïncidera avec le plan bis-

secteur des deux plans de polarisation. Le repère est donc analogue au précédent.

La théorie de cet instrument a été donnée très élégamment par M. Guyon; si l'on appelle α l'angle de la section principale du demi-onde avec le plan de polarisation de la lumière incidente, et β l'angle de cette section avec celle de l'analyseur, l'image ordinaire aura pour intensité

$$I_0 = \cos^2\beta + \sin 2\alpha \sin 2(\beta - \alpha) \sin^2 \pi \frac{\delta}{\lambda};$$

comme $\delta = \frac{\lambda}{2}$, il vient

$$I_0 = \cos^2\beta + \sin 2\alpha \sin 2(\beta - \alpha).$$

Le rayon qui a traversé le verre a pour intensité

$$I_\nu = \cos^2\beta.$$

Le zéro de la graduation correspond à $I_0 = I_\nu$, c'est-à-dire à $\beta = \frac{\pi}{2} + 2\alpha$; les deux rayons ont alors une intensité égale à $\sin^2\alpha$. On a intérêt à diminuer α pour accroître la sensibilité, mais on ne pourrait descendre au-dessous d'une limite déterminée, car on réduirait outre mesure l'intensité lumineuse égale à $\sin^2\alpha$.

En France, on ne connaît guère d'autres polarimètres à pénombre; mais, en Allemagne, on emploie ceux de Landolt et de Lippich, dont la précision est remarquable.

La partie optique de ces instruments présente cette particularité qu'un prisme de Glan remplace le nicol polariseur; c'est un prisme de Foucault à lame d'air dont la face d'entrée est normale à la direction des rayons incidents, et dans lequel l'axe du spath est parallèle à l'arête des deux prismes dont se compose le polariseur; ce prisme est près de trois fois plus court que le nicol. Dans l'appareil Lippich, on superpose deux de ces prismes, de dimensions très inégales, dont le plus petit recouvre la moitié de la surface du grand; le champ de vision paraît ainsi divisé en deux plages; les sections des deux prismes font un certain angle de manière à

produire une pénombre. M. Landolt emploie le même polariscope. Ces deux instruments exigent une lumière monochromatique, mais elle peut correspondre à n'importe quelle
raie du spectre.

Description.

Les polarimètres à pénombre des divers constructeurs ne
diffèrent guère entre eux par leur forme extérieure ; les *fig*. 123
et 124 représentent la disposition d'ensemble des modèles
les plus répandus et le lecteur pourra se rendre compte des
détails de leur construction par la coupe de la *fig*. 125; les
mêmes lettres se correspondent dans les deux derniers
dessins.

A (*fig*. 125) est une lame de bichromate de potasse, destinée à purifier la lumière jaune des radiations qui l'accompagnent; S représente le diaphragme de l'appareil Laurent;
dans l'appareil Duboscq, le nicol coupé de Jellett joue le rôle
de polariseur et il est placé en N. Dans le polarimètre Laurent, N est simplement un prisme biréfringent ou un nicol :
H représente la lunette de Galilée par laquelle on observe le
phénomène.

Un bouton molleté porté par l'oculaire permet de régler
exactement le zéro de l'instrument. On le voit en G et en N'
(*fig*. 123 et 124).

M. Laurent a eu l'ingénieuse idée de rendre variable à
volonté l'angle des sections principales de chacune des moitiés
du diaphragme ; pour atteindre ce résultat, il lui a suffi de
rendre le polariseur mobile, le quartz restant fixe. Un petit
levier, qui est représenté en UJK sur la *fig*. 123, permet très
simplement de faire tourner le premier nicol sur lui-même ;
on peut donc rendre de la lumière, suivant les besoins de
l'observation. Si le liquide est peu coloré, le levier est levé
jusqu'à l'arrêt; s'il est coloré, on le baisse plus ou moins;
le zéro n'est pas déplacé par cette manœuvre. Toutes les
déterminations se font dès lors dans des conditions d'éclai-
rement identiques, quelle que soit la coloration de la solution
proposée.

Les tubes T sont identiques à ceux que nous avons décrits
précédemment.

Il convient d'employer un brûleur très intense, à lumière bien homogène; le double brûleur Laurent réalise tout ce qu'il

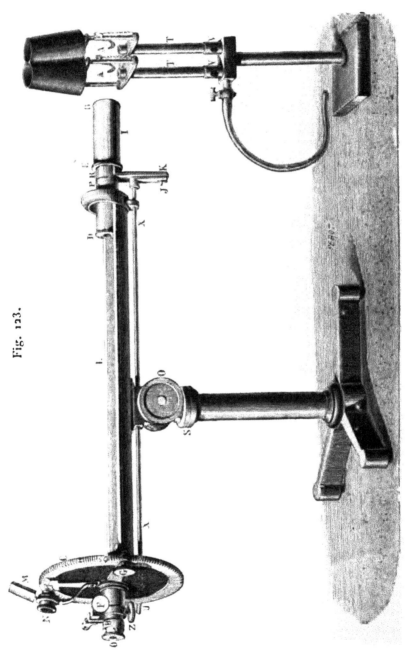

Fig. 123.

est possible d'exiger. Il est vrai que la flamme est quelquefois vacillante et que le feu se communique au bec inférieur,

mais on atténue ces inconvénients par quelques précautions
fort simples. En réglant, à une longueur convenable, le cône

Fig. 124.

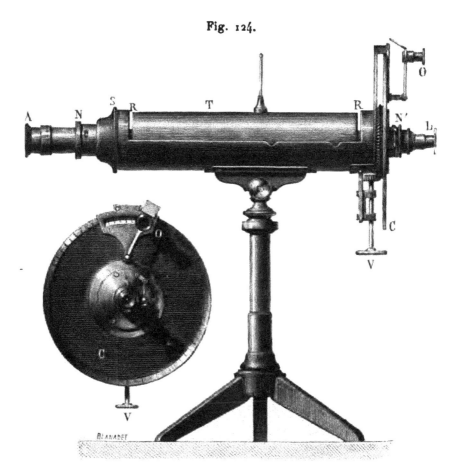

intérieur verdâtre D qui se voit au milieu de la flamme (*fig.* 126),
on atteint sans peine un régime stable, auquel correspond
une flamme lumineuse et immobile; un tâtonnement préa-

Fig. 125.

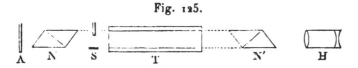

lable devra faire connaître l'ouverture du robinet, la hauteur
du cône et la position de la cuiller à sel G qui correspondent
à ce fonctionnement régulier. Le bord de cette cuiller doit

être situé sur le prolongement du tube et à 0ᵐ,o15 au-dessus :
on aurait beaucoup moins de lumière si on l'amenait au cœur
de la flamme. C'est vers le point B qu'il faut viser : la flamme
y est très étroite, mais extrêmement brillante. Plus la pression
est forte, plus la lumière est intense et la flamme fixe. Il convient de placer les brûleurs à 0ᵐ,2oo environ de l'extrémité

Fig. 126.

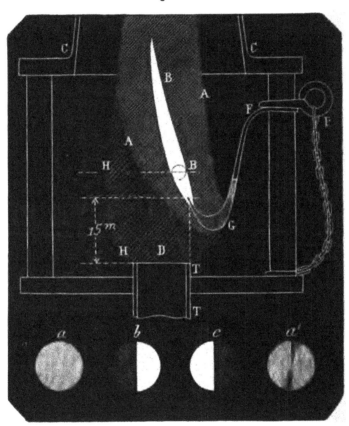

du polarimètre : on n'a de la sorte à craindre ni échauffement
du nicol, ni projection de sel fondu.

Le cercle gradué est éclairé par la lumière du brûleur
réfléchie par un petit miroir disposé, avec la loupe, sur une
alidade mobile avec l'analyseur.

Les saccharimètres à pénombre permettent de déterminer
fort exactement les pouvoirs rotatoires spécifiques; aussi
faut-il exiger des constructeurs que le plateau porte deux di-

visions, l'une en degrés du cercle avec vernier donnant la minute, l'autre en degrés saccharimétriques, pour les titrages de sucre. M. Duboscq a construit des instruments, dans lesquels le polariseur glisse sur une règle, de manière à permettre d'employer des tubes de diverses longueurs allant jusqu'à 500ᵐᵐ; cette disposition est très recommandable pour les recherches de précision.

M. Landolt emploie des tubes de 450ᵐᵐ de longueur, munis d'une double enveloppe permettant d'y faire circuler de l'eau à une température déterminée.

Manuel opératoire.

1° Le brûleur étant réglé et l'appareil dirigé vers la flamme, l'opérateur modifie le tirage de la loupe O (*fig.* 124) jusqu'à ce qu'il voie nettement les divisions, qui se trouvent alors éclairées par un réflecteur renvoyant sur elles la lumière du brûleur.

2° Le tube est rempli d'eau distillée et placé sur l'appareil; puis, en tournant le bouton moleté V, on amène le zéro du vernier à 1° ou 2° du zéro du cercle, de manière qu'une moitié du disque soit jaune clair, l'autre gris jaunâtre; il est très facile, dans ces conditions, de mettre au point. La ligne de séparation des deux moitiés doit être parfaitement nette.

3° On cherche une seconde fois à diriger l'instrument vers le brûleur, en ayant soin de s'assurer le maximum de lumière, car c'est une condition essentielle à la précision des déterminations.

4° Le zéro doit être réglé avec soin; il faut que, pour cette position, les deux parties du disque paraissent d'un gris jaunâtre sombre absolument identique. L'égalité de tons s'obtient par le jeu d'une vis de correction N' : tant que l'appareil n'est pas réglé, on a les apparences *b* ou *c* (*fig.* 126); on tourne dans le bon sens quand le côté foncé s'éclaircit et que le côté clair s'assombrit.

On s'assure d'un bon réglage en cherchant l'égalité sans regarder le vernier; l'alidade fixée, on procède seulement à la lecture, qui ne doit pas comporter d'erreur supérieure à quelques minutes et conduire à zéro par une moyenne de dix observations. J'ai pris l'habitude de faire ces essais avant chaque opération, car l'œil ainsi exercé acquiert une rectitude de jugement remarquable.

5° On remplace le tube d'eau distillée par un autre rempli de la solution à étudier.

L'égalité d'intensité est détruite ; on la rétablit en tournant le bouton V dans un sens tel que le côté moins lumineux continue à devenir foncé jusqu'au noir, puis s'éclaircisse au même degré que l'autre moitié. Si le vernier a tourné à droite à partir du zéro, le pouvoir rotatoire est droit.

6° M. Laurent fait remarquer dans sa Notice que, si l'on veut faire vérifier un résultat par un autre opérateur, il convient que ce dernier refasse lui-même toutes les manipulations préparatoires. J'insiste sur cette recommandation, qui est de la plus haute importance.

La plus grosse difficulté de cette expérience résulte des inégalités de ton qu'on observe souvent dans les diverses parties des demi-disques, par suite de l'hétérogénéité de la radiation : le pointé devient dès lors incertain. Voici comment le constructeur corrige cet inconvénient : il invite l'opérateur à fixer la ligne de séparation au centre des demi-disques, et à faire tourner le bouton alternativement dans un sens ou dans l'autre, lorsqu'on est près de l'égalité des teintes, en réduisant de plus en plus l'amplitude des oscillations. On a alors l'apparence d'une petite ombre qui paraît aller et venir de chaque côté de cette ligne. On s'arrête lorsqu'elle semble stationnaire et que cette ligne même, qui paraissait se courber ou s'incliner successivement dans les deux sens, reste droite et immobile; on arrive même à la faire disparaître. Dans toute cette recherche, on n'a pas quitté l'instrument de l'œil; en recommençant, après un instant de repos, on peut atteindre une précision remarquable.

Résultats.

Les appareils à pénombre ont sur celui de Biot, de Mitscherlich et de Soleil l'avantage d'une précision fort supérieure.

Cette précision a encore été accrue dans ces derniers temps

par l'emploi des *triples champs*, introduits en polarimétrie par M. Lippich. Au lieu de présenter à l'œil de l'observateur un champ circulaire coupé en deux sortes de demi-lunes, on lui fait voir trois bandes d'égale largeur dont celle du milieu a une intensité différente des bandes extrêmes. M. Joubin, successeur de M. Laurent, a réalisé la même disposition en recouvrant les deux bords de la lame de verre par deux demi-ondes, laissant au milieu un espace découvert. Cet artifice augmente beaucoup la sensibilité de l'instrument.

Les polarimètres à pénombre conviennent également bien à la polarimétrie et à la saccharimétrie : ils portent toujours une double division à cet effet. Dans le polarimètre Laurent, la division intérieure, qui correspond au vernier de gauche, est en centièmes de sucre, et elle s'étend à 400 divisions à droite et 200 à gauche ; le vernier donne le $\frac{1}{10}$ de division, donc le millième de sucre. La division extérieure comprend 360°, divisés en demi-degrés.

Nous n'avons rien à ajouter à ce qui a été dit ci-dessus relativement à l'usage de cette double division.

Une plaque de quartz perpendiculaire à l'axe, d'une épaisseur de 0m,01, doit marquer 100°, quand on relève la division en centièmes de sucre, et 21°,67 ou 21°41' quand on évalue la rotation en degrés. Elle correspond à une prise d'essai de 16gr,190, et non plus de 16gr,471 comme précédemment.

On emploie le tube de 0m,20 pour la mesure immédiate et celui de 0m,22, s'il a été nécessaire de traiter la solution par $\frac{1}{10}$ de sous-acétate de plomb ; la quantité de sucre peut être calculée directement par une règle de trois : une division correspond à 0gr,01619 pour 100cc. M. Pellet a publié un barème qui donne les calculs faits jusqu'à 1250 divisions.

Quand le liquide a été interverti, on consulte, comme ci-dessus, les Tables de Clerget, en tenant compte toutefois de la légère différence des points de départ. La formule suivante suffit du reste dans la plupart des cas : P représente le pouvoir rotatoire, A la somme ou la différence des nombres lus sur l'échelle saccharimétrique avant et après inversion, et T la température du liquide au moment de l'essai.

$$P = \frac{200.A}{288 - T}.$$

On peut encore écrire

$$P_{1,62} = \text{sucre par litre.}$$

Si l'on recherche la quantité de sucre renfermée dans une urine de diabétique, on devra noter que le pouvoir rotatoire de cette variété de sucre est égal à 53°; le poids p par litre dans un tube de longueur l est alors, pour une rotation x, égal à

$$p = \frac{\alpha}{l.53^\circ}.$$

Un excellent exercice consiste à faire l'analyse quantitative d'un mélange de deux alcaloïdes, par le procédé indiqué par M. Oudemans. Ce physicien pèse environ $0^{gr},316$ du mélange proposé et le dissout dans l'alcool absolu; on complète à 20^{cc} et l'on mesure le pouvoir α_1 du mélange. Soit $[\alpha]$ le pouvoir connu du premier alcaloïde, et $[\alpha']$ celui du second, dans les mêmes conditions de dissolution. On a

$$\frac{x}{100}[\alpha] + \frac{100 - x}{100}[\alpha'] = \alpha_1.$$

LXXIe MANIPULATION.

USAGE DU POLARISTROBOMÈTRE A FRANGES.

Théorie.

Quels que soient les avantages des saccharimètres à pénombre, ils ne sont pas néanmoins à l'abri de toute critique, parce qu'ils exigent une source de lumière absolument monochromatique, à défaut de laquelle on ne réalise pas l'uniformité de nuance de chaque plage; l'égalisation des éclairements peut, dès lors, devenir assez incertaine.

M. Wild a choisi pour repères les franges d'interférence de Savart, qui se produisent nettement, même en lumière

blanche, et constituent par leur apparition et leur disparition
un signe également visible pour tous les yeux. Deux nicols
N et N' (*fig.* 128) sont les organes essentiels de l'instrument;
S est l'organe sensible. C'est un polariscope de Savart, formé
de deux lames épaisses de quartz, taillées à 45° de l'axe et
croisées à angle droit : sa section principale est elle-même à
45° du plan de polarisation du rayon incident. Les franges
déliées que produit la lumière polarisée sont examinées à
l'aide d'une lunette astronomique à faible grossissement,
munie d'un réticule formé de deux fils d'araignée *ab* et *cd*
(*fig.* 127).

Fig. 127.

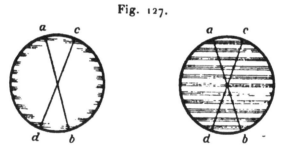

Or, toutes les fois que les sections principales des deux
nicols sont parallèles ou perpendiculaires, les franges manquent dans l'image; elles redeviennent au contraire visibles
dès que les deux sections sont dans des positions relatives
différentes, et leur éclat est maximum lorsque les sections
principales sont à 45° l'une de l'autre.

Le phénomène est visible, avons-nous dit, en lumière
blanche; mais il est beaucoup plus net en lumière monochromatique.

Fig. 128.

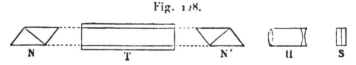

Être ou ne pas être est certainement un repère d'une grande
précision; malheureusement l'œil se fatigue à considérer ces
franges si fines et, par suite sans doute de la persistance des
impressions sur la rétine, il croit les voir encore alors qu'elles
ont déjà disparu. C'est la critique que l'on peut faire de cet
instrument, d'ailleurs très sensible et d'un maniement facile.

Description.

La disposition d'ensemble du polaristrobomètre est représentée par la *fig*. 129.

M. Wild a rendu mobile le nicol polariseur; au moyen d'un bouton qui se trouve à sa droite, l'observateur fait tourner un pignon commandant la roue dentée N. Le vernier M'

Fig. 129.

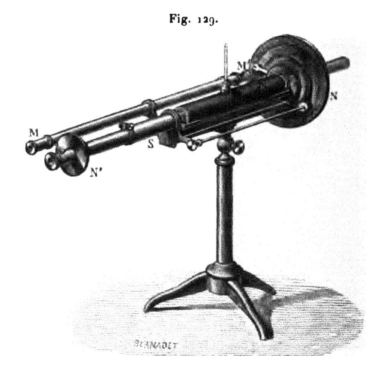

marque les déplacements angulaires du polariseur, et la lunette M permet de lire les angles sans quitter l'oculaire : un petit bec de gaz fixé sur l'instrument ou une bougie éclaire le limbe gradué.

L'une des moitiés du disque présente une division marquée en grammes, allant de o à 3oo à droite et de o à 15o à gauche : chaque intervalle correspond à 1^{gr} de sucre pur contenu dans 1^{lit} de solution, si l'on emploie un tube de 2oo^{mm} de longueur. Sur le côté opposé du disque se trouve une division en degrés du cercle, donnant le $\frac{1}{5}$ de degré directement et le $\frac{1}{60}$ par le vernier; elle permet d'employer cet instrument à la détermination des pouvoirs rotatoires.

Tel est le polaristrobomètre construit par MM. Hermann et Pfister à Berne. M. Hofman a créé un modèle analogue.

La lampe monochromatique et les tubes sont identiques à ceux que nous avons décrits précédemment.

Manuel opératoire.

1° Il ne faut pas commencer les observations avant d'avoir une lumière suffisamment forte et bien homogène.

L'opérateur règle le tirage de l'oculaire de manière à rendre d'abord visible la croisée de fils; il constate que le limbe est convenablement éclairé, et que la lunette d'approche permet de lire distinctement la division. Cela fait, il amène le trait 3oo de la division en grammes dans le champ de vision de la lunette : il doit voir sur un fond jaune clair une série de raies noires horizontales, d'autant plus distinctes que l'image des fils est plus nette.

2° Tournant alors le bouton placé à sa droite, il fait disparaître les raies : au moment précis de la disparition, le zéro du vernier doit être arrêté au zéro du limbe gradué. Les vis de correction S permettent de réaliser exactement cette condition.

Dans cette expérience, il est absolument nécessaire de relever la position précise qui correspond à l'évanouissement des stries : on doit choisir le premier moment de leur disparition et ne pas s'inquiéter de la petite durée pendant laquelle il semble qu'on ne voie plus rien. Quand on travaille dans une grande obscurité, cet intervalle est d'ailleurs infiniment petit; l'observateur aura soin de se rafraîchir fréquemment le regard en jetant les yeux sur les objets qui l'entourent; il lui arrivera souvent de réformer ainsi un premier jugement par une seconde observation.

3° Interposons le liquide actif : les franges reparaissent et il faut tourner le polariseur d'un angle α pour les éteindre de nouveau. Il convient de fonder une détermination sur une moyenne de plusieurs observations.

La disparition des raies a lieu quatre fois sur toute l'étendue du disque; dans la pratique ordinaire, on se contente de relever l'angle de rotation dans le premier quadrant. Mais, pour une observation délicate, on détermine le zéro et l'on mesure un pouvoir rotatoire par quatre lectures, en faisant disparaître quatre fois les franges par un déplacement continu du polarisateur : on fait la moyenne des nombres relevés. Or, les différences des angles lus ne sont pas rigoureusement de 90°; mais, en prenant la moyenne des quatre valeurs trouvées dans les quatre quadrants, on corrige les erreurs de graduation et de division de l'instrument et l'on atteint une précision remarquable.

La prise d'essai réglementaire pour un dosage saccharimétrique est, dans cet instrument, de 10^{gr} pour 100^{cc}, soit de 100^{gr} par litre : si, au lieu de 10^{gr}, on prend 20^{gr} ou 30^{gr}, et qu'on en fasse encore une dissolution dans 100^{cc}, on obtiendra sur le cercle divisé les chiffres correspondants de 200 et 300.

Résultats.

Avec un peu d'habitude on atteint une précision de $\frac{1}{4}$ pour 100.

M. Wild indique de dissoudre 20^{gr} de sucre par 100^{cc} : chaque trait du cercle divisé répond alors à $\frac{1}{2}$ pour 100 de sucre pur contenu dans le produit étudié.

L'interversion se fait exactement comme pour les autres saccharimètres.

Supposons que l'opération directe ait donné 187,8 dans le tube de 200^{mm}, et l'opération inverse 49,6 dans le tube de 220^{mm} à 18° : la Table suivante donnera le titre vrai de la solution.

TEMPÉ- RATURE.	ANGLES DE ROTATION								
	1.	2.	3.	4.	5.	6.	7.	8.	9.
10......	0,719	1,438	2,157	2,876	3,595	4,314	5,033	5,572	6,471
12......	0,725	1,449	2,175	2,898	3,624	4,350	5,073	5,696	6,523
15	0,733	1,465	2,199	2,930	3,664	4,398	5,129	5,860	6,594
18......	0,740	1,480	2,220	2,960	3,700	4,440	5,180	5,920	6,660

Somme.....   187,8 + 49,6 = 237,4

Pour 2 centaines, nous écrirons.....   148,00
» 3 dizaines.......................   22,20
» 7 unités.........................   5,18
» 4 dixièmes.....................   0,29

              Total...............   175,67

Si la solution avait été normale, la liqueur contiendrait d'après ce résultat 175ᵍʳ,67 de sucre par litre ; mais, comme nous avons pris 20ᵍʳ pour 100ᶜᶜ, il faut diviser la somme ci-dessus par deux, pour obtenir le pour cent de sucre contenu dans le liquide examiné, soit 87,835 pour 100 ([1]).

Quand on applique le polaristrobomètre à la détermination des pouvoirs rotatoires, on lit les angles sur l'échelle des degrés de cercle. Lorsque l'amplitude de la rotation ne dépasse pas 2° ou que le liquide est fortement coloré, il vaut mieux opérer en lumière blanche qu'en lumière jaune.

La substance est dextrogyre, quand on doit tourner vers les chiffres croissants pour obtenir la disparition des raies.

Il peut exister, en certains cas, de l'incertitude sur le sens de la rotation. Ainsi, supposons que le point de départ ait été à 50° et que l'observation fasse relever un angle de 92° : on aurait tort de déclarer immédiatement que le liquide a une rotation droite de 42° pour 200ᵐᵐ de longueur. En effet, avec la disposition de l'instrument, on pourrait conclure aussi bien à une rotation gauche de 48°, car à 2° les raies disparaîtraient encore. Pour sortir de doute, en ce cas, très rare d'ailleurs, il faut procéder à un nouvel examen dans un tube de 100ᵐᵐ. On trouvera 71 si le liquide est droit et 26 s'il est gauche ([2]).

([1]) *Du Polaristrobomètre*, par le professeur Wild : Berne, 1868.
([2]) *Pratique du Polaristrobomètre*, Berne, Wyss, 1872, sans nom d'auteur.

CHAPITRE IV.

ACOUSTIQUE.

LXXII° MANIPULATION.

DÉTERMINATION DE LA VITESSE DU SON PAR LA MÉTHODE DE M. KUNDT.

Théorie.

C'est à Chladni qu'est due l'idée de rendre visibles les mouvements vibratoires des corps sonores, en projetant des poudres légères à leur surface; mais nul n'avait songé avant M. Kundt à appliquer les figures acoustiques à la détermination de la vitesse du son. Il a obtenu cet important résultat en fixant les ondes de l'air dans un tube fermé; la grande régularité des groupements ainsi formés permet de mesurer la longueur de ces ondes (¹).

La production de concamérations fixes dans l'intérieur d'un tube vibrant longitudinalement ne peut provenir que des extrémités fermées; l'air, comprimé et dilaté alternativement par les surfaces terminales, est obligé de rendre le même son que le tube. Or, les vitesses de propagation du son sont beaucoup plus grandes dans le solide qui forme la paroi que dans l'air qui y est renfermé; les longueurs d'onde diffèrent dans le même rapport, de telle sorte qu'un tuyau dont la longueur totale est d'une demi-onde pour le verre peut correspondre à un grand nombre de demi-ondes d'air. Si donc on fait vibrer

---

(¹) *Annales de Poggendorff*, CXXVII, p. 427 (1865), et CXXVIII, p. 337 (1866); *Annales de Chimie et de Physique*, 4° série, IX, p. 290 (1866), et XV, p. 487 (1868).

ce tube en le tenant par son milieu, et que n monticules de sable témoignent de l'existence de n demi-longueurs d'onde dans l'air du tube, on en déduira correctement le rapport des vitesses du son dans l'air et dans le verre; la vitesse sera n fois plus grande dans le verre.

On peut dire encore que le rapport des vitesses est celui des longueurs totales du tube et d'une concamération.

Les figures de M. Kundt peuvent faire connaître de même la vitesse du son dans un gaz quelconque remplissant le tube à la place de l'air. Le nombre des ondes de poussière, dans des tubes identiques remplis de gaz différents, est en raison inverse des vitesses de propagation dans les gaz, et leurs longueurs sont directement proportionnelles à ces vitesses. Prenant pour unité la vitesse dans l'air, on y rapporte la vitesse dans les autres gaz.

En même temps, on peut déterminer la hauteur du son rendu par le tube: connaissant en effet la longueur d'une onde λ dans l'air et sa vitesse V de propagation, on calculera le nombre de vibrations par seconde N par la formule

$$V = N\lambda.$$

Enfin, en faisant frapper l'extrémité plane d'une verge vibrant longitudinalement contre l'air d'un espace limité, M. Kundt a réussi à déterminer, par le même procédé, la vitesse du son dans un corps solide quelconque, ainsi que nous allons le faire voir.

Description.

M. Kundt, dans une première série d'expériences, s'est servi de tubes de verre de 1^m de long sur 10^{mm} ou 15^{mm} de diamètre, fermés à leurs deux extrémités par scellement ou simplement par des bouchons de liège; il y introduisait du lycopode, du liège pulvérisé ou encore de la silice pulvérulente, obtenue par calcination de la silice gélatineuse [1]. Il ne

---

[1] En traitant par l'acide chlorhydrique une dissolution de silicate de soude, appelée vulgairement *liqueur des cailloux*, on obtient un précipité gélatineux, qui, calciné au rouge, donne la silice amorphe.

faut pas que ces poussières soient en trop grande masse, car elles diminueraient sensiblement la vitesse du son. Ces tubes se prêtent bien à la démonstration des phénomènes dans un cours; cependant, il convient de les modifier pour les manipulations, suivant le dernier modèle adopté par le savant physicien allemand.

Fig. 130.

Prenons un tube de verre AA', d'environ 1ᵐ,5o de long sur 10ᵐᵐ de diamètre (*fig.* 130) et mastiquons à un tiers de sa longueur, à partir de A, un bouchon D et, à son extrémité, un piston *h* de 15ᵐᵐ de diamètre; un cylindre de caoutchouc peut remplir cet office; M. Kundt le recouvre d'une lamelle de cuir mince. Ce tube AA' est engagé dans un autre tube de 16ᵐᵐ de diamètre; l'assemblage des deux pièces se fait par le bouchon D, qui est fortement serré par une virole de laiton C, vissée sur le grand tube.

On ferme le tube AB par un couvercle métallique, traversé par une tringle *f*, qui permet de déplacer quelque peu l'obturateur *g* : pour que la segmentation s'opère bien, il faut en effet que la longueur de la colonne *gh* soit un multiple exact de la demi-longueur d'onde du son considéré.

C'est dans l'intervalle *hg* que se produit le phénomène à étudier; on y introduit la poudre fine destinée à marquer les longueurs d'onde du gaz mis en vibration par le piston *h*.

Pour exciter le mouvement oscillatoire, on frotte la partie extérieure du tube AA' avec un drap mouillé, de manière à le faire vibrer longitudinalement.

Le robinet R permet d'introduire dans la chambre G*h* le gaz sur lequel on veut opérer.

Des pinces semblables à celle de la *fig.* 131 maintiennent horizontalement le grand tube et la verge vibrante : on les fixe sur une table de bois.

Le tube AA' peut être remplacé par une tige massive d'une

substance quelconque : la seule condition imposée est qu'on puisse la faire vibrer longitudinalement. On peut dès lors déterminer par le même appareil la vitesse du son dans les solides. Pour faire vibrer les solides, on emploie un drap saupoudré de colophane.

Cette manière de produire les figures acoustiques est préférable à celle qui consiste à les faire naître dans le tube même qui rend le son ; en effet, Savart a démontré qu'il se forme une ligne nodale en hélice autour des tubes vibrants, par suite de vibrations secondaires transversales qui nuisent à la régularité des concamérations.

Le second dispositif de M. Kundt permet de plus la construction d'un appareil double, dans lequel on introduit, d'une part, de l'air, de l'autre, un gaz quelconque ou une vapeur : il suffit de recouvrir l'extrémité du tube ou de la verge AA' d'un second tube semblable à AB.

Fig. 131.

Manuel opératoire.

1° Supposons que AA' soit d'abord un tube de verre. Introduisons dans le grand tube un peu de poudre, répandons-la uniformément sur les parois préalablement desséchées, puis fermons l'instrument par l'obturateur g.

2° L'appareil ainsi monté est attaché sur une table par l'intermédiaire des pinces de la *fig.* 131. On soutient le grand tube par le point A, et la verge de verre AA' par son milieu.

3° Passons le drap mouillé sur la verge et faisons-la vibrer : aussitôt la poudre se distribue sur un certain nombre de segments marqués par des tas ou bien encore, quand la silice est bien préparée, par des cloisons très minces s'élevant du fond du tube et le fermant presque entièrement. En déplaçant l'obturateur g, on trouve facilement une position pour laquelle les accumulations de poudre se font à des distances rigoureusement égales les unes des autres. Un amas se trouve alors placé auprès du piston mobile, un autre contre l'obturateur, ainsi que le montre la *fig.* 130. Les endroits où la poudre s'accumule sont les nœuds de la colonne d'air vibrante : le sable ne s'y meut pas. Le caractère des figures varie avec la poudre qu'on emploie, mais un observateur judicieux distinguera toujours sans peine un nœud d'un ventre. Les stratifications de sable sont plus nettes que les amas de lycopode.

4° Quelquefois, il y a lieu de déplacer légèrement le point fixe de la verge, car on peut faciliter de la sorte la production du son. Il est à remarquer que la manière de serrer la verge n'a aucune influence sur la hauteur de son produit ([1]). Il est essentiel que le piston ne frotte nullement dans le grand tube, si l'on veut que le son reste pur.

5° Déterminons la longueur l d'une demi-onde, puis mesurons la longueur totale l' de la verge vibrante. Leur rapport $\frac{l'}{l}$ donnera la vitesse du son dans le verre en fonction de celle dans l'air. Il est peut-être inutile de dire qu'on mesure la longueur totale d'un certain nombre de demi-ondes bien formées, une vingtaine par exemple, pour en déduire par division la valeur de l'une d'elles. De plus, pour rendre l'erreur de mesure aussi petite que possible, on répète les observations un grand nombre de fois.

Si la verge était pincée en deux endroits, sa longueur ne représenterait plus une demi-onde, mais une onde entière.

6° Remplaçons le tube AA' par une verge quelconque et recommençons la même expérience; nous déterminerons la vitesse du son dans les divers solides que nous emploierons.

7° Remettons en sa place le tube de verre AA' et introduisons successivement des gaz de nature diverse dans le grand tube; la poudre y marquera des concamérations différentes des premières, que nous mesurerons avec soin comme précédemment. Le rapport des longueurs déterminées de la sorte sera égal au rapport des vitesses dans les gaz comparés.

Quand on dispose d'un appareil double, cette détermination devient très précise.

([1]) Des expériences spéciales ont même démontré que le point fixe peut être éloigné de deux ou trois centimètres du milieu, sans modifier la note donnée par la verge.

Résultats.

Les chiffres suivants sont empruntés à un Mémoire de M. Kundt.

1° *Vitesse du son dans le laiton.*

Longueur de la verge.................. $941^{mm},5$
Diamètre........................... $5^{mm},0$

Cette verge était pincée en deux points.

Nombre de demi-ondes mesurées dans l'air. 27
Longueur d'une demi-onde d'air......... $43^{mm},30$
Vitesse du son en fonction de celle dans l'air...... $\left.\begin{array}{l}\\\end{array}\right\} = \dfrac{941,5}{2.43,3}\cdots$ $10,87$

2° *Vitesse du son dans l'acier.*

Longueur de la verge................ $1002^{mm},7$
Diamètre........................... $10^{mm},0$

$$V = 15,345 \; (^1).$$

3° *Vitesse du son dans le verre.*

Longueur du tube.................... $647^{mm},0$

$$V = 15,24.$$

4° *Vitesse du son dans les gaz.*

La disposition de l'instrument restant la même, on observe :

Dans l'acide carbonique........... 40 demi-ondes
»   le gaz d'éclairage........ 20   »
»   l'hydrogène................ 9   »

alors que, dans l'air, on en compte 32. On en déduit les vitesses suivantes du son dans ces gaz, en fonction de celle de l'air prise pour unité :

(^{1}) Wertheim avait trouvé 15,108.

Acide carbonique......................... 0,8
Gaz d'éclairage........................... 1,6
Hydrogène................................. 3,56 (¹)

5° *Influence de la température.*

Une baguette de verre vibrant dans un tube de verre a produit des concamérations de

$$
\begin{array}{lr}
& \text{mm} \\
\text{A } 14°\dots\dots\dots\dots\dots\dots\dots\dots\dots\dots & 35,743 \\
20\dots\dots\dots\dots\dots\dots\dots\dots\dots\dots & 36,570 \\
30\dots\dots\dots\dots\dots\dots\dots\dots\dots\dots & 37,357
\end{array}
$$

d'où l'on conclut assez exactement que la vitesse du son est représentée par la formule connue $V = V_0 \sqrt{1 + \alpha t}$.

M. Kundt a démontré encore les deux lois suivantes, déjà formulées par Regnault :

1° La vitesse du son diminue avec le diamètre du tuyau, toutes les fois que ce diamètre est moindre que la moitié de la concamération.

2° La diminution est d'autant plus rapide que le son est plus grave ou que l'onde est plus longue.

Ces lois ressortent des Tableaux d'expériences suivants :

Diamètre du tube.	$\lambda = 90^{mm}$.	$\lambda = 45^{mm}$.
mm	mm	mm
55.................	$V = 332,8$	332,8
26.................	332,73	332,16
13.................	329,47	329,88
6,5.................	323,00	327,14
3,5.................	305,42	318,88

(¹) Dulong avait trouvé, pour le premier et le dernier gaz, 0,79 et 3,80.

LXXIII° MANIPULATION.

MESURE DE LA LONGUEUR D'ONDE D'UN SON
PAR LA MÉTHODE DE KOENIG.

———

Théorie.

Deux ondes sonores, émanant d'une même source, interfèrent quand il s'établit entre elles une différence de marche d'un nombre impair de demi-longueurs d'onde.

Herschel d'abord, puis Norremberg, réalisaient cette différence de marche à l'aide d'un tuyau ramifié ABCDEF (*fig.* 132) dont les branches pouvaient prendre des longueurs variables, grâce à la coulisse GH; en raccourcissant ou rallongeant la branche AEFD, ils introduisaient entre les chemins parcourus par le

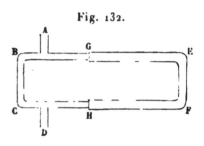

Fig. 132.

son les différences de marche qu'ils voulaient et ils produisaient ainsi l'interférence cherchée.

Schneebele a proposé d'employer ce procédé pour la mesure des longueurs d'onde: on n'a, en effet, qu'à mesurer l'allongement l d'une des branches nécessaire pour que le tube devienne muet, et l'on pourra écrire

$$l = \frac{\lambda}{2}.$$

La difficulté est d'observer exactement la longueur l qui correspond à l'extinction du son.

C'est le problème qu'a résolu Kœnig.

Description.

M. Kœnig a reproduit la disposition du trombone à coulisse dans l'appareil à interférence qu'il a créé; son double tube, le plus souvent horizontal, quelquefois vertical, affecte des formes variées, mais qui ne présentent pas de différences essentielles. On trouve toujours, dans cet instrument, un conduit divisé en deux branches A et B, qui convergent ensuite l'une vers l'autre et aboutissent par deux bouts parallèles à une capsule manométrique. La branche A est seule à coulisse ; cette coulisse porte un index, glissant sur une règle graduée, logée dans l'axe de la branche, par laquelle on mesure au millimètre la longueur du chemin additionnel parcouru par le son dans cette branche.

L'ouverture du conduit est munie d'ordinaire d'un résonateur de forme sphérique ; mais on peut aussi y raccorder des ajutages à plusieurs coudes, qui permettent de recueillir le son en divers points d'un corps vibrant.

La capsule est double ; chaque partie est en communication avec une des branches de l'appareil interférentiel. Toutes deux présentent deux écoulements au gaz, de telle sorte qu'elles puissent alimenter une flamme isolée, correspondant à chacune d'elles, et une flamme commune, sur laquelle elles superposent leur action. On a donc deux flammes donnant l'effet naturel du son, tel qu'il arrive par chaque branche, et une troisième flamme, placée entre les deux autres, représentant l'interférence correspondant à la superposition des deux effets.

On analyse ces effets à l'aide d'un miroir tournant, à quatre faces réfléchissantes, auquel on donne un mouvement rapide de rotation, à l'aide d'une manivelle et de deux roues d'angle.

Deux robinets, fixés sur l'appareil, servent à le remplir d'un gaz quelconque, pour la détermination de λ dans différents gaz ; pour ces expériences, une membrane mince est montée dans une pièce fixée à l'entrée de l'appareil, de manière que le gaz reste séparé de l'air extérieur.

On emploie habituellement un diapason comme source sonore, mais on peut aussi se servir d'un tuyau (¹).

(¹) *Quelques expériences d'Acoustique*, par Rudolph Kœnig, p. 79 ; Paris, 1882.

Manuel opératoire.

1° Les deux branches sont réglées d'abord à même longueur.

On fait parler le diapason devant l'ouverture de l'appareil : il importe que le son soit aussi simple que possible : le résonateur doit donc être approprié au diapason.

Les trois flammes sont dentelées, et ces dentelures se correspondent sur les mêmes verticales.

2° On allonge la branche A, en tirant sur la coulisse; la flamme commune montre des dentelures moins profondes, et bientôt on ne voit plus qu'un ruban de lumière ne présentant aucune échancrure.

On lit alors, sur la règle graduée, l'allongement donné au tuyau; mais il faut observer qu'un déplacement de 1^{cm} de l'index correspond à un accroissement de longueur du tuyau de 2^{cm}.

3° L'allongement l donne $\dfrac{\lambda}{2}$.

4° On continue de tirer sur la coulisse; la flamme montre de nouveau des dentelures de plus en plus profondes et accentuées; quand le maximum de netteté est obtenu, l'allongement l est égal à λ.

Résultats.

Voici des résultats d'expériences faites avec divers diapasons.

Air.	Note.	Nombre de vibrations.	λ.
Température : 16°......	ut_3	256	1,329
	ut_3	512	0,665
	ut_3	1024	0,333
Acide carbonique.			
Température : 20"......	ut_3	256	1,000
	la_3	426,33	0,600

M. Kœnig fait les remarques suivantes sur l'emploi des tuyaux :

« Si, dans ces expériences, la source sonore, au lieu d'être un diapason renforcé par un résonateur, est un tuyau d'orgue ouvert, d'une largeur modérée, on voit reparaître les vibra-tions de l'octave, pendant l'interférence des ondes du son fondamental. Comme on élimine ici par l'interférence le son fondamental, on peut éliminer de la même manière un har-monique quelconque, ce que l'on démontre très visiblement au moyen d'un tuyau fermé (muni d'une capsule). Pour con-duire le son de ce tuyau dans l'appareil, j'ôte le bec et, par un tube de caoutchouc, je mets en communication avec cet appareil la capsule qui est à l'extrémité du tuyau. Alors, en allongeant l'un des conduits suffisamment pour produire l'interférence, la flamme médiane donne dans le miroir la simple série de flammes du ton fondamental et les deux autres donnent l'image résultant de la combinaison des deux tons. On peut éliminer de la même manière du timbre d'une voyelle différents harmoniques ; ce procédé constitue donc une nouvelle et féconde méthode d'analyse des voyelles. L'appareil à trois flammes convient surtout à ces expériences. parce que les images, restant invariables, permettent de dis-tinguer le moindre changement qui se produit dans celle du milieu. Si, par exemple, on chante OU sur ut_2, on obtient le ton fondamental très faiblement accompagné de l'octave ; qu'on dispose alors l'appareil pour l'interférence de ut_4, on verra l'octave s'éteindre tout à fait ; qu'on produise l'interfé-rence du ton fondamental, à la place de chacune des larges flammes, on en verra deux étroites, presque de la même hauteur, et qui répondent à l'octave, laquelle subsiste à peu près seule après la destruction du son fondamental. »

Ces belles expériences complètent heureusement cette intéressante manipulation de l'appareil interférentiel de M. Kœnig.

———

LXXIV· MANIPULATION.

INSCRIPTION DES MOUVEMENTS VIBRATOIRES COMPOSÉS.

———

Théorie.

Supposons que deux corps vibrent à la fois et que leurs mouvements soient parallèles et se superposent : le nombre des vibrations par seconde du premier corps sera, par exemple, bn, le nombre du second, an; après un temps $\frac{1}{n}$, le premier aura fait b, le second a vibrations, et ils se retrouveront dans la même situation respective qu'à l'origine. Pendant une seconde, cet accord se représentera n fois, et il produira autant de concordances et de discordances pendant lesquelles les déplacements s'additionneront ou se retrancheront. Cette combinaison des mouvements parallèles, qui donne naissance aux sons résultants et aux battements, peut être rendue visible et même inscrite : c'est l'objet de cette manipulation dont nous empruntons l'idée à MM. Desains et Lissajous.

La *fig.* 133 montre le résultat de la superposition de deux

Fig. 133.

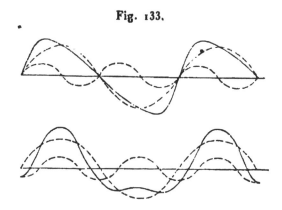

vibrations harmoniques parallèles de périodes différentes ; la première courbe correspond à des périodes T et $\frac{T}{2}$, la seconde, à T et $\frac{T}{3}$; mais nous trouverons le moyen de réaliser des superpositions plus complexes.

On peut aussi composer des vibrations rectangulaires; le résultat obtenu dépend de la valeur relative des périodes des deux mouvements et des différences de phase.

Description.

Un premier appareil de MM. Desains et Lissajous se prête à la combinaison parallèle et à la combinaison rectangulaire des mouvements vibratoires.

Deux diapasons de grandes dimensions (*fig.* 134) sont disposés l'un en face de l'autre, parallèlement ou rectangulairement, sur un banc de fonte; l'un est fixe et porte une petite lame de verre noirci; l'autre est mobile, et l'une de ses branches est armée d'une pointe fixe. Un chariot permet de faire glisser rapidement le second diapason au-dessus du premier; sa pointe effleure la glace et y trace le mouvement composé qu'on veut étudier.

Fig. 134.

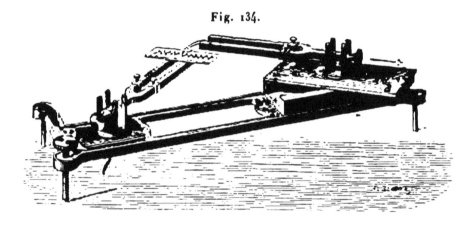

Le diapason porte-lames donne généralement l'ut_1 : deux contrepoids à glissière remplacent la boule de cire par laquelle, autrefois, on déterminait le ton exact des diapasons; une petite masse de métal fait équilibre sur la seconde branche au poids de la lame de verre.

Le diapason inscrivant donnera ut_1, sol_1, ou ut_2, soit 128, 192 ou 256 vibrations simples par seconde, si l'on admet le premier nombre pour l'ut_1. Le chariot peut être tiré à la main ou bien on le mettra en mouvement par la chute d'un poids, mais le premier mode comporte une exactitude suffisante.

On ne doit employer pour ces expériences que des diapasons de grande longueur, dont les branches aient une forte épaisseur : de la sorte, l'amplitude pourra être assez considérable et le son restera simple, ainsi que l'a fait observer M. Kœnig.

Le procédé que nous venons de décrire est mécanique.

Mais il existe une méthode optique donnant des courbes très nettes, dont l'observation présente le plus grand intérêt :

elle a été instituée par M. Lissajous. Cet habile physicien plaçait en regard l'un de l'autre deux diapasons B et C, munis de miroirs et vibrant, soit dans des plans parallèles, soit dans des plans rectangulaires, comme on le voit sur la *fig.* 135;

Fig. 135.

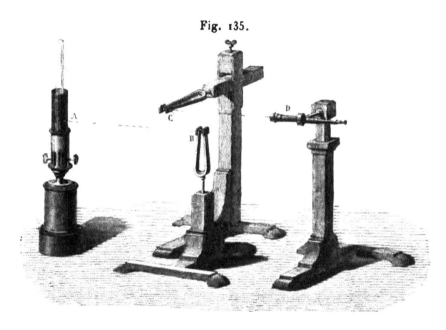

la lumière traverse l'ouverture A de la cheminée d'une lampe et arrive après deux réflexions dans le champ de la lunette D. Avec des diapasons Helmholtz entretenus électriquement, le phénomène s'observe continûment avec une grande facilité.

Manuel opératoire.

Considérons d'abord le cas dans lequel on emploie l'appareil mécanique de la *fig.* 134.

Cette expérience ne présente aucune difficulté : MM. Lissajous et Desains ont fait de beaux tracés en tenant le diapason mobile à la main. L'instrument que nous avons décrit, d'après un modèle de M. Lancelot, facilite singulièrement l'opération, qui est dès lors mise à la portée de tous. Nous croyons toutefois devoir prévenir les élèves que, pour obtenir des courbes bien nettes, ils auront à appliquer à cet exercice tous leurs soins et toute leur vigilance; les pointes doivent être fines et moyennement élastiques; elles appuieront légèrement et normalement sur le verre; le dépôt de noir, obtenu par une lampe à alcool mêlé d'essence, sera fort mince et très régulier, etc.

Fig. 136.

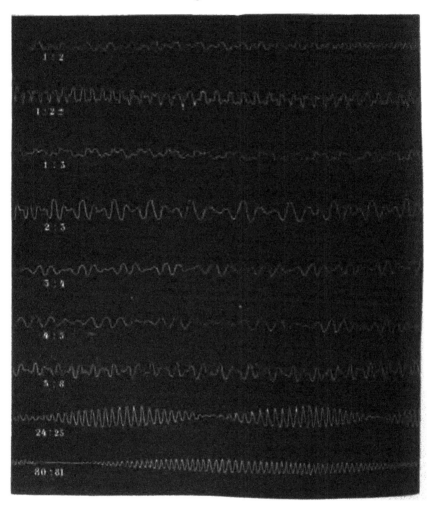

Voici la suite des opérations à effectuer :

1° Les diapasons étant parfaitement assujettis et bien horizontaux, on les attaque vigoureusement par un archet.

2° Le diapason mobile est déplacé d'un mouvement rapide, aussi uniforme que possible.

3° On fixe le tracé sur le verre par de l'essence de térébenthine dissolvant un peu de gomme laque.

Quand on emploie l'appareil optique, il faut d'abord disposer la source de lumière et les diapasons de telle sorte qu'on obtienne dans le champ de la lunette, convenablement réglée, une image nette de l'ouverture A pratiquée dans la cheminée de la lampe. Les diapasons étant tous deux au repos, on voit un point lumineux immobile; si l'un d'eux vibre seul, on observe une ligne dont les extrémités ne doivent pas tomber hors du champ.

Résultats.

On voit sur la *fig.* 136 le résultat de la combinaison mécanique des vibrations parallèles.

Fig. 137.

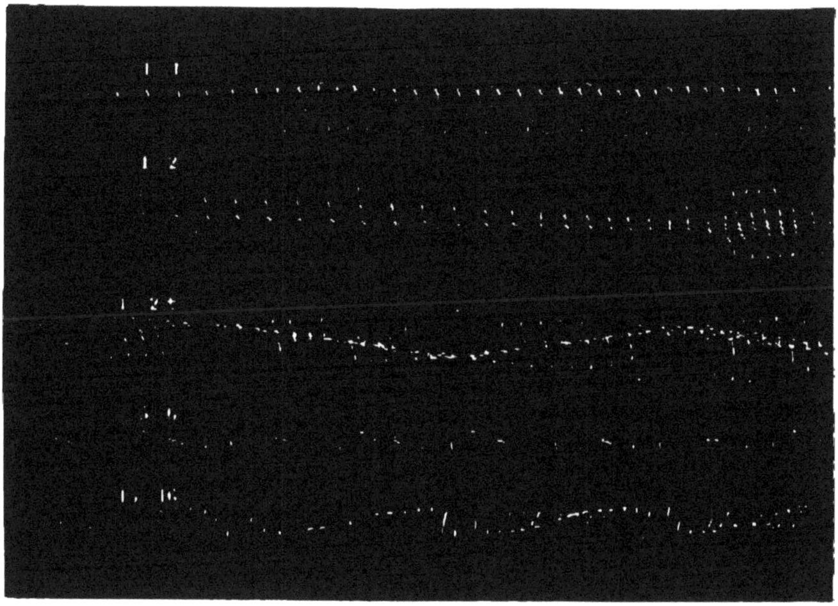

La première ligne correspond à l'octave ut_1, ut_2; la quatrième à la quinte ut, sol_1; la huitième et la neuvième aux rapports $\frac{24}{25}$ et $\frac{80}{81}$. Ces derniers intervalles s'obtiennent sans peine par un déplacement des curseurs des diapasons à l'unisson.

Ces tracés, relatifs aux notes qui diffèrent d'un demi-ton

comma, sont les plus intéressants qu'on puisse ob

euvent servir à accorder les diapasons.

ombinant des mouvements rectangulaires, on o

Fig. 138.

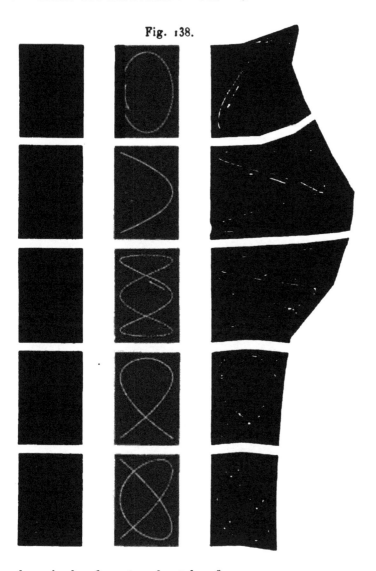

rbes de la *fig.* 137, dont les formes enchevêtrées

ères sont fort remarquables.

éthode optique donne les images de la *fig.* 138, corre

t à diverses périodes et à différentes phases : si

ns sont rigoureusement accordés, à l'unisson, à l'

u douzième, à la quinte ou à la tierce, on obtient

des variétés de courbe de chaque ligne, et la courbe observée reste identique à elle-même, tout en diminuant d'amplitude ; sa forme dépend de la phase, établie au petit bonheur des coups d'archet, et elle persiste. Mais l'accord peut ne pas être rigoureux, et alors la phase varie et l'on passe lentement, par une modification graduelle et continue, de la première à la dernière figure de chaque série. Cette belle expérience se fait avec des diapasons accordés, en changeant légèrement leur note par l'addition d'une petite masse additionnelle, collée à la cire, sur l'une des branches. M. Mercadier obtient le même résultat en faisant glisser une bague le long des branches, ce qui permet de changer à volonté et méthodiquement la hauteur du son.

FIN.

TABLE

ALPHABÉTIQUE ET ANALYTIQUE DES MATIÈRES.

———

Les pages marquées d'un astérisque correspondent à notre *Cours élémentaire de Manipulations*.

———

A

C

F

G

H

I

N

O

P

Q

R

T

U

V

W

Z

FIN DE LA TABLE ALPHABÉTIQUE ET ANALYTIQUE DES MATIÈRES.

PARIS. — IMPRIMERIE GAUTHIER-VILLARS ET FILS,

23372   Quai des Grands-Augustins, 55.